内心被曝

福島・原町の一〇年

馬場マコト

潮出版社

内心被曝　福島・原町の一〇年　目次

装丁・奥村靫正／ＴＳＴＪ
装画・星野絢香／ＴＳＴＪ

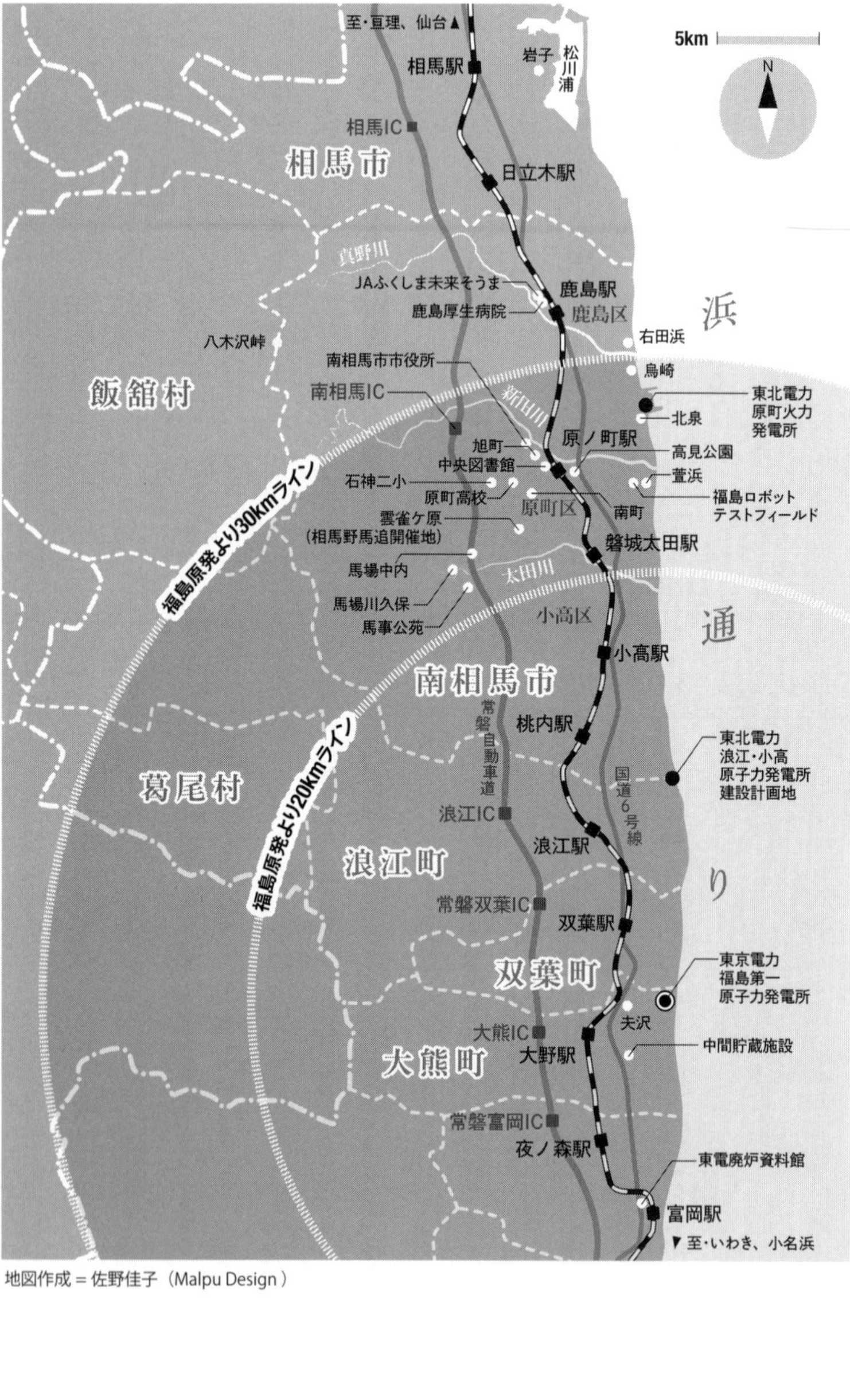

地図作成＝佐野佳子（Malpu Design）

はじめに

二〇一九年一二月に中国武漢で発生が確認された新型コロナウイルス（＝COVID-19）は、一二月末日、ようやく世界保健機構（ＷＨＯ）にその存在が報告され、二〇二〇年に入ると瞬く間に世界に伝播した。

三月末に五〇万人だった全世界での感染者数は、五月二一日に五〇〇万人に、八月末で二二〇〇万人に、一〇月一九日に四〇〇〇万人に、一一月末には六三〇〇万人を超え、死者の累計数は一四七万人に達した（アメリカ、ジョンズ・ホプキンス大学調べ）。

感染力の高さ、二週間という潜伏期間の長さ、昨日までの軽症患者が今日突然死に至る凶暴性がまさに新型で、世界各地で医療崩壊を起こし、パンデミック＝世界的流行、ロックダウン＝都市封鎖、ステイホーム＝自宅待機が、世界の共通語となった。

一月一六日、国内初となる感染者が出た日本では、二月二七日、安倍首相が全国の小・中・高校に臨時休校を要請し、感染防止策を本格化した。四月七日、日本初となる緊急事態宣言を七都府県に発出、その後一六日に宣言は全国に拡大された。日常生活ではマスク着用、三密回避の新たな生活提案と外出自粛、休業要請などの感染防止策が呼び掛けられた。

この緊急事態宣言は、最短で二九日、最長で四九日後に全国で解除されるが、その後の日本はウイズコロナ、アフターコロナの時代に突入することになった。二〇二〇年一一月三〇日現在、日本国内の累計感染者数は一四万八九九三人、死亡者数は二一五二人である（ＮＨＫ調べ）。

しかし終日マスクをつけ、何度もていねいに手を洗い、アルコール消毒をし、人との接触を限りなく避けながらの自粛生活が何とも落ち着かず、真夏の酷暑でも「うすら寒い」のはなぜだろう？

それはいつ感染するか分からぬ不安と、その先にある死の影にほかならない。

新型コロナウイルスの最大の脅威は、日本の、いや世界のほぼ全域で、すべての人がこの「うすら寒さ」を体感し、自縮生活を送ることにある。自ずと世界は断絶し、人は内向し、経済は下降する。

だがその「うすら寒さ」を、いち早く一〇年前に体現した人々がいた。

東日本大震災後の東京電力福島第一原子力発電所（以下、福島原発と表記）の水素爆発事故で、放射能汚染の脅威に曝《さら》され、屋内退避を強いられた、福島県南相馬市《みなみそうまし》原町《はらまち》区の人々である。

福島県は会津若松市を中心とする「会津」、福島市を中心とする「中通り」、いわき、仙台を結ぶ太平洋岸沿いの「浜通り」に大別される。

歴史的にも白虎隊の会津若松藩、戊辰戦争《ぼしんせんそう》の勃発さえ知らぬ福島藩、相馬野馬追《そうまのまおい》の相馬中村藩と、異相の文化を持ち、越後山脈、奥羽山脈、阿武隈《あぶくま》山地、太平洋沿岸の間に挟まれた地形の違いから、天気予報も「会津」「中通り」「浜通り」別に報じられるなど、同じ福島県にあっても三地方の地形、文化、風習は大きく異なる。

米どころの「会津」、東北横断道の要の「中通り」に対し、肥沃な耕地を持たない「浜通り」は、「東北のチベット」とも呼ばれてきた。

その浜通りにあって、大熊町・双葉町は福島原発を誘致し生き延びてきた。

福島原発より一〇キロから二〇キロに位置する浪江町・小高《おだか》町は東北電力の原子力発電所を誘致し、発展をとげようと長年計画を推進してきた。

それに対し、いわきから仙台に抜ける国道六号線の中間に位置し、福島原発より離れること二〇キロから三〇キロ圏の原町市は、昔から「海道」と呼ばれる独自の商圏で自立し、福島原発から一切の恩恵を受けずに栄えてきた。

二〇〇六年一月、国の平成の大合併施策に則り、原発誘致計画を一時棚上げにして、小高町と原町市、漁業を主体とする隣町の鹿島《かしま》町が合併し、南相馬市が誕生した。

産業、経済、風土が違う一市二町の合併で、一体感が生まれるまでに五年の月日がかかったところで、二〇一一年三月一一日一四時四六分、東日本大震災が発生した。

福島原発は震度六強を計測した。地震発生から四五分後の一五時三〇分頃、高さ一五メートルの津波により、福島原発は全電源を喪失した。冷却水を海から汲み上げる冷却ポンプが稼働停止、一号機の原子炉内は空焚きとなり、国は二一時二三分、福島原発より半径三キロ圏内の住民に避難指示を、一〇キロ圏内の住民に屋内退避指示を出した。一二日未明、一号機は炉心溶融《ようゆう》に至った。国は朝方五時四四分に、避難指示区域を半径三キロから一〇キロに拡大した。

二日後の三月一四日一一時一分には、一号機に次いで三号機が水素爆発。大気中に放出された放射性物質のうち、半減期が三〇年とされるセシウム137の放出量は、チェルノブイリ原発事故が八五ペタベクレルであったのに対し、その約六分の一に当たる一五ペタベクレルに達したと環境省は発表した（一ペタベクレルは一ベクレルの一〇の一五乗）。

ただちに国は、福島原発から半径二〇キロ圏内に避難指示・立ち入り禁止（二〇一一年三月一二日発令）を、二〇キロから三〇キロ圏に屋内退避（二〇一一年三月一五日発令）を指示した。

これにより、福島原発より一〇キロ圏から三五キロ圏まで縦に広がる南相馬市は、「警戒区域」「緊急時避難準備区域」「非避難区」（二〇一一年四月二一・二二日発令）に分断され、三区域別々の原発被害対策をとらざるをえなくなった。

「警戒区域」に当たる小高区の住民には、避難に伴う経費補償とその後の生活補償がなされ、「緊急時避難準備区域」に当たる原町区の住民の屋内退避には、一世帯ごとの見舞金と子ども手当の一時金が支給されただけで、三月二五日には枝野幸男官房長官がテレビで「原町区では、商業・物流に停滞が生じ、社会生活の維持継続が困難となりつつあるため自主避難するよう」呼び掛けた。ここに国は、避難判断の材料となるべき何の数値基準も、補償の有無も示すことなく、避難判断の是非を、原町の住民個人に委ねた。

震災発生時の南相馬市原町区の人口四万七〇〇〇人（二〇一一年二月末現在）のうち、市内に残ったのは八〇〇〇人といわれ、三万九〇〇〇人が自主避難を余儀なくされた。

そして「非避難区」に当たる鹿島区の住民には一切の見舞金もなく、「警戒区域」住民の仮設住宅・医療などの受け入れ先となった。

七月一〇日、ＪＲ常磐線が不通となり、常磐高速道も国道六号線も閉鎖され、陸の孤島と化した原町に、私は福島市より川俣《かわまた》町、飯舘《いいたて》村を通り、自衛隊の緊急支援物資搬送車に前後を挟まれながら入った。

途中、四月一一日に「計画的避難地域」に指定され、村民六一七七人、約一七〇〇世帯が残らず避難するだけでなく、村役場がその機能をすべて福島市飯野支所に移した飯舘村を通った。「おいしい飯舘牛」の看板を残し、牛舎には牛一頭いなかった。夏だというのにカーテンが引かれ、閉じた窓辺が続く村道は、ひっそりと静まり返っていた。車窓からはどこまで走っても滴り落ちる緑の山並みが見えた。途中、義援金を寄付したいと思い、いささか立派すぎ、大きすぎる感のある村役場に寄った。驚いたことに、二〇代も前半だと思われる若い女性職員が一人、放射能の降り注ぐ地に、留守番として残っていた。この広大な森閑とした村役場に、一人残る彼女の淋しさと恐怖はどれほどのものだろう。幾ばくかの寄付金を差し出しながら私は言った。

「こんなところに一人で大丈夫なの？　誰か変わってくれる人はいないの？」

「ご心配ありがとうございます。でも仕事ですから」

果たして村の管理体制はどうなっているのだろうと、私は困惑しながら、急いで村役場を出ると、八木沢峠に向かい、原町に入った。

翌朝、起きると同時に日課にしているジョギングに小一時間でかけた。途中犬を連れた老人何人かとすれ違うだけで、町はひっそりと静まり返っていた。息を整え、宿の玄関を入った。マスク姿の女将が血相を変えながら言った。

「お客さん、何してるの、マスクもしないで。朝からそんなことやめてください」

見た目は震災前と何ひとつ変わらぬ、原町の夏の朝だった。私は暑くなる前に走っておくことしか頭になく、町に降り注ぐ目に見えぬ放射能のことをすっかり忘れていた自分に恥じ入った。旅人の私にとって、放射能はあくまでも他人事に過ぎなかった。

私はマスクを求めて商店街に出た。強い日差しに照らされた駅前商店街は、昼時だというのに人影はなかった。「人間復興。『ありがとうからはじめよう！』」と書かれた何十本ものぼり旗がはためくだけだった。

そしてようやく私は、食料、物資が途絶える中、毎日の放射線量に一喜一憂しながら、怯え、戸惑い、屋内退避を続ける町に残った人々の、夏だというのに何とも「うすら寒い」日々の労苦を知った。

ほとんど津波で崩壊し、発電を止めたままの東北電力原町火力発電所と、防風林が根こそぎさらわれ、瓦礫《がれき》だけが広がる変わり果てた北泉の海岸に立った時、何の補償もなくその前日までの平穏無事な生活を捨て、全国各地へ自主避難で散った人々の悔しさを思った。

以来一〇年近く、彼らの「うすら寒さ」を実感できぬまま、私はこの町を取材し続けてきた。

そして、二〇二〇年二月以来のコロナ禍のニュースの日々と自粛・自縮生活を送る中で、初めてこの町の人々が過ごしてきた一〇年来の「うすら寒さ」の実態に触れた気がした。

二〇一一年九月三〇日、福島原発事故から半年強を過ぎ、この町の「緊急時避難準備区域」指定は解かれるが、放射能の霧が晴れ渡ったわけではない。この町に残った人々のもとにも、去った人々のもとにも、その後も長く放射能は等しく降り注いだ。

子育て世代を中心に、自主避難した人々の多くが原町に戻ることはなく、避難先で新しい暮らしを始めた。帰還した人々の多くは高年齢で、市の労働人口と高齢者人口は拮抗し、市の税収は震災前に比べ激減した。

自主避難区域・原町の人々にとっては、九年近いマスク生活を強いられ、ようやくマスクを外した日常が戻ったところでのコロナ禍であり、今再びのマスク生活である。南相馬市での感染者数は、一一月三〇日現在で累計三〇人、幸い死亡者はない（南相馬市調べ）。

人々は震災より一〇年近くの「うすら寒い」毎日を、何を糧にどう生きたのか？

国は、行政は、何をしてくれたのか？

本書は、自主避難区域・原町を舞台に、福島原発汚染に怯えながらも、アフターシーベルト、ウイズシーベルトの一〇年を、生き抜いた人々の記録である。

そこにはアフターコロナ、ウイズコロナ時代を生き抜くための、さらにはすぐにやってくる超高齢社会日本のひとつの答えがある。

馬場マコト

第一章　終戦記念日

松本優子（左）松本真紀（右）（2019 年 7 月 11 日撮影）

「あの頃ホリエモンがはやらせた言葉に、想定内、想定外という言葉があったけれど、毎日起きることがすべて想定外。国にしろ、県や市にしろ、想定内で対処できたことはひとつもなかった。誰もが初体験のことばかり。でも次々にいろんなことが起きてきて、いったいどうすればいいのかなんて、誰も分かんない。誰も知らない。とにかく毎日笑うしかないことばかり起きていたの」

と語るのは南相馬市原町区馬場中内に住む、震災当時四七歳の主婦・松本優子《まつもとゆうこ》だ。

馬場は原町でも比較的山間部にあり、近くに太田川が流れている。対岸は東京電力福島第一原子力発電所の事故で、のちに「警戒区域」となる原発より二〇キロ圏内の小高区だった。優子の家は、福島原発からコンパスで円を描くと、二〇キロ圏のぎりぎり外側で、のちに「緊急時避難準備区域」に指定されることになる。

「だけんども、みんな自分のことに必死で、外で起きていたことは意外と知らないんです。お腹に赤ちゃんいる人はどうやって出産すればいいかでおろおろするばかり。小学生がいる家は、放射能騒ぎで、どこへ避難したらいいかで頭いっぱい。年寄り抱えた家は、避難所で透析できる？薬はどこでもらえる？の心配で、全体がどうなり、どう動いていたかとなると、みんな全く分からないんです。そんな中で自慢じゃないけど、私は割と知っている方かもしれません」

夫の吉弘《よしひろ》は震災当時五四歳の測量設計会社に勤めるサラリーマン。二人の間には一男二女がいた。長男・拓也《たくや》が四月から高校二年生、長女の優美《ゆみ》が中学二年生、次女の真紀《まき》が小学五年生と、それぞれ高・中・小学校に通っていた。福島原発事故以後の学校の対応はそれぞれ違った。家には毎日介護を必要とする八八歳の義父がいた。優子の実家は原町で印刷業を営んでいて、その家業を継いだ妹夫婦は、年度末で手形が落ちず大変な毎日を送った。震災前日に大腿骨骨折の手術をしたばかりの祖母は、病院から自衛隊機で運ばれたまま、消息が分からなくなった。

「というふうに、私は原町の一軒いっけんの家で起きた想定外のことを、ほぼ体験したと言えるかもしれない。それに」と一拍置くと優子はつけ加えた。

「私、創価学会の相馬地域の婦人部長してるんですね。まあ、創価学会というのは、困っている人がいたら、みんなで助け合いましょう、励まし合いましょうという組織だから、相馬地域のありとあらゆることが、最終的に私のところに相談となって持ち込まれました。どれも初めてのことばっかりで、どうすればいいの? 誰に訊けばいいの? と走り回ってきた毎日で……」

当時の記憶を思い起こしながら、優子はつくづくと語る。

「でも、誰一人泣いていた人はいなかったな。毎日悲しいことが次々起きたけんど、人間本当に悲しいと笑っちゃうんですね。泣いてなんかいません。『まいったなぁ』って言いながら笑っていたの、私たち。何かアドレナリンが出放しで神経麻痺したんじゃないでしょうか。涙なんか一滴も出なかった。そもそも、あの地震と原発避難騒ぎの中で、うちじゃ隣組のお葬式の手伝いしていたんだから……」

優子の住む馬場は、昔から冠婚葬祭の営みのために一二世帯ぐらいでひとつの隣組になっている。震災当日の午前中に隣組の一人が亡くなり、「優子ちゃん、今晩葬式の打ち合わせになっから」と昼に連絡がきた。

夜からは忙しくなるなと思いながら、創価学会の相馬会館に用事があった優子は相馬市に出かけ、そこで地震と遭遇した。

震度六弱を記録する相馬の地震は「立っていられないが、かといって座っていることも難しいくらい」凄まじいものだった。娘たちと家で寝ている義父のことがすぐに頭に浮かんだ。携帯電話も自宅の電話もつながらず、もどかしい思いで下の娘・真紀が通う石神《いしがみ》二小へ急いだ。道は大渋滞でなかなか進まなかった。

真紀は、校庭でみんなとおしくらまんじゅうをして遊んでいた。娘と同年代の隣組の子どもたちも一緒だった。地震から二時間も経つというのに、誰も迎えに来ていない様子なので、先生に言った。

「あら、うちの近所の子たちみんないるから、じゃあ、私、みんなの事、連れて帰りましょうか？」

先生も「ああ、お願いします〜」となった。

「じゃあ、みんな、真紀ちゃんのお母さんと一緒に帰るよ〜」

子どもたちが一斉に車に駆け込んできて、困った。車は五人乗りなのに一〇人いた。子どもたちも校庭で遊んでいたのはいいが、不安でしょうがなかったに違いない。さて、どうしようと思っていると、車に乗り込んだ兄弟の父親が大きなワゴン車で現れた。

「ああ、いいところに来てくれた〜。勢いで呼んだけど、よく考えたらこんなに乗らんかったぁ〜」

ワゴン車の父親が、半分の子どもを送り届けてくれることになった。

「あそこの建物壊れてる」と指さしながら友だちとわいわい騒ぐ真紀を見て、優子は「意外に元気だな。友だちと一緒だったから怖くなかったに違いない」と一安心した。ところが真紀は家に着くなり、優子にすがりついてきて泣いた。友だちの前では強がっていたものの、怖くてたまらなかったのだ。自宅は屋根の瓦が大きく崩れ落ち、大変なことになっていた。

さてこの瓦、どうやって直そうかと眺めているところに、隣組の人がやってきた。

「優子ちゃん、今夜の葬式の段取り中止にすっから、明日の朝、集まってくれろ」

夜になっても強い余震が次々にやってきて、心細くしていると、「婦人部長、大丈夫ですか?」と、学会の地区婦人部長が顔を出してくれた。彼女は寝たきりの母と、二〇代の娘を二人持ち、自分のことだけで手いっぱいのはずなのに、わざわざ来てくれたのだ。昼からの経験したことのない大地の揺れと屋根瓦の落下に、優子の内面は思いの外大きく揺さぶられていたのだろう。地区婦人部長の顔を見るなり、言い知れぬ安らぎを覚えた。思わず手を取り合う。そのぬくもりに心が落ち着いた。優子は創価学会員であったことを、つくづくありがたく思った。

「だって私たちの組織は上も下もないんです。横のつながりのみがあるっていうか、強い人も弱い人も励まし合って共に進むっていう、そういう思想が脈打っているわけ。あの震災の日の夜、私はそれをまざまざと感じたの」

婦人部長として自分がやるべきことを先にしてもらい、ありがたいと恐縮しながら、一人で回っているのかとたずねると、その通りだと言う。

「じゃあさぁ、一緒に回っから悪いけど私も乗せて」

彼女の車に乗せてもらい何軒かを回った。そこで浜側の北泉や萱浜《かいばま》の津波被害を知らされた。そうだったか、昼の渋滞は津波から避難する人々の車列だったかと、初めて知った。「大丈夫？」「頑張ろう！」と声がけ訪問して優子が自宅に帰ると、市の防災無線からは津波の惨状と不足物資を求める放送が続いた。子どもたちと一緒に何個もおにぎりを握った。夜中にそのおにぎりと家にある客用布団を市役所に届けた。

暗闇の中、市役所にはこうこうと明かりがついていた。光の下を人々がせわしなく行き来していた。若いお母さんたちも物資を届けに来ていて、その姿にひどく感動した。だが優子が後から考えてみると、市庁内は津波被害の対応に忙しく、原発の「げ」の字も出ていなかった。

この日一五時二七分、福島原発は津波に襲われて全電源を喪失し、冷却水の供給が止まった一号機は炉心溶融を始めた。国は一九時三分に原子力緊急事態宣言を発令。二一時二三分には福島原発から半径三キロ圏内に避難指示を、半径一〇キロ圏内に屋内避難指示を出した。

南相馬市小高区の南端は福島原発から一五キロになるが、南相馬市市役所は、優子が訪れた時も福島原発に関して全く無関心だった。

それよりも市は、津波被害と余震対策に加えて、津波発生と同時に起こった火力発電所の火災、停電事故の対応に大わらわだった。

最大一八メートルの大津波はまず、原町北泉にある東北電力原町火力発電所を襲った。それは一九九七年に一号機、九八年に二号機が送電を開始した石炭火力発電所だ。所員一人が津波に飲み込まれ死亡する中、たちまち発電所は崩壊した。揚炭機四台はすべて使用不能になり無残な姿を曝した。電気集塵機《しゅうじん》は津波の衝撃と浮力で本体が大きく崩壊。集塵口を大きく開けたまま、倒壊寸前でかろうじて建っていた。津波はタービン建屋の非常用電源盤がある二階床面約一メートルまで達し、安全停止装置が使えなくなった。そのため三階の非常用ガスタービン発電機は止まらず、惰性で回転し続けた。潤滑油の途絶えた軸受けは摩擦で瞬時に溶解した。石膏《せっこう》を船まで積み込むベルトコンベアは全壊した。自家発電用の重油燃焼装置と二基の石油タンクが破壊され、油は海に流出。そして引火し、辺りは文字通り火の海となった。制御不能に陥った一号機、二号機は空転し続けたが、必死の手動操作で運転を止め、発電所の爆発、自壊は何とか回避された。

その被害は、この東日本大震災で全国の火力発電所が被った中で最大のものになった。逼迫する電力不足を前に東北電力は、一日最大四六〇〇人、延べ人数で一二〇万人の作業員を投入して復旧工事を急ぎ、地震発生から二年後の四月にようやく送電を再開させた。

だが、その事実が報道されることは、なぜかほとんどなかった。

もし原町発電所が原子力だった場合どうなったのか？この東日本大震災で、日本がふたつの原子力発電所の炉心溶融に見舞われたと思うと、優子は戦慄を覚えずにはいられなかった。

原町火力発電所だけでなく、南相馬市沿岸での津波被害はおびただしく、鹿島区の右田浜《みぎたはま》、烏崎《からすざき》、原町区の北泉、萱浜、小高区の棚塩《たなしお》で、全市民の一割を超える約七六〇〇人が被害にあい、市は避難所の緊急開設、避難民の収容に追われた。

翌一二日の午前中に、優子の集落では隣組が集まって、葬式の段取りをした。お通夜が一三日、葬式が翌一四日と決まった。

その午後、福島原発一号機は一五時三六分、水素爆発を引き起こした。

いとこの大工に朝から屋根の修理を頼んだものの、損壊は思ったよりひどく、修理は一日で終わらなかった。

国は一八時二五分に立ち入り禁止区域を福島原発より半径二〇キロ圏に拡大した。一九時のニュースでそのことを知った優子は、自分の家が福島原発から何キロになるのかを全く知らないことに初めて気づいた。福島原発を基点に二〇キロ圏を描いたフリップがテレビに映った。太田川が描かれていないためよく分からないが、自分の住む馬場が、福島原発から意外と近いのではと感じ、急に不安になった。

この立ち入り禁止区域の拡大で、優子の家と太田川を挟んで向かい合う小高区は緊急避難となるが、不思議なことに市もその実情を、一向に摑んではいないようだった。

「二〇キロ圏内に入った地域がどこに当たるか明日の朝発表します」

何とも不明確な、というより危機感のない市の防災無線が何度も流れて、優子は正確な位置も分からず不安になった。

翌一三日朝、防災無線で起こされた。

「お知らせします。太田川より南側に住んでいる人は二〇キロ圏内なので、太田川北側の学校に大至急避難してください」

川を挟んで向こう側が避難地区に当たるとようやく知った。学会婦人部の知り合いから「浪江や小高ではみんな避難を始めた」という電話があって、逆に優子はほっとした。

「だって、原町はみんなが逃げ込んで来るところでしょ。ならば安全だと安心したんです。それよりも気がかりは屋根の修理でした。ずっとぐずつく天気に、これで降り出したら大変なことになると、気が気じゃなかったんです」

昼は屋根の修理の手伝いで一日がつぶれた。すぐに通夜の時間になった。普段は通夜振る舞いの酒が出るため、葬儀社のバスが隣組の人を送迎するのだが、さすがにこの夜は酒はなく、葬儀場で手を合わせるだけになった。

通夜に来た客に、小高から避難した人々で太田川の北側にある学校は大変なことになっていると聞き、その惨状を初めて知った。人々は避難所になった体育館内を土足で歩き回り、ご飯は一日一回のおにぎり一個のみ。あまりのひどさに避難所を出てより遠くに行こうとする人もいるが、北は津波被害、南は福島原発、西は避難民の大渋滞で、行き場を失った人々が再び学校に戻っているという。

翌一四日一一時一分、一号機に次いで三号機が水素爆発。国は翌一五日、二〇キロから三〇キロ圏内に屋内退避指示を出した。その圏内に原町区全体がすっぽり入った。

防災無線からは「屋内退避になったので、大至急屋内に入るように」とのアナウンスが流れ、いとこの大工は「あとは自分でやってくれろっ」と帰ってしまった。

そんな慌ただしい中でも隣組の本葬は執り行われた。

「何の食事も出せないので、握り飯持参で手伝いに来てください」との連絡に、夫が手伝いに出た。

さすがに弔問に来る人も三々五々で少なかった。それでも無事に骨にしたというから、津波、福島原発事故にもかかわらず火葬場もこの日までは開いていた。こんな状況でも律儀に葬式を執り行うのが浜通りの昔からの慣習である。決められたことにはきっちりと従うという律儀な地に、福島原発は誘致され、今回の惨状を招いたことは確かだ。

いとこの大工が帰ってしまい、いつ降り出すか分からない空模様になったので、優子は子どもの通学用ヘルメットをかぶり、屋根に上がって、慣れない手つきでブルーシートを張った。それを見て隣家の主人が「瓦屋さん、おいらのもやってくれろ」と声をかけてきた。「瓦屋じゃないょお！」とヘルメットを脱いだら、「こりゃ駄目だ」とあきれ顔で自宅に戻って行った。

ようやくブルーシートを張り終え、ほっとしたところで、防災無線の「屋内タイヒ」という聞きなれない言葉を思い出した。

待機ではなく、待避？

漢字を当てはめてみるが分からない。後から「退避」と知るが、いずれにしろ「屋内にいろ」との強い指示に変わりなく、優子は急に放射能の恐怖に襲われた。

「子どもたちと、爺ちゃんを守らなきゃ」と切羽詰まった思いがこみ上げた。

そんな優子に、相馬の学会員から耳よりの情報が寄せられた。

「どうやら南相馬市は廃校になっている相馬女子高を借り受けたという話だよ。急いで行ってみたら」

かび臭い埃の舞う廃校に行って驚いた。とても人が過ごせる環境ではなかった。介護の必要な義父をここに置いておくことはできない。でも避難指示の二〇キロ圏に近い、我が家に留まるわけにもいかないと、優子は呆然とした。

どうしよう？　いつも一緒に活動をしている学会の先輩の顔が浮かんだ。優子は意を決して電話した。窮状《きゅうじょう》の思いの丈《たけ》を、こんこんと話した。

「よかったら、うちにいらっしゃい」

まさに地獄で仏の一言だった。

一五日朝、優子たち家族六人はたくさんの衣服を着こみ、車に積めるだけの毛布、灯油、米、みそ、それに炊飯器を詰め込んだ。そして放射能汚染から逃れるために、福島原発から二一キロ弱に位置する我が家から、先輩の家に逃げ込んだ。市内の店にはもうほとんど何もなく、手元にあったのはもやしと白菜だけだったが、雨風をしのげる屋内退避所があるだけでも、優子たち家族にはありがたかった。

物資も底をつき、どうやって毎日を過ごせばいいのか、防災無線を通して市からは何の情報もないことにいらついた。少しでも情報が欲しくて、他人の家の茶の間に家族みんなが上がり込み、テレビに見入る毎日だった。中でもＮＨＫの朝の情報番組「あさイチ」がいろいろな角度から放射能にかかわる情報を流してくれていて助かった。

「あさイチ」によれば、放射能被曝には外部被曝と内部被曝があるという。外部被曝とは空気中から浴びる放射能汚染をいい、一年間の総被曝推定量を基準に危険度を判断した。チェルノブイり原発事故では、避難基準を年間一〇〇ミリシーベルトとしたが、福島原発事故では、事故直後から年間二〇ミリシーベルトが採用された。そのガイドラインに沿い、国は福島原発から二〇キロ圏内に避難を、二〇キロから三〇キロ圏内に屋内退避を指示した。のち、四月二一・二二日に、それぞれの圏内は「警戒区域」「計画的避難区域」「緊急時避難準備区域」に指定された。

内部被曝とは呼気、食物摂取により体内に蓄積する放射能汚染をいう。対策はマスクをし、汚染された食物を食べないことにつきる。店に流通する食べ物はすべてモニタリング検査を受けて、基準値以下のもののみが出荷されていた。自分の家の畑で作った野菜や裏山で採ったキノコを食べない限り安全だと知り、優子は少し安心した。問題はその店がどこも開いておらず、買うものが何もなく、陸の孤島と化した原町の現状にあった。

一時間おきに、各地の放射能線量が、ずっとテロップで流れるようになったのは、一六日の「あさイチ」からだと優子は鮮明に記憶している。自分たちの住む原町が屋内退避に指示されてからというもの、その数値が果たしてどのくらいなのか不安でしょうがなかったのだ。毎日の数値を足していけば、自分でも一年間の総被曝量が分かるだけに、関心を持った。そして南相馬市五と出て心底「よかった」とほっとした。

そのあと各地の線量情報が続いた。郡山が一五、福島が二〇と出て「えっ?」と思っていると、飯舘が二五と出て「大丈夫?」となって、その数字に不信感を持った。なぜなら屋内退避指示で、福島や郡山の親戚を頼り避難した家族をたくさん知っていたからだ。その福島や郡山が南相馬より線量がずっと高いとは。避難指示が出て以来、小高の人たちが大慌てで八木沢峠を越えて西にある飯舘村に逃げ込んでいると聞いていたが、その飯舘に至っては避難レベルを超える数値だ。にもかかわらずどの町にも、避難の指示も準備勧告もなく、自分たちは屋内退避を強いられていた。

「なぜ?」「なぜ?」「なぜ?」と頭の中にクエスチョンマークが広がった。

同時に恐怖は増した。放射線量の数値とは別の何かとてつもない不安な要素があって、国は原町を屋内退避に指定したに違いない。被曝値以上に隠されたものとはなんだろう?この地にいることに言い知れぬ恐怖を覚えた。

「あさイチ」では、屋外にいればそれだけ多くの線量を浴びることになるので、なるべく外出を避けることを勧めていた。また屋内でも窓際は部屋の内側よりも線量が多いので、被曝を避けるにはカーテンを引いて、窓から離れて寝た方がいいとも教わり、窓から極力離れて家族全員が部屋の真ん中に重なり合うようにして寝る毎日を送った。

といっても小学生、中学生、高校生の子どもたちはどんどんストレスが溜まってくる。一日中家の中に閉じこもっているわけにはいかない。避難指示で逃げ場を失った小高や浪江の人を受け入れる、創価学会原町文化会館(以下、原町文化)に子どもたちを連れて行き、みんなの世話をした。できるだけ放射能を浴びないようにして、マスクをつけて家から車に急いで乗り込み、会館の駐車場からは駆け足で会館の中に入り込んだ。忙しく立ち働くことで、放射能のことを忘れることができた。

しかし、優子一人になると恐怖がつのった。子どもたちに何かあったらどうしよう。責任は誰も取ってはくれない。いつか子どもたちに責められるのは親の自分だ。ここに居続けていいのだろうか？市民には伏せられ、隠されたものの正体って何？

そういえば福島原発が爆発した夜、国の避難指示にもかかわらず、市の防災無線は「二〇キロ圏内がどこに当たるか明日の朝発表します」とその場所の確定を避けた。命にかかわることなのになぜ国は、市は何も教えてくれないのだろう。

「黙っていないで、知っていることは全部教えて」

声に出すと優子は不安で胸が締め付けられた。

優子や多くの市民が国や市の隠ぺいを疑ったが、市には隠ぺいの意志は全くなかった。情報を隠すどころか、一号機が爆発して以来、次々と福島原発で事故が起ているにもかかわらず、信じられないことだが、市も優子同様、国や県から何の情報も与えられていなかったのだ。

当時の南相馬市桜井勝延《さくらいかつのぶ》市長へのＮＨＫのインタビュー映像、南相馬市市役所がユーチューブに発信した桜井のコメント、震災の年に出版された『原子力村の大罪』（ＫＫベストセラーズ刊）、翌年に出された『闘う市長　被災地から見えたこの国の真実』（徳間書店刊）、翌々年出版の『脱原発で住みたいまちをつくる宣言　首長篇』（影書房刊）の桜井自身の談話から、市の置かれた状況を再現する。

福島原発に関する最初の情報が市に飛び込んできたのは一一日深夜だった。「原発が危ない！」と市民がわざわざ市役所に言いに来てくれた。しかもその対応には、たまたま三階の市長室から疲れ切って一息つきに一階に降りてきていた桜井自身が当たった。地震発生以来、県との電話はずっとつながっていない。相双《そうそう》地方振興局、福島の災害対策本部との防災電話はたまにつながる状況だが、その時にも、福島原発が話題に上がることは一度もなかった。「原発が危ない」と訴える男の口元から酒の匂いがした。福島原発が爆発するとは、誰も露ほども考えていないだけに、桜井や職員の反応は、冷ややかだった。それよりもやるべきことは山積していた。

「いいな、俺は今から逃げっから」

その一言を残して、通報に駆け込んできた市民は立ち去った。後から考えると福島原発で働く作業員だったのだろう。もはや福島原発が危ないと観念した東電は、一一日夜の段階で作業員を現場からいち早く退避させていたのだ。

翌一二日一五時三六分、福島原発一号機が爆発した。

対策本部で会議をしている桜井のもとに、その報は警察から入った。

防災無線で「警察から原発が爆発したという連絡が入ったので市民は屋内にいてください。外にはできるだけ出ないでください」と全市に流した。そこへ消防署より「再確認したが爆発の事実はない」との無線連絡が三、四〇分後に入る。重大な誤認と知り「爆発したということは確認されていません」と防災無線で前の放送を慌てて撤回した。

ところが、夜のNHKのニュースで福島原発が爆発する映像を見て、初めて爆発が本当だと桜井は知る。同時にその放送で福島原発から半径二〇キロ圏内に避難指示が出て即刻立ち入り禁止になったことを知った。依然として、国からも県からも正式な連絡はない。福島原発から二〇キロの半円を描く。小高区がすっぽり入った。しかし、ここで再び間違った避難情報はもう出せない。

「二〇キロ圏内に入った地域がどこに当たるか明日の朝発表します」と何ともあいまいな放送になった。

だからといって小高区の住民をほうっておくわけにはいかない。広報車両と職員らが夜を徹して行政区の嘱託員や津波被害の避難所をめぐり、声をからした。

「原町の石神方面の小学校、中学校を用意するので、大至急避難してください」

深夜にもかかわらず慌てふためいた小高住民が太田川を渡り、真紀の通う小学校、優美の通う中学校に殺到した。

そして一五日、国が福島原発より二〇キロから三〇キロ圏内に屋内退避を指示した時点から、様相は全く違ってきた。二〇キロ圏内から避難してきた小高区住民をいつまでも原町区内に置いておくわけにはいかなくなった。かといって国は指令を出すだけで、避難先は当事者である地方自治体が探さなければならない。

桜井が隣接市長として親しい相馬市長の立谷秀清に電話すると、「相馬女子高跡が空いているから、避難所として使ってくれ」となった。立谷はさらにつけ加えた。

「俺の従弟の伊達市長に電話して、伊達にすぐ運べるようにするから、それに丸森町の町長もよく知っているから電話しておく」

災害時の非常対応の地域的な横断システムとマニュアルがなく、市長間の人間関係で緊急対応を乗り越えているのが地方自治の実態だった。

窮状を告げる桜井の電話に応えて相馬市長が提供してくれた相馬女子高跡は、優子が一目見るなり、ここでの避難生活は無理だと判断するような廃校だった。

だが、そんな廃校でも避難先として確保できていた間はまだよかった。当たっても、当たっても避難先の確保が進まぬ状態に、市職員の中には自分もすぐに避難したい様子がありありで、何も手がつかない若い職員が大勢いた。実際に市立病院では職員が避難してしまい、残された患者がパニックに陥った。桜井は声をからした。

「この町を出るとしたら我われが最後だ。職員はもう一回ちゃんと自分の体制位置に戻れ」

福島県選出の議員のところへ桜井は電話をかけまくり、ガソリンを送ってもらえるよう頼み込んだ。国から福島県にタンクローリーを三〇台は差し向けるということになり、南相馬市は一〇台が割り当てられることになった。ところが、実際に市に届いたのは四台分だった。東京から郡山まで来たタンクローリーはどれも、これ以上福島原発地域に入るのは嫌だと、運転手が帰ってしまった。そちらから取りに来てくれというのだが、市の職員でローリーを運転できる人間などいない。市内のガソリンスタンドから六人のローリー運転手をボランティアで集めて、郡山に差し向けた。途中から雪になり、彼らは普通タイヤのローリーで必死の覚悟をして山道を下り、原町に入った。そうやって集めたガソリンを市内各所のガソリンスタンドに配給するが、ガソリン不足の解決には焼け石に水だった。

ガソリンは言うに及ばず、食料も、救援物資も途絶えた。何よりもすべてのメディアが圏内から立ち去り、南相馬市のおかれた現状を伝える記者が全くいなくなった。そうなればこの南相馬は人々の意識からなくなり、救援の手は差し伸べられなくなる。

メディアが立ち去るなら、自分からメディアに出て行こう。桜井は一五日の晩から一六日の朝までNHKのニュース番組に出演し、孤立した南相馬市の現実を訴えた。

それを見た新潟県知事・泉田裕彦から直接電話があった。

「新潟県で南相馬市市民を全員受け入れましょう」

中越地震、中越沖地震とたびたびの災害被害を経験した知事だからこそ言える言葉だった。桜井は市民に急いで「新潟方面に逃げろ！」と広報した。新潟県は高速料金を無料にし、体育館には赤い絨毯を敷いて床を温め南相馬の市民を迎え入れてくれた。温泉地では「まずは温泉で温まってください」とのもてなしだった。

それに比べ国や県の対応は後手に回った。桜井のもとに初めて国から連絡があったのは、福島原発事故から五日たった一七日のことだった。現地対策本部に入っていた国土交通省の政務次官がトラック一台分の支援物資と共にやってきたのだ。翌一八日松本龍防災担当大臣が閣僚として初めて南相馬市に入った。桜井はあなたの目で現場がどうなっているのか直接見て欲しいと、津波被害で崩壊した介護老人施設、パンク状態の市立病院、原町、鹿島の避難施設を、自衛隊以外の車の絶えた道を抜けて案内した。

県の対応も遅れた。桜井が福島県知事・佐藤雄平と初めて話したのは、新潟県知事に頼んで、避難を受け入れてもらった日よりも一日後の、これも同じく一七日だった。

「お、桜井君頑張ってくれ」

電話はそれで切れた。だが、まだ電話が入っただけいいのかもしれない。事故を起こした当事者、東電からは事故以来何の連絡もないままだ。桜井のもとへ東電からようやく電話があったのは、福島原発事故から一〇日後の、二二日だった。

このままでは救援物資が届かず残った住民は生き延びることができない。何とかしなければと焦る桜井に、若いスタッフが言い出した。

「物資の援助とボランティアの参加をユーチューブで呼び掛けましょう。カメラの前で言いたいことを三〇分ほどしゃべってください」

三月二四日夜九時、桜井は慌ただしくカメラの前に座った。不眠不休の毎日に疲れ果て、不機嫌な顔のまましゃべりだした。

「三・一一の大地震、大津波そして度重なる福島第一原子力発電所の原発事故による災害に伴って、南相馬市市民が受けた被害というのは誠に甚大です。そこで海外のメディアを始め多くの方々のご支援をいただいたことに心から感謝申し上げます。しかしながらなお現在も原子力発電所より二〇キロから三〇キロの範囲内が屋内退避措置ということで、物資もなかなか入りづらい状況に置かれています。政府から、そして東京電力からの情報もかなり不足をしている状況です」

心底その状況に困り果てている桜井はカメラに向かい、きつい顔でスーパー、コンビニ、金融機関のすべてが閉じ、兵糧攻め状況におかれた市民は、ガソリン不足で自主避難もままならない状態にあることを切々と訴え続けた。前日まで一瞬として立ち止まることなく不眠不休で動き続けてきた桜井は、一〇分近くも座り続け、今にも睡魔に襲われそうだ。そうなってはならじと、奥歯を噛み締めながら、カメラの正面を見据えて最後に訴えた。

「現場を直接取材しなければ、市民の今の実情が伝わりません。ぜひとも多くの方々に現場に入っていただいて、現状を知っていただきたいと思います。世界中のメディアの皆さんに、この現実、大地震、大津波の被害と同時に原子力発電所の事故による目に見えない恐怖、そして汚染と闘いながら生活し、命を支えている南相馬市市民のために手を差し伸べていただきたいと思います。（略）人はお互いに助け合ってこそ人だと思います。今後ともよろしくお願い申し上げます」

桜井は深々と頭を下げた。桜井が消えたカメラの先に、奥の壁に貼られた雲雀《ひばり》ケ原《がはら》を駆ける二騎の野馬を描く、前年の相馬野馬追のポスターがあった。

メッセージは全文英訳され「南相馬市長からのＳＯＳ」のタイトルでユーチューブに公開された。

南相馬市のメッセージに反応したのは国内よりも、「フクシマ」の情報が入手しにくい海外メディアだった。アメリカのタイム誌が「世界で最も影響力のある一〇〇人」に桜井勝延を選出したことにより、国内でも南相馬に注目が集まり、支援物資がようやく入ってくるようになった。

優子の方は、他人の家で家族六人の屋内退避生活が長引くにつれ、子どもたちの間にストレスが溜まり、大変になってきた。宮城県の亘理《わたり》町に嫁いだ妹に電話すると、「避難所を出てやっと家に帰ったところで、泊めることはできないが、息抜きにおいでよ」と言ってもらえた。

三月二六日、ガソリンを何とか手に入れ、子どもたちを車に乗せて鹿島、相馬と震災以来初めて国道六号線を仙台方面に北上した。浜から五キロは離れている国道にまで魚船が何隻も乗り上げている。防風林のあった浜沿いは松の並木がすべて根こそぎ持っていかれて何もなく、瓦礫だけが延々と積み上がる。折れ曲がった電信柱からは、曲がりくねり絡みついた鉄筋がむき出しになっている。残った電信柱の上には乗用車が無残な姿でぶら下がっていた。倒れた墓石、車内に汚泥をいっぱいに詰めたまま横転した車、初めて見る光景の数々に親子で言葉を失った。国道沿いの店はみんな閉まったままで、何も買えずに走り続けた。相馬を抜け新地《しんち》に差し掛かったところにセブンイレブンがあり、灯が点いていた。

「店が開いてた〜！」

子どもたちの間に歓声が上がり、優子も嬉しくなって車を止め、店に飛び込んだ。だが、がらんとした店内には何もない。がっかりして店をもう一度見まわした。店の奥のほんの小さな陳列棚に、たらこのおにぎりだけが並んでいた。

子どもたちの手が、優子の手が、一斉に伸びた。

おにぎりが、今そこにある。

そんな何でもないことがこんなに嬉しいとは。店が開いていて、物が買えるという当たり前のことが、こんなに素晴らしく、こんなに感動的なことなのだと、優子は初めて知った。会計を済ませながら訊いた。

「いつから開いたんですか？」

「今日からです。でも品薄で、もうすぐ閉めるところでした」

「ありがとうございます。頑張りましょうねぇ！」

優子は店員と握手した。子どもたちとむさぼるように車内でおにぎりを食べた。おいしかった。今までで一番おいしいおにぎりだった。

妹の家に着くなり優子は訊いた。

「亘理の方は放射能どうなの？」

「ああ、お姉ちゃん、福島県は放射能で大変なんだってねぇ。私のところはそれどころじゃないの。水が出ないんだから、家族総出で毎日水汲みよ」

福島原発事故に全く無関心な妹の返事に、優子は驚いた。原町と亘理は五〇キロも離れていない。にもかかわらず地域によって温度差がこんなに出てくるものなのか。福島原発の隣県の宮城であっても放射能よりも水不足が話題なのだから、南相馬の窮状は東京などにはなかなか届かないのだとようやく悟った。市長がテレビのニュースで窮状を訴えても、支援物資も、食料品もほとんど町に入ってこない現実を、ようやく優子は肌で感じることになった。

しかし、妹を訪ねたことで優子も、子どもたちもようやく気分が晴れた。

その夜はさらに嬉しいことがあった。町に残った七、八家族、総計二〇人近くの学会員が原町文化に震災以来初めて集まったのだ。二階は余震で危ないからと、一階の小さな部屋にみんなで身を寄せた。エアコンがつかなかったので、電気ストーブを持ち込み、ジャンパーを着たまま顔を合わせた。他の会員がどこへ避難したのか分からず、お互いに知っている会員の情報を出し合った。遠くは九州の柳川や、大阪まで避難した人を含め、多くの人が町を去っていたが、集まった人はみんな元気で、負けていられないとの気力があった。そのことにほっとした。最後にみんなで南無妙法蓮華経《なんみょうほうれんげきょう》のお題目を唱えた。身体の内側から生きる勇気が湧き起こるのが実感できた。これからも、少なくてもいいから集まれる人だけでも集まろうと、約束して別れた。

だが、先輩宅に帰ると、介護の必要な義父を抱えての長引く避難生活は容易ではなかった。

「知らない人が上がり込んでる」などと義父は言い出し、妄想も激しくなった。

「頑張ってます。けれどももう限界です。どうか助けてください」

優子は夫の姉兄に向けて夜中にメールを打った。

「引き受けます、でもガソリンがなくて迎えに行けない。何とか連れてきて」

船橋に住む義姉から返信があった。必死にガソリンを集め、ようやく義父を送り届けた。義父は実の娘のところで介護を受け、その後近くの施設に入り震災から四年を生きて死んだ。あのまま一緒に暮らしていたら、震災最初の夏も乗り越えることはできなかっただろう。

義父だけでなく、多くの老人にとって、医療物資が途絶えつつある町で治療を受け続けることは、日々過酷になっていった。優子の実家の祖母もその一人だった。

大正六年生まれの優子の祖母は、震災前日の三月一〇日に大腿骨骨折の手術をしていた。翌日優子の両親が病室に見舞いに行っている時に、大地震となり、倒れてきた医療機器に何とかつかまり助かった。福島原発事故発生と同時に「もう入院体制がとれないから、自宅で引き取って欲しい」と申し渡された。かといって大腿骨を骨折して寝たきりの老婆を自宅に引き取るわけにはいかない。頼み込んで祖母を病院に預け続けた。

福島原発事故の深刻化と共に、病院側は、入院患者は別の病院に移すしかない、となった。ところがその先に、耳を疑う事態が待っていた。

「婆ちゃんなぁ、自衛隊に運ばれたんだけっど、どこさ行ったか、誰も分かんねぇんだぁ」

そんなことがあるとは信じられずあきれ果てる優子に、父はさらにつけ加えた。

「見つかるといいんだけんど。病院で今、探してくっちぇんだぁ」

祖母が群馬県の前橋市の病院に搬送されたと分かったのは、東北道が開通した頃で、震災から既に約一カ月が過ぎていた。優子の父は、原町・前橋間を、復興支援の自衛隊トラックに挟まれながら、毎週一、二回の頻度で通い出した。六月の中頃、子どもたちを連れて優子が前橋の病院に祖母を見舞いに行くと、今度はその日に父が看病疲れで倒れてしまった。入院は祖母と違う病院になった。事情を話し、二人をひとつの病院に入れてくれるよう頼み込んだ。ようやく高崎の病院が二人同時の入院を受け入れてくれ、親子そろって高崎に移動した。結局、優子の祖母はそこで七月七日に亡くなった。震災以来南相馬から五人の患者を受け入れ、優子の祖母が三人目の死者だという。津波や福島原発による直接の被害でなくても、震災以来多くの老人の命が失われている現実に、優子は心を痛めた。

父の後を継ぎ、印刷業を営む妹夫婦は中小企業だけに大変だった。三〇キロ圏にあるすべての銀行が引き上げ、窓口は言うに及ばずATMも閉じた。手形を落としたくても、落とすこともできないのだ。しかも三月末は年度末決算と重なり、運転資金を借りようにも、市内の銀行窓口はすべて閉じ融資が受けられない。妹夫婦は、不渡りになったら大変だと真っ青になりながら、ガソリンを集めては、福島と原町を往復する毎日だった。やっと手形が落ちて妹夫婦は新しい年度を迎えた。

夫の勤める測量設計会社では、四月一日から三〇キロ圏立ち入り禁止で、工事が止まった福島原発汚染地域を残して、新地、相馬港での甚大な津波被害の復興作業を請け負い、仕事を再開した。だが、小さい子どもを持つ二〇・三〇代の社員は次々と退職し、原町を去った。人手不足のため、管理者である夫が、放射能に怯えながら、現場に立たざるをえなくなった。

いつまでも家族五人が先輩の家に厄介になっているわけにはいかなかった。近所のスーパー、ヨークベニマルが再開すると聞き、長く世話になった礼を先輩に言い、三月末、家族五人は自宅に戻った。

噂《うわさ》通りヨークベニマルが再開した。買えるのは一人三品だけですと言われたが、みんな長い列を作って待った。優子が買い求めたものは牛乳、納豆と卵の三品だった。でも、嬉しかった。こんななんでもない品々が愛おしかった。震災直後に亘理の妹を訪ねた際、新地のセブンイレブンでたらこおにぎりを買い求めた時と同じ喜びが沸き上がる。欲しいものがいつでも手に入る便利さに慣らされて、その品が自分の手元に届くまでにかかわってくれたすべての人の、たくさんの工夫と愛情に対し、ひとつひとつ感謝する気持ちをすっかり忘れていた。この日作った納豆オムレツの味は忘れられないものになるだろう。

そしてもうひとついつまでも忘れられないものがあった。

亘理への日帰り旅行の夜に、原町文化でみんなでお題目を唱えた時の感激だった。残っている人だけでも集まって、みんなでお題目を唱えたい。こんな時だからこそ孤独にならないで、声を掛け合い、励まし合うことが大事なのだ。しかし屋内退避の制限がかかる中で、人が集まることは許されることなのだろうか？やはり駄目か。その時、ひらめいた。

支援物資の配布のために集まってもらうのだ。その前にみんなで勤行《ごんぎょう》をすればいい。ユーチューブでの桜井市長の呼び掛けもあって支援物資が各所から原町にようやく入ってきていた。学会経由の支援物資も相馬会館までは届くようになっていた。よしやろう！となったが、すぐに駄目だと気づいた。大量の物資をどうやって運び込むのか。優子や近所の地区婦人部長の手だけではとても運べる量ではない。あきらめた。すると相馬の青年部の男性たちが言ってくれた。

「僕たちが運びますよ」

「いや、いや、屋内退避の放射能の町に若者が入り込むのは危ないよ。とても頼めない。やっぱあきらめよう」

「いや、僕らが運びますよ。大丈夫だって。放射能に負けるわけにはいかない。みんなで勤行しましょうよ」

身を挺して三〇キロ圏内に入ってくれるという彼らの勇気に打たれた。

「創価学会の支援物資が届きました。ただ、人手もない、ガソリンもないので配れません。四月三日に来れる方は原町文化に取りに来てください。その前に勤行をします」

優子は学会員みんなに一斉にメールした。その集まりは忘れがたい思い出になった。

「その時、聖教新聞の販売店の店主が届いたばかりの会員誌『大白蓮華《だいびやくれんげ》』を持ってきてくれたの。開くと池田大作先生の『創価の勇気は無敵なり』という巻頭言があって、こう書かれていたのね。

『仏法は
　勝負なりせば
　　勝ちまくれ
　　　勇気と祈りで
　　　　歴史残せや』

巻頭言は震災前に書かれたものだけど、まるで今日のことを言い当ててるようで、びっくりしながら、みんなで声を出して読んだの。

そしたら男の人も女の人もみんな泣いて、元気が出たって、頑張ろって、本当に心から思った。そしてみんなでお題目を唱えたの。もうこの号は捨てられなくなった。震災以来いろんなことがあったけど、そのたんびにこの巻頭言開いてきたの」

とにかく残った人たちで、参加できる人だけでいいから、毎週日曜日には集まろうと言って別れた。

これからは毎日規則正しい生活をいかに送るかが重要になる。夫の吉弘が気が付いたことを次々に箇条書きにした。義父が校長先生だった関係で、退職記念に学校から持ち帰った松本家の黒板に貼りだした。今も残るメモからは、放射能から子どもを守ろうとする親の必死の思いが浮かび上がる。

「決まり。

飲み水、料理に使う水はペットボトルを使う。

歯磨き、洗い物、風呂は水道水」

「店がいつ開くか分からないので、ご飯や野菜をできるだけ食べること！

よくかんで食べましょう！かめばかむほどおいしいよ！

ご飯を食べたら食器はすぐに洗うようにしよう」

「時間を決めて勉強しよう。

拓也　四時間以上　　優美　三時間以上　　真紀　二時間以上」

「石油ストーブはできるだけ使わないこと。

夜六時から一〇時まではＯＫ
それ以外は絶対にダメ!!!

電気こたつを使いましょう。

朝晩の勤行をしよう！朝八時、夜八時」

見慣れぬ計器を下げて会社から戻った夫に、「何、それ？」とたずねた。

「ガイガーカウンターさ。放射能測定機だよ。復興現場の放射能値を調べたうえで問題がないとなれば現場で作業に入る」

そうかこれがテレビで「南相馬市五」と報じる放射線量計かと興味が湧いた。

「せっかくだからうちも計ってみようか」

「テレビと変わらないさ。五くらいだろう、ここらは」

夫の言葉に反してガイガーカウンターは二五を示した。

「この機械壊れているよ。こんなの仕事で使っていて大丈夫? 万一があったら大変よ」

再度計りなおすことにした。家の外で計り、家の中に入って計りなおした。数字はあいかわらず二五前後を示す。村民が避難を始めていると聞く飯舘村に近い数字だ。後から知ることになるのだが、南相馬市のモニタリングポストは国道六号線沿いの市立病院近くにあり、そこの毎時の数値のみが毎日放映されていたのだ。突然恐怖に襲われた優子は夫に向かって叫んだ。

「子どもたちはどうなるの? 逃げたい。ここから。逃げよう。お願い!」

しかし、原町文化に向かう段になると、「私は相馬地域の婦人部長として、今ここを捨てて自分だけが離れるわけにはいかない」となった。ふたつの選択肢が頭を駆け巡る。

「遠くへ行きたい!」

「いや、離れられない」

山形の雇用促進助成金が借りられると知り、少しでも遠くに逃げたい優子は決心がついた。

「行こう、山形に」

福島市の学会の先輩が心配して言ってくれた。

「放射能だけが不安材料じゃないよ。ご主人の仕事とか、経済的なこともそうだけれど、家族がばらばらになるのが一番の不安よ。だから一人で決めないで!」

家族みんなに集まってもらった。五五歳の夫は言った。

「知らないところでこの年の再就職はもう厳しい。それに復興の仕事で大忙しだ。ここにいればこその暮らしで、いくら放射能が怖いと言っても、山形行きはもう現実的じゃない」

長男も長女も「お母さんと子どもたちだけで行くのは嫌だ。家族みんなじゃなきゃ」と言う。

最後に次女の真紀が小さな声でつぶやいた。

「それからお友だちと離れるのも嫌だ」

「なんだ、遠くに行きたいと思っていたのは、自分だけだったと、残ることにしました。けんど避難先は見つかんなかったな。前に『歩いても歩いても』っていう映画があったけんど、『探しても探しても』見つかんなかった。行政からも受け入れ住宅の案内や紹介も全くなかったの。当時南相馬全体で五万人以上の人が避難したと言われてるけど、市の避難バス以外で、自主的に避難した人たちは、みんなどうやってその避難先を見つけたのか?その情報はどうやって手に入れ、どう手続きしたのか?今もって分からないのよ」

それに加えて優子の気持ちを憂鬱にするのは、子どもたちの学校のことだった。

テレビでは「宮城県、岩手県の被災地でも、新学期が始まりました」とニュースがあり、こちらはどうなるのだろうと気をもむが、一向に学校が始まる様子はない。

「引っ越しして学校に通った方がいい」との噓か本当かも分からないチェーンメールに、学校に電話をしても「待っててください」と言われるだけだ。そこに「学校再開の見込みはありません。自主的にどこかに避難し、そこで転校手続きをしてください」とのいきなりの学校通知に父兄は浮足立った。枝野官房長官の自主避難に口裏を合わせたような学校通達だ。ママ友の一人が教育委員会に、「そんな勝手に、どっかにって言われたって困る！仕事もあるし、せめてここどか、あそことか言ってもらわないと、判断もできない！」って言いに行った。ところが頭ごなしに言われた。

「仕事と子どもの命、どっちが大事か考えなさいよ。避難先はどこ？仕事がどうなるより、とにかく子どものために早く避難しなさい」

突然の事態と放射能の恐怖にみんな気が立っていた。途方に暮れた優子は公明党の井上義久幹事長のもとに直接電話した。

「私は被災地の婦人部の者です。公明党は学校も再開できない現実を分かってんですか！」

幹事長は不在だったが、電話に出た秘書が「そんな事になっているとは知らなかった」とひどく驚き、対応に当たってもらえることになった。

福島原発事故以来、原町区の住民の上に何ともうっとうしく、うすら寒い思いで覆《おお》いかぶさっていた「屋内退避」の四文字が四月二二日に解かれることになった。代わりに福島原発より二〇キロから三〇キロ圏の原町区は、「緊急時避難準備区域」というとても長くなんだか恐ろし気な名前の区域に指定された。原発から二〇キロ圏の小高区は「警戒区域」に、三〇キロ圏外の鹿島区は「非避難区域」にと、南相馬市は明確に分断された。

だが、優子の住む山側の地域に当たる馬場は解除にならなかった。隣組単位で自ら放射能値を測り続け、数値が下がっていないことを知る馬場の行政区長は言った。

「政府は屋内退避解除って言うけんど、ここの集落は自主的に当面、屋内退避にすっから」

国が何を言おうと、自分でも線量を測り、その値の高さを心配し続けてきた優子は、行政区長の判断はもっともだと思った。それでも優子にとって長い間頭を悩ませ続けてきた、学校再開がようやく屋内退避解除で実現した。

「保護者の皆様　　　　　　　　　　平成二三年四月二二日　　　　　　　　　　南相馬市立石神第二小学校長

石神第二小学校再開にあたって

うららかな陽光の季節になり、桜が満開となってきました。（略）石神二小は、大震災及び余震等により校舎に若干の亀裂等はできましたが、被害は少なく、学校再開に取り組んできました。しかし、福島第一原子力発電所の事故に伴い発令された『緊急時避難準備区域』指定により、石神第二小学校は当分の間、石神地区での学校再開はできなくなりました。

今回、石神第二小学校として、南相馬市、南相馬市教育委員会のご援助により、原発から三〇キロ圏外の上真野小学校をお借りして、再開することができました（略）」

原町区の小・中学校は国道六号線を挟んで浜側、町側、山側に区分されている。浜に近い学校は小高を含め鹿島の八沢小学校が指定になった。町側の学校は鹿島小学校に移ることに。そして真紀が通う石神二小は、小高の金房小学校、鳩原小学校と合同で上真野小学校に入ることになった。優美の通う石神中学校は鹿島中学校が仮校舎となった。

東日本大震災前の南相馬市の児童数は概算で中学生が二〇〇〇人、小学生が四〇〇〇人だったが、再開された学校へ復帰したのは中学生が八八三人、小学生が一三四六人となり、震災・福島原発事故にもかかわらず、約四割もの子どもたちがこの地に残っていたことになる。

四月二五日、学校再開にあたっては、中学生はジャージ姿にマスクで八時半に、小学生は長袖、長ズボン、マスクに帽子着用で朝七時半に、自分が通っていた学校の体育館に集合した。

優美たち中学二年生は五八人に減り、震災前、八四人だった真紀たち小学四年生は、学校再開時に二六人に減っていた。とはいえ、優子は「まだ二六人、それでも残っていたかぁ」という気持ちだった。

真紀の通う石神二小は福島原発事故以降、避難指示区域の人の避難所になった。その避難者は三月下旬、新潟・長野県下の避難所にバスで移動した。その後は、災害復興に当たる自衛隊の基地宿舎になった。県外避難に応じない避難家族もあり、自衛隊との同居になった。校庭には窓のない平べったい自衛隊装甲車と避難家族の車がずらりと停まっている。その横に避難先の学校へ向かうバスと児童を送ってきた保護者の車が停まり、校庭はさまざまな車であふれ返った。

体育館の半分は自衛隊員のパイプベッドで埋めつくされている。子どもたちが集まり整列してバスを待つ横で、迷彩色のボストンバッグから白い防護服を取り出し、着替えた自衛隊員が福島原発に向かって装甲車に乗り込んで行く姿は何とも頼もしかった。行政も、教育委員会も日々言うことが違い、発表される放射線量値さえ信用できない中にあって、信頼できるのは自衛隊だけに思えた。子どもたちも同様で、あの頃、将来何になりたいかと訊くと、ほとんどの子が「自衛隊員になって人を助けたいと思います」と答えるほど、彼らの姿は頼もしく見えた。

子どもたちは自衛隊員の真似をして、お互いに敬礼し合いながらバスに乗り込んだ。

石神二小一九三人を乗せた五台のバスが動き出した時、優子は「始まったんだな〜」となんだか嬉しくて涙を流した。

　小学生を送り届けたバスは、鹿島から優美たちが待つ石神中に取って返し、一六八人の生徒を乗せると再び八時半に鹿島中学に向かうので、優子たち小・中学生を持つ親は、朝の送り出しと、夕方の送迎だけで半日がつぶれた。

　震災以降、避難所の炊き出し業務は市の給食センターが担っていた。新たに学校給食に対応する余裕はなく、避難所の昼と同じものが学校にも「炊き出し給食」として提供された。登校初日のメニューはわかめのおにぎり二個と、チーズかまぼこ一本だった。もっともそれ以降もメニューが変わることはほとんどなかったので、体格の大きな男の子からまず音を上げ出した。

「とてもあの量じゃ足りないんだ」

「弁当を持たせたいんだけど、駄目なのかなぁ」

「松本さん、それを公明党とか行政に訊いてもらえませんかぁ」

　こんな人々の声を聞いて回り、みんなにメールを返信した。

「避難所から通うお子さんもおり、一律に弁当持参とはいきません。持ってこられない子への配慮のため、悪いのですが、この炊き出しで我慢してください」

　結局子どもたちみんなは、しばらくお腹をすかせて学校に通うことになった。それに弁当持参となっても店はほとんど開いていない状態で、弁当は作りようもなかっただろう。

　そのうち、子どもたちの間でおにぎりじゃんけん大会がはやり出した。休んだ子の余ったおにぎりを賭けたじゃんけんだ。勝った日にはお腹いっぱいの満足感があった。

四月三〇日付けの優美の手書きメモが残る。

「私のストレス・外に出られない・暑い・茜ちゃんがいなくなる・みずほちゃんがいなくなる・部活ができない・石中生がへった・長袖ジャージが暑い・カバンが重い・五教科ばっかり・バスの中がうるさい！暑い！」

すべては規則や集団行動が優先され、子どもたちは子どもたちなりに福島原発事故と闘う日々にあって、優子は今も石神二小の教頭のことが忘れられない。

外では遊べない、間借り先の学校でものびのびすることのできない子どもたちのために、「学校バス到着後はすみやかに父兄に児童を引き渡す」との通達があるにもかかわらず、体育館を四〇分ほど開け放って、自由に走り回らせてくれたのだ。

体を動かすのが大好きだった真紀は、思いっきり体を動かし遊んで、とたんに表情が見違えてきた。当然放射能が心配だと言う父兄の声も上がる。教頭は子どもたちが動き回る姿を嬉しそうに見ながら言い放った。

「いいんだ、いいんだ。これくらいやんなかったら、子どもの気狂っちまう！走れ！走れ！」

「石神中学校生徒会だより　第一号　六月一七日（金）

今年度の生徒会スローガンが決まりました。『石神維新　ニューアイデア、ニューアクション、ニューヒストリー』です。自分たちで考え行動し、今までの伝統を引き継ぎながら、新しい歴史の幕開けとなるような年にしたいと思いを込めました。（略）一瞬一瞬を大切にし、伝統ある石神中学にしていきたいと思います。ここ鹿島でも石神中は健在です」

そして優美は二年二組の学級副委員長に選ばれた。

小・中学校がようやく再開されたが、長男・拓也の通う県立原町高校の再開は遅れた。

そもそも震災当日の県立高校は、どこも前日に入学試験が終わったばかりで、まだ合格者さえ決まっていなかった。そこにきての放射能騒ぎで、受験生たちは全国ばらばらに避難してしまった。志望校に受かっていても、学校周辺の避難でない限り、通学は不可能だ。同時に避難先での高校入学試験はすでに終わっている。子どもたちの高校生活を保障するために、まず受験生の全員が志望校合格となった。次に避難した場合は、避難先の地元にある受験科校への入学が可能になった。

だが、原町高校を受験し、原町から避難しなかった新入生は、いつまでも新学期が始まらないことになった。四月五日に県の教育委員会から通達がきただけだ。

「南相馬市の県立高等学校に在学・入学予定の生徒・保護者の皆さんへ
相双地区県立高等学校生徒の学習機会の確保について
県教育委員会では各高等学校に在籍している生徒を対象に、サテライト方式により、在籍のまま学ぶことができるようにします。また転校も可能です」

その案内によるとサテライト方式とは、現在の在籍校と同様の学習ができるよう、県内五地区の協力校の空き教室を使って、現在在籍している学校の先生を中心に行う教育方法で、原町高校の場合、県北の福島西高の外、相双地区なら相馬高校を予定するが、一地区において一学年で一〇人以上にならなければ開設をしないと断り書きがあり、サテライト授業を希望したとしても果たしてどこで受けられるのか、一向に分からなかった。

四月二五日にようやく小・中学校が再開して、高校生を持つ父兄たちの間になおさらいらつきがつのった。問い合わせが重なったのだろう、県の教育委員会から五月の連休の合間に「相馬高校で県立原町高校再開に関する説明があるから来るように」との連絡があった。

しかしその説明は一向に要領をえず、最後には、「詳しい事は原町高の先生から訊いてください」と担当者は座り込んでしまった。その途端に挙手をしたのは原町高の教員だった。

「私たちは何も聞いてません！今、初めてここに来ただけです！それを何こっちに振ってんですか、無責任な〜！」

外はざぁざぁの雨で、体育館の中では怒号が渦巻いた。優子は何なのだろうこの集まりはと深いため息をついた。サテライト授業を行うという指針が県から示されただけで、具体的にどうするのか？どうしたらよいのか？誰も分からなかった。

そして五月九日に改めて学校から連絡があり、原町高は相馬高校と福島西高校のふたつのサテライト教室で新年度を迎えることになった。

「サテライト校の開校にあたって　　福島県立原町高等学校長
今回の震災は敬愛する多くの方々や築き上げてきた地域社会を奪い去りました。しかし、復興を果たすという私たちの心は奪われていません。却って、災害の数だけ復興を果たした先人の偉大さを思い起こし、私たちの純朴な使命感に火を付けました。全校一丸となって未曾有の環境の中で、可能性に壁がないことを形にしようではありませんか」

原町高全生徒七〇五人のうち、県内外に転学した生徒数は三六五人にのぼった。残り三四〇人がサテライト校に通うことになり、拓也は五月九日の朝から相馬高校へ通い出した。

五月九日の朝、優子はまず真紀を石神二小まで車で送り届け、自宅にとって返すと、優美、拓也を乗せて、石神中学で優美を降ろし、最後に拓也を原町高校の正門まで送った。

「いよいよ学校だね。よかったね。頑張って勉強しようね」

まるで小学一年生の初登校に声をかける親のように、相馬高校のサテライト校行きバスに乗り組む拓也の背中に、声をかけた。

三人をそれぞれの学校へ送り届けて、自宅の玄関を開けるなり、優子はその場に思わず座り込んでしまった。三月一一日以来、突然降りかかった災難に振り回されてへとへとになりながらも、これでやっと三人の子どもすべてを学校に通わせることができるようになったと、心底ほっとした。

あれからまだ二カ月しかたっていないのに、先の見えない毎日を半年以上も過ごしてきたような気分だ。義父の事、夫の仕事の事、学会の事、子どもたち三人の学校の事。すべてが何とか解決して、ほっとした。同時にずっと気がかりになりながらも、身の回りの解決が先と自分に言い聞かせ、忘れたふりをしてきた言葉を思い出した。

「飯舘村全域を『計画的避難区域』に指定する」

それは四月二二日の屋内退避解除と同時に国から発令された、飯舘村に対する村役場の機能も含めた全村避難命令だった。

飯舘村は福島原発より三〇キロから五〇キロに位置するにもかかわらず、事故以来、高い放射線量が続いた。事故一カ月を過ぎても一向に収まることがなかった。福島原発から出た汚染物質は、浜風に吹かれ気流となって阿武隈山系の麓《ふもと》の谷間に流れ込み、八木沢峠に向かって上昇し、峠から飯舘村に流れ落ちていたのだ。

その麓の山沿いのひとつに、優子が住む馬場地区があった。

原町の屋内退避が解かれた日、行政区長がやって来て言った言葉を、優子は忘れるわけにいかなかった。

「政府は屋内退避解除って言うけんど、ここの集落は自主的に当面、屋内退避にすっから」

行政区長が測った区内の計測地点の線量は、子どもが浴びて良しとする放射能上限値を、当時どこも超えていた。

飯舘村はもう全村機能を福島市飯野支所に移動させ、村人は妊婦、子どものいる家庭から優先的に間もなく全員が避難を開始すると聞く。子どもたちのためにも馬場にいるのは危険だった。

「私も急いでここから逃げなければ」

気が焦る優子は、その夜、さっそく仕事から帰った夫、学校から帰ったみんなに集まってもらった。どうするのが一番いいのか?各々が自分の意見を出し合った。会社と学校への通勤通学が可能で、優子の学会担当地域内でもある相馬市に避難先を決めた。結論が出たとたん優子は自分に言い聞かせるように、みんなに言った。

「二日で見つけることにしよう。もう、時間はないよ!」

一日目、相馬市内の不動産屋に次々と電話をしたが、かけても、かけても物件は見つからなかった。困っていることを相馬の学会婦人部のリーダーに相談すると、リーダーは慰めるように言った。

「明日は私が一緒に探してあげる。優子ちゃんより相馬のことは私の方が詳しいから」

二日目。朝の勤行の時に「今日で見つける」と祈りに力が入った。

リーダーが一緒に探してくれたものの、相馬市は津波の被災者のために市内のすべての物件が押さえられていて、南相馬市市民の優子が借りられるところはひとつもなかった。

「ごめんね」

リーダーが自分の事のように謝ってくれたのが申し訳なかった。歩き疲れリーダーの家に帰ることにした。途中で昔から学会活動を共にしてきた後輩の家の前を通りかかった。リーダーが言った。

「ここ××ちゃんちなんだよ。お父さんは大工さんなの」

「へえ、彼女のおうち、ここだったんだ。知らなかった」

どちらからともなく寄ってみようかとなった。後輩は不在だったが父親がいた。顔を出した経緯を、手短に話した。

「娘が世話になった人が困っているって言うのにほってはおげねえなあ。ずっと空き家だったんだけど、ここのところの住宅不足で、手を入れて貸家にしようと、不動産屋に頼まれて、今俺が直している家があんだけど、どうだ？話せば店に出す前に借りられるがもしれねえが頼んでみっかい？」

後輩の父親の話を聞くなり、優子は一歩前へ出ると、深々と頭を下げた。

「お願いします。頼んでみてください。子どもたちを今のとこに置いておけないんです」

後輩の父親と一緒にリーダーと優子は急いで現場に駆け付けた。一階をバーにして、二階を民家として貸し出す計画で修理をしていた。ずっと放置されていたのだろう。はっきり言って廃屋に近い。風呂場はタイルがはがれたままで、バスマットをその床に貼り付けてあった。救いは家族五人が住むには十分すぎるくらい広いことだ。不動産屋へ行き手続きをすることにした。不動産屋が言った。

「家賃は六万だけど、あんた払えんのが？」

我が家がありながら、追い立てられて避難した上に、さらに月々六万円を支払わないといけない理不尽さと、不動産屋の高飛車な物言いに、怒りをぐっとこらえた。

「主人は仕事をしていて生活ができないわけじゃありません。それに東電からの一時金がひと家族に百万円出ると聞いています。それを当てれば六万円だって二年間は払えます。お風呂のタイルは直してください」

「今は震災以降の品不足でどこもタイルが手に入んないんだ。入ったら直すから」

後輩の父親は、自分の使っていないエアコンを借り上げた住宅に設置してくれたり、棚を作ってくれたり、最後まで親身にしてくれた。階下のバーの開店準備が進むと自分の事のように謝った。

「環境が子育て向きでなぐで悪いなあ」

その相馬の避難宅には二年間住むことになるが、結局風呂のタイルは最後まで直らなかった。

だが優子は今もその時の「偶然」と「恩」を忘れることができない。

黒板の日付を「平成二三年五月二九日（日）」と書き換えると馬場の自宅を出た。

震災の日以来ひと時も頭の片隅から離れることなく、毎日悩み怯え続けた放射能からようやく逃げられるという安心感と安堵感。今日は福島原発と優子の間に突然勃発したシーベルト戦争の終戦記念日だった。これからは新たな日々が始まる。優子はハンドル捌《さば》きも軽やかに、相馬に向かう引っ越しトラックの後を、満足気についていった。

新たな避難先は、夫婦で八畳の和室を使い、子どもたちにそれぞれ洋間を与えても、まだ一五畳のリビングがある、広さからいえば申し分ないものだった。ただし水道の蛇口をひねると油臭い水が流れ、飲めたものではない。馬場にいた時は放射能対策から「飲み水は必ずペットボトル」と黒板に貼りだし注意を促していたが、何のことはない。避難先でも「飲み水は必ずペットボトル」に変わりはなかった。

ある日部屋に蝙蝠《こうもり》が迷い込んできた。窓が開け放たれていた廃屋時代に、ここは蝙蝠の住処《すみか》だったに違いない。それからも蝙蝠が迷い込んできて、いくら追い払っても出て行かず、一緒に朝を待つ夜が何度もあった。

見えない放射能の外部被曝から逃れたものの、今度は家族の誰もが心の奥深くに放射能を貯め込むことになるとは、相馬への引っ越しが終わった時点では考えてもいなかった。

津波被害が甚大だった相馬港の復興現場の責任者である夫は、相馬に避難したのだから現場が近くなり、一見体も楽になるかに見えた。ところが、必ず本社に一度出社し、請負仕事全部の進捗状況を確認後、自分の現場を回らないといけない管理者の夫にとって、今までは馬場から原町本社、相馬港の現場と流れていた動線が、時間も距離も二倍になった。重要港湾に指定されている相馬港は津波被害で全壊した。福島県北部、宮城県南部の物流の要として、少しでも早い相馬港の復興が急がれた。夫は津波が残した荒々しい傷痕《きずあと》と闘い続けなければならなかった。そこへ「緊急時避難準備区域」の解除に伴い、原町・小高沿岸の放射能汚染に怯えながらの復興作業が重なり、夫は健康を害していった。

また、見知らぬ地での慣れない暮らしの心労は、幼い者の上に最も重くのしかかった。小学校の避難に伴い石神二小からみんなとバスで通っていた真紀は、相馬の引っ越し後は見知らぬ他校生に混じって、たった一人の登校になった。

「知っている子が一人もいない」と真紀は泣いて、その心のうちの苦しさを訴え、さらに「帰りに石神二小の体育館で遊べない」としゃくり上げた。

体育館で走り回り、あんなに生き生きと「ただいま。楽しかった！」と帰って来ていた真紀の顔から、たちまち表情が消えた。こんなことなら、避難などしなければよかったとさえ優子は思った。行きはしょうがないとしても、帰りは避難先の小学校から一度みんなと一緒のバスに乗って元の小学校へ戻り、そこへ優子が迎えに行けないだろうか？一時間半以上の送迎時間の負担はかかるが、子どもが受ける心の負担を少しでも少なくするのが、親の務めだと思った。家とは反対方向の送迎バスになるが、子どものために規則を曲げて欲しいと優子は頼み込んだ。学校から許可が出て、真紀は避難先の学校が終わると、みんなでいったん母校の石神二小に寄り、自衛隊の横で走り回ってから、迎えに来た優子と共に相馬の避難先に帰った。

それでも真紀はたびたび学校を休んだ。どうしたの?とたずねると「朝、知ってる人のいないバスに乗るのは嫌だ」と顔が曇った。それがある日「今日からカラオケが流れるようになったので頑張って学校に行く」となった。意味が分からず「カラオケ?」とたずねる優子に真紀は答えた。

市は学校の送迎に、観光バス会社のカラオケ装置がついたバスを、借り受けていた。バスの運転手が元気のない子どもたちの様子を心配してカラオケを流してくれるようになった。真紀は知っている歌が始まると、小さな声で歌った。やっと見知らぬ地での通学が苦痛でなくなった。

長く続いていたおにぎりだけの炊き出し給食が終わり、発泡スチロールのどんぶりでご飯がでるようになったのは、六月の終わりだった。しかも最初の日は牛丼で、子どもたちの間に大歓声が上がった。だが、今年のプールは中止になった。

「石二小便り　　七月一日号

例年なら六月にプールを掃除し、梅雨の晴れ間を見つけては水泳するはずでした。プールの水は、放射線量の基準からすると安全という結果がでていますが、児童の安全、プールの排水する時の影響を考え使用しないことになりました」

七月に石神二小を使っての授業参観があった。エアコンがない教室は暑さで蒸し返っていた。

あまりの暑さに教師が北側の窓を少し開けてから授業が進められた。

優子は肘をトントンとつつかれた。同級生の男の子の母親がハンカチで口を押さえて、そっと小さな声で言った。

「松本さん、あそこの窓、開いてるけど放射能大丈夫かしら？」

優子は放射能汚染に関して、学会で勉強会を開いたり、作家で、諏訪中央病院名誉院長の鎌田《かま》實《みのる》や長崎大学の放射能専門家の報告会を聞きに行っていたりしていたので多少の知識はあった。

鎌田はチェルノブイリ原発事故以来自らも現地を何度も訪ねるだけでなく、日本チェルノブイリ連帯基金（ＪＣＦ）理事長として、一〇〇回を超える医師団を派遣し、一四億円の医薬品を支援してきた。その経験から、福島原発事故が起きると同時に、南相馬市立病院の医療崩壊を恐れる鎌田は、諏訪中央病院の医師、看護師だけでなく、ＪＣＦのスタッフを全国から派遣してきていた。鎌田自身三月二五日に南相馬に入り、医療支援の陣頭指揮にあたった。チェルノブイリの経験から鎌田が言ったのは、子ども、幼児、妊婦のガラスバッチ（個人放射線被曝線量測定器）の装着だった。

目に見えぬ放射能の怖さは、自らが一年間に浴びた総被曝量が分からぬ点にある。その点、ガラスバッチは三カ月間の被曝量を積算できた。その数値を四倍すれば年間積算被曝量が判明する。クリップで留められる薄いケースに入ったそれは被曝計測器の前でむずかる幼児や、動き回る子どもにも手軽で安全だった。鎌田の昔からの経験で南相馬市では、福島原発事故当初からガラスバッチの装着が進み、幼児、妊婦の安全が早期から確保された。

優子は各地の勉強会で教わったことを小声で話した。

「最近の大気ガスのモニタリングでは放射性物質はほとんど見当たらないんだって。今の線量の多くは、地面周辺に堆積したもので、除染さえちゃんと進めばシーベルトは下がるって。だから少しくらい開けていても大丈夫みたい」

「でも私、何聞いても信じられない。駄目なの～」

彼女は今にも倒れそうにハンカチを強く再び口元に押し当てた。

夏休みの直前に彼女たち家族が宮城県に引っ越すと小耳にはさんだ優子は声をかけた。

「引っ越すんだって。なんか寂しくなるね」

「ごめんね」謝ることではないのに謝ると、彼女は続けた。

「私駄目なんだぁ。もうここにいると辛くって。だから、みんなには悪いと思うけど、そうするしかないと思って決めたの。ごめんね」

「いや、そんな悪いなんてことはないよ～」と慰めてはみるが、目の前にいる彼女は、つい先日まで避難先が見つからず、おろおろと空き家を探し続けていた、自分の姿に外ならなかった。

今まで以上に自分の心を強くしなければ、子どもたちはもっと傷ついてしまうと自分に言い聞かせながら、優子はママ友の大粒の涙を見つめ続けた。

七月一五日、全国各地に散った原町高の野球部ナインが再び結集して、夏の甲子園福島県大会に出場した。地元に残り相馬高サテライトと福島西サテライトのふた手に分かれた生徒たちも、久々の対面式のあと声を限りに原町高チームを応援した。震災以来全員で練習を一度も積むことのない出場だったにもかかわらず、二回戦から出場した原町高は七対〇で船引高に快勝し、三回戦に進出。ここでも七対一でいわき総合高に勝ち、四回戦に進出を果たしたが、東日大昌平に一二対二で敗れた。準々決勝の夢はかなわなかったが、拓也には思い出深い夏の甲子園予選となった。

八月一日には、拓也は学校が新たな進路行事として企画した、つくば市にある高エネルギー加速器研究機構見学ツアーに参加した。

「高エネルギー加速器があまりにも巨大で驚いたが、電子・素粒子は非常に小さいことを知った。放射能を可視化する霧箱作りは楽しかった」

研修報告書を書き終わると拓也は、全国からコンピュータ好きの高校生が会津若松に集まる「コンピュータサイエンスサマーキャンプ」へ参加した。ふたつのイベント参加を通して拓也の進路が、この夏ほぼ決まった。

八月四日には同じく会津若松で第三五回の全国高等学校総合文化祭が行われた。「放射能で汚染された福島県に全国の高校生を集めていいのか?」との反対意見も交わされる中での開催だった。福島県下の各高校の生徒一〇〇人近くのメッセージをもとに、合唱、オーケストラ、演劇、ダンスで構成された福島県下の高校生の合同参加作品「ほんとの空」が上演された。

「福島に生まれて、福島で育って、福島で働く。
福島で結婚して、福島で子どもを産んで、福島で子どもを育てる。
福島で孫を見て、福島でひ孫を見て、福島で最期を過ごす。

それが私の夢なのです」
そのメッセージは多くの観客の心を打った。
優美、真紀にも嬉しい夏の招待状が届いた。
「南相馬こどものつばさ
この三カ月、子どもたちはよく頑張ってきました。放射能被曝を避けるため子どもたちには、もうしばらく不自由な学校生活が続くかもしれませんが、せっかくの夏休みは子どもたちに思うぞんぶんに羽をのばして欲しいと、全国から嬉しい支援の手が集まっています。この夏に交通費・宿泊費がすべて無料で参加できる、八つの林間・臨海学校プログラムを、皆さんに紹介します」
富士河口湖、福井春江町、富山合掌の里、そして中学生四〇人がスマトラ沖被災者と交流するピースボートクルーズまで八団体から嬉しい夏の旅行のプレゼントが届いた。優子は優美、真紀のために、いや、何より自分のために、七月二八日から五日間、長野県高森町で行われる「たかもりふれあいサマーキャンプ」に参加した。
「サマーキャンプの思い出
南相馬市　中学二年　松本優美
私たちは三月に起きた大震災と福島原発事故の影響で友だちと会えなくなったり、外で遊んだりできなくなりました。そんな状況の中、長野県がサマーキャンプに招待してくれたので、とても嬉しかったです。
大雨でお寺に避難したり、魚の内臓をとって少し気持ちが悪かったりしたけれど、とても楽しい思い出になりました。肝試しでお墓に隠れたことと、ウォーターチューブの楽しさも忘れられません。普通に話しているのに『ものすごくなまっている』と言われたのがすごくショック。私に言わせれば長野の人の方がずっとなまっているのですが……。（略）いつか、今の私たちのように困っている人たちがいたら親切にして、高森への恩返しにしたいと思っています」

真紀の「夏の一行日記」にもその楽しそうな日々が残る。

七月二八日　曇り　「たかもりふれあいサマーキャンプ」八時間以上かけてバスに乗って長野へ行った。「湯～眠」という旅館に泊まった。楽しかった。

七月二九日　雨　昼になってからバスでキャンプ場に行った。飯ごうでご飯を炊いたり、みんな手作りでむずかしかった。

七月三〇日　曇り　朝早くに起きた。そしてみんなでラジオ体操をやった。夜はキャンプファイアーをやった。だけど大雨けいほうがでて、寺にねた。

七月三一日　曇り　朝は全員で寺のそうじをして、帰ったらパンを食べた。それから天竜川でウォーターチューブをやった。バスで「湯～眠」へ帰った。

八月一日　晴れ　朝起きてご飯を食べたら、すぐバスに乗って八時間かけて福島県へ戻ってきた。

八月一日に「たかもりふれあいサマーキャンプ」からみんなで帰った真紀は今度は、八月八日から八月一一日まで同じこどものつばさが主催する「世界遺産と大自然の南砺《なんと》市で過ごすくつろぎ体験」に優子と二人だけで参加し、三泊四日の富山の旅を楽しんだ。八月一四日、亘理に住む従弟たちが遊びに来て「いっしょに遊んだ。とても楽しかった」と思ったら、もう夏休みもあとわずかになった。宿題をやるために、毎日図書館に通った。
八月一五日　曇り　図書館へ行った。とてもすずしかった。家に戻った後はテレビを見た。
八月一六日　晴れ　図書館へ宿題を持って行った。すずしくて静かだから宿題が進んだ。
八月一七日　曇り　図書館に本を読みに行った。二時間くらいいた。おもしろかった。
八月一九日　晴れ　一日中図書館にいた。宿題、本、宿題、本、宿題、本のように変わりばんこにやった。

JR常磐線原ノ町駅から歩いて一分のところにある南相馬市立中央図書館は、四階建て、総床面積一六〇〇坪余り、開架総床面積六八六坪、閲覧席六二〇席、開架収納数一六万冊、書庫収納数一二万冊を誇る（二〇二〇年三月末現在）。

人口七万人強の浜通りの地方自治体にあって、市民コミュニティセンターを併設した、いささか分不相応ともいえる、巨大な図書館がオープンしたのは、震災の一年半前の二〇〇九年一二月一二日のことである。

その前身は市内の文化センター四階にあり、原町図書館と名乗ってはいたものの、図書室に近い規模だった。

そこに集まる、市民生活に役立つ図書館機能を望む多くの人々が、鎌田孝子を会長にして「としょかんのTOMOはらまち」（以下、TOMOの会）を立ち上げ、初めての講話会を二〇〇二年一一月に開催した。ＴＯＭＯの会の活動はなかなか活発で、小高、鹿島の人も巻き込み、会員は二四〇人にも達した。

やがて会員たちの間から、浜通り文化のシンボルとなる図書館建設の声が上がった。会員たちは全国の話題を集める図書館を次々に見学して歩くと同時に、二〇〇五年には市民一万四〇〇〇人の図書館建設要望の署名を集め、新図書館の建設を市に迫った。

市民の熱望に押された市は、市民コミュニティセンターも併設した本格的な中央図書館建設構想を練り、予算を計上後、一五社の指名コンペに入った。寺田大塚小林計画同人の設計案が採用された。二〇〇九年暮れの開館に至るまでには、市、設計事務所だけではなくＴＯＭＯの会も加わり何回も意見交換がなされた。会員たちは、自らが全国を歩いて調べ上げた使い勝手のいい理想的な図書館像を提案し、それは具体例となって新たな図書館の機能・設備に反映された。こうして市と市民が一体となって作り上げた中央図書館は、職員七名に加え、嘱託・パート職員総計二〇人近くの陣容を要する、大規模なものとなった。

地震直後の数日間、中央図書館は、常磐線の不通で動きが取れなくなったＪＲ利用客約六〇人の宿泊施設として使われ、その後は他の公共施設同様、「警戒区域」から逃げ延びてきた人々の緊急避難所にあてられ、図書サービスの機能を停止した。

やがて各地に避難所が整い、緊急避難民は去ったが、図書館の再開はままならなかった。嘱託・パート職員のすべてが町を離れていた。館長・館長補佐を残し、他の大部分の職員が市の復興業務のために、他の部署へ移った。中央図書館はその機能を停止せざるをえなくなった。

しかし市民は、三・一一以降の過酷な毎日を生き抜くために、揺るがない浜通り文化の拠り所として、図書館の明かりを必要としていた。

福島原発事故と共にいったんは町を去ったＴＯＭＯの会会員も徐々に町に帰ってきた。この誰もが苦しい時期に、町のシンボルとして図書館が毅然として開いていることの重要性を知る多くの会員たちが、何とか図書館を再開させようと躍起になった。図書館再開の要望書を提出し、五月二八日には教育長に、二九日には副市長・市長に面会して早期再開を迫った。だが、市民生活の緊急優先対応に追われる市役所にあって、職員を図書館に回すことはかなわず、再開には時間を要した。

屋内退避も解け、町が落ち着きを取り戻すにつれ、震災前から働いていた嘱託職員何人かが戻ってきて、再び働きたい、図書館の明かりを点したいとなった。ＴＯＭＯの会の会員も手伝いを申し出た。何とか図書館再開の道が見えてきた。

図書館が再開するというニュースはあっという間に市民の間を、とりわけ夏休みに入っても、外で遊べない子どもたちの間を駆け巡った。長い間再開を待ち望んでいた人々は、暑さも忘れて子どもたちに童話を読んで聞かせる準備に入った。

二〇一一年八月九日、震災から五カ月目に九時から一七時という時間制限付きながら、中央図書館は館長・館長補佐と避難から戻った嘱託職員、そして市民のＴＯＭＯの会会員との協働により、ようやく再開された。

扉を開くと同時に大勢の子どもたちが図書館に駆け込んだ。

図書館再開に尽力したＴＯＭＯの会顧問の菅野清二は会報五五号にこう書いている。「僕はこれで街に大きな灯りが点ったと思った。図書館が再開することで人々が『この街に住んで良かった』と思うようになって欲しいと思った」

このあと九月三〇日に「緊急時避難準備区域」の指定が解除されると、町に戻る人がより増え、人々は情報を求め、図書館を利用するようになった。

おのずと中央図書館入り口の特設コーナーに設けられる書籍の内容も変わってきた。図書館司書の手により原子力関係の本と放射能被曝、健康に関する本が集められた。情報に飢えた市民のために震災以来の新聞、雑誌が提供された。被災生活に疲れ、本を読む気力も起こらない人たちのために、猫や犬の癒《いや》しの写真集が並べられた。

図書館には広い閲覧室の他に、一人で思索にふけることができる緑豊かな半テラスの個室が贅沢に並び、明るい日差しがあふれる談話室も用意されていた。本を求めるだけでなく、あそこへ行けば誰かに会えると、震災以来の出会いを求めて人が集まりだした。玄関入り口ではＴＯＭＯの会会員が活けた季節の花々と、趣向を凝らした折り紙細工が、震災前同様、来館者を迎えた。

そして一二月には相馬・原ノ町間に待望のＪＲが復旧した。中央図書館の隣には大型のセブンイレブンがあるため、交通、情報、食料が駅前で一度に入手できるようになり、町の復興は一気に進んだ。

市にとってもＴＯＭＯの会にとっても、震災、福島原発事故の労苦を忘れるような嬉しい知らせがあった。二〇一三年一一月、市立中央図書館は日本図書館協会建築賞を受賞した。受賞の裏にはＴＯＭＯの会会員の並々ならぬ熱意と協力があっただけに、会員の喜びはひとしおだった。

震災から四年目の春、一人の女性が市役所に就職した。配属先を問われて、中央図書館を希望した。震災前年、高校三年生だった彼女は、毎日ここの個室で受験勉強をし、群馬の大学に在学中に図書館司書の資格を取っていた。彼女の希望は市に無事受け入れられた。

心の震災復興に果たした民間の役割はＴＯＭＯの会にとどまらない。「公益社団法人シャンティ国際ボランティア会」（以下、シャンティ会）の存在も忘れるわけにはいかない。

サンスクリット語で「平和、静寂」を意味するシャンティ会は一九八一年に創立され、長年、絵本を通してのアジア諸国での識字率向上、初等教育の普及を目指し、図書館・移動図書館の活動に力を入れてきた仏教系のボランティア組織である。

創立三〇周年を機に、公益社団法人へ移行したと同時に、東日本大震災が起こった。シャンティ会は宮城県気仙沼市と岩手県遠野市に事務所を構え、アジア諸国での経験を十二分に活かして避難所をめぐる移動図書館のボランティア活動を始めた。

震災から一年半後には、その活動拠点を宮城県山元町、南相馬市にも広げ、鹿島、原町の仮設住宅をシャンティ会の移動図書館車が回りだした。

シャンティ会の取り組みは単に本を貸し出すだけでなく、仮設入居者の話に耳を傾け、入居者同士が話し合うきっかけを促すなど、アジア諸国で長年培われてきた地域コミュニティの充実支援に特徴があった。

福島原発事故の放射能汚染レベルにより区域がみっつに分断された南相馬市にあっては、時の経過と共に仮設住宅だけではなく、全地域でコミュニティ活動が閉塞化していった。その事態を憂慮した市は各部署に「復興につながる活動」を課した。中央図書館も例外ではなかった。来館を待つ図書館から、地域に入り込む移動図書館への移行が急がれた。

シャンティ会の活動に注目した中央図書館は、その経験と技法を学ぶために、同行を申し出た。シャンティ会の快諾を受け協働作業が実現した。

人々は本を求めるだけでなく、人々との触れ合いを求めて移動図書館に集まるようになった。窮屈で非文化的な仮設住宅生活にあって、移動図書館はなくてはならない存在に育っていった。やがて移動図書館では物足りなくなった、これまで図書館を利用したことがない人々が、中央図書館を訪れるようになった。

震災六年目からは、シャンティ会より移動図書館車の寄贈を受けることになり、中央図書館による三〇〇〇冊近い本を搭載した移動図書館の運行がスタートした。

仮設住宅での心の復興に果たす移動図書館の重要性とその技法を学んだ中央図書館は、その移動範囲を市内幼稚園・保育園へと拡大した。月一回市内のすべての公立幼・保園と希望する私立園を回った。園児への貸し出しだけでなく、先生に対して読み聞かせ指導を行うことで、各園からは「本の好きな子が増えた」との声が毎年のアンケートに寄せられるようになった。

やがてそれは小学校の閉鎖、合併授業で図書館へ通うのが困難な子どもたちのもとにも移動し、子どもたちの読書熱を育て、中学校にも広がった。

職員不足、財源不足の中にあって、「心の復興」に果たす中央図書館の役割を重視した市は、厳しい財政状態にもかかわらず、震災二年目からは市内の全小学校図書室に、翌年には全中学校に図書室職員を派遣し、七年目には、図書館司書の増員に踏み切るなど、その人材の充実に積極的に乗り出した。

中央図書館はシャンティ会から多くのことを学び、本を通しての「心の復興」の充実を果たした。二〇一九年度、移動図書館車は市内三三カ所のステーションを回っている。

全国の地方自治体における図書カード登録者数は住民の平均約二〇パーセントといわれるが、南相馬市でのそれは二〇一九年度、五二パーセントに達する。

東日本大震災、福島原発事故にも揺るがず、「としょかんのＴＯＭＯみなみそうま」「シャンティ国際ボランティア会」に助けられながら、原ノ町駅前で知の明かりを点し続けた中央図書館の存在は大きい。

図書館が再開されてすぐに、市から『あなたのお宅が特定避難勧奨《かんしょう》地点になったので、避難した方がいいと思います』と連絡があって、優子は戸惑った。屋内退避という言葉を初めて聞いた時にも、「待避」か「退避」か分からなかったように、「カンショウ」という言葉の意味が分からなかった。何度も訊き返し、やがて「奨励し」「勧める」と言葉が重なることで「強く勧める」意味だと知って焦った。

福島原発事故から五カ月がたち、ようやく放射線量も日常レベルに落ち着き、市は「緊急時避難準備区域」の解除を盛んに国に働きかけていた。その時期の新たな通達なだけに、戸惑う優子は、たまたま集落であった葬式の打ち合わせの席上で、ついぼやいてしまった。

「いやぁーまいっちゃった。うち特定避難勧奨地点だとぉ」

初めて聞く言葉にわけも分からず、きょとんとするみんなの中で、子どもを持つ一人が、「ええっ、松本さんちも？うちにも通知が来たのよ」と言い出した。「じゃお宅は？」と優子は同じく子どもを持つ主婦にたずねた。「うちは来てない」との返事に、ようやくその通達はオープンではなく、高モニター値の「地点」に住む、義務教育児童を持つ「特定」家庭に出された「勧奨」だと知った。

夏休みも終わりに近づき、石神二小の体育館で「特定」家庭を集めた説明会が開かれた。

文部科学省の職員より、「集まった義務教育の児童を持つ家庭の放射能は、年間積算線量が二〇ミリシーベルトを超えると推定され、避難を勧奨するが強制力を持つものではない」と説明があったのち、原子力災害現地対策本部は「対象家庭の児童一人につき毎月一〇万円の支援」を約束した。質疑応答に移り会場は混乱した。

「計測の結果、一九ミリシーベルトだった家の児童の補償はないのか？」

「お金うんぬんよりも、同じ地区にありながらたった一ミリシーベルトの差で、こちらの家は安全、こちらは退避となって大丈夫なのか？」

一向に説明者の誰からも返答はなく会場はざわついた。新たな質問が飛んだ。

「避難準備警戒地区といい、今回の特定避難勧奨といい、なぜ国は明確な指示を出さず、判断を次々にこちらに委ねるのか？」

会場のあちらこちらから「そうだ」「そうだ！」の声がかかる。確かにそれは優子自身の疑問でもあった。

福島原発事故当時、原発より二〇キロから三〇キロ圏内に屋内退避を指示した時、枝野官房長官はテレビで「自主避難」を住民に呼び掛けた。優子はその談話を聞きながら「それって何なのかなぁ？」と思うしかなかった。ずっと後になり、その真意が「子どもと老人は、なるべくいるな」にあると知るのだが、避難先がなかなか見つからず、その間自宅に居続けた当時も、自分が法令違反をしているという認識は全くなかった。市からは一度たりとも強制的な指示もないまま、何か政府だけが言っているという感じを持った。今回の騒ぎも「自主避難」時と全く同じなのだ。こんな大切なことがこそこそと、該当者だけを集めて説明される。出された質問に誰からも明確な答えがない。すでに相馬に避難をすませ、しばらくは馬場の自宅に戻る気のない身としては、地点指定を受けたからといって不安はない。むしろ毎月子ども一人当たり一〇万円の補償が出ると聞き、不謹慎だが「ラッキー」と感じるだけだ。

すべてがあいまいな答えに騒然とする説明会場で優子は、蝙蝠と同居するような環境とはいえ、何はともあれ無事避難を終えていることに安心した。

だが、勧奨地点に指定されても、娘の同級生の中には避難しない家庭もあった。

「心配じゃない？」との優子の質問にこんな答えが返ってきた。

「いや、うちは娘たちのメンタルが弱いもんだから。テレビなんかで、『みんながいじめられてる』とか、『福島県汚い』とか言われてると聞くと、ここを離れてそっちに行っちゃった方が、もう、かえって上手くいかないかなと思うから、ここにいると決断したの」

市は「特定」の「地点」の家庭のみに連絡したものの、金銭が絡むだけに、噂はすぐに広まり、隣近所との微妙で感情的な軋轢《あつれき》を起こした。その後も馬場地区の線量の高さは続き、優子の家が特定避難勧奨地点の解除を受けるのは四年後となった。その間、住民同士の軋轢は消えず、最終的に周辺七行政区の全体が特定避難勧奨「地域」と指定され、全住民に補償がつくことで解決を見た。

問題は金銭で終わらず、ことは健康にかかわった。市では義務教育の児童を持つ家庭だけを避難対象にしたが、当然住民の誰もが放射能の危険に曝された。

近隣の女子高校生が線量計で測ったところ、累積線量が非常に高く、心配になって親子で保健所に相談に行った。すると「なるべく窓際じゃないところで寝るように」と答えるだけだったという。「放射能は何者?」「どのくらい危ないの?」保健所からは本当に知りたいことに対する答えはなく、同じ高校生を持つ親として優子は気が気ではなかった。しかもその高校生家族に「避難の準備が整ったので、どうぞ」と案内があったのは、強制避難者のための復興住宅が完成し、その間の応急対策として作った仮設住宅に、ようやく空きができた二年後だった。

八月二五日、夏休みが終わり、中・小学校が二学期を迎えた。喜び勇んで出かけた真紀が肩を落として帰ってきた。どうしたのと訊くと、「みんないなくなって、つまんない」という返事が戻ってきた。「あそこの窓、開いてるけど放射能大丈夫かしら?」と怯えていた家族の他に、夏休み中に引っ越し先を見つけた一家族、そして勧奨地点に特定された家族が加わり、三人の子どもが教室からいなくなった。石神二小全学年でも生徒数は五月一六日に一九三人だったのに対して九人減の一八四人となった。上真野小学校が発行する「しんさいふっこうニュース第五号」でも「二学期が始まりました。『放射能に対し、保護者は大変厳しい判断をしているようです』」と書かざるをえない事態となった。

さらに真紀の心を暗くする便りが届いた。

「石二小便り　九月二日号

担任が変わりました

東日本大震災、福島原発事故のために延期されていた教職員の人事異動が八月一日付けで行われました。今回左記職員が転出入されましたので、今後もよろしくお願いします。（略）

教員に異動がありましたので、四年と六年の担任が替わりました。保護者の皆様には、二学期になって担任変更でご不安とは思いますが、複数で担任していきますので、ご了承ください」

教頭以下三人の転出と、新たに四人の転入職員名を見ながら優子は、それにしてもなぜこんな時期の人事異動なのかとため息をつく。学校の間借り生活、慣れないバス通学で子どもたちの心はそれでなくても揺らいでいる。いかに津波被害と福島原発事故のために遅れた四月の定例異動とはいえ、なぜ来年四月まで教育委員会は待てないのか？子どもの心に寄り添えない大人の論理が、優子には理解できなかった。

優子が車で石神二小に迎えに行くと、案の定、真紀がしょんぼりして体育館から出てきた。

「どうしたの？」と訊くと「今日から放課後の体育館で遊べなくなった」と真紀は泣きじゃくっ

た。

前任の教頭が異動し、後任の教頭に変わったとたんに、放課後の体育館使用禁止令が出た。加えて朝の登校バスの車内カラオケ放送が中止になった。

「今日は学校に行きたくない」

「お腹が痛いので学校お休みにする」

何かと理由をつけて真紀は学校を休みがちになった。

震災以来の対応の遅れに与野党を問わず批判が集まった菅直人首相が八月三〇日に退陣し、民主党の野田佳彦が第九五代内閣総理大臣に就くことになった。九月一三日の所信表明演説で野田は次のように語った。

「多くの被災地が復興に向けた歩みを始める中、依然として先行きが見えず、見えない放射線の不安と格闘している原発周辺地域の方々の思いを、福島の高校生たちが教えてくれます。

『福島に生まれて、福島で育って、福島で働く。／福島で結婚して、福島で子どもを産んで、福島で子どもを育てる。／福島で孫を見て、福島でひ孫を見て、福島で最期を過ごす。／それが私の夢なのです』

これは、先月、福島で開催された全国高校総合文化祭で、福島の高校生たちが演じた創作劇の中の言葉です。悲しみや怒り、不安やいらだち、あきらめや無力感といった感情を乗り越えて、明日に向かって一歩を踏み出す力強さがあふれています。こうした若い情熱の中に、被災地と福島の復興を確信できるのではないでしょうか」

野田の言葉を受けるように、九月三〇日に国は原町区に出していた「緊急時避難準備区域」の指定をようやく解除した。

福島原発事故からこれまでの間、南相馬市がおかれた何よりの問題は、低線量で落ち着いてはいるものの太平洋沿岸地区から市街地の広範囲に及んで、一律に避難準備を命じられ続けたことにあった。結果、津波で膨大な被害を受け停電したままの東北電力火力発電所の復旧工事も、行方不明者の捜索も行えず、業務を停止したままの事業各社は倒産の危機にあえいだ。

桜井市長は同心円一括屋内退避ではなく、実測別の被曝管理で、一刻も早い、行方不明者の捜索、火力発電所の復興工事着工、民間事業の再開を陳情し続けた。しかし、硬直した国の一律規制で、原町の復興作業、事業再開は止め置かれた。

その指定解除も直接の連絡はなく、マスメディアを通してだったと、桜井は震災から一年後に出版されたその著書『闘う市長』で批判する。

「南相馬が特別だったってわけじゃないだろうけど、本当に政府からの指示が来てなかったな。警戒区域設定の時もそうだし、緊急時避難準備区域解除の時もそう。我われのところに情報、紙ベースでも、何でも来てないわけよ。すべて唐突に新聞発表になっちゃう」

「要するに、最初から線量に応じた区域設定をすべきだったんだ。自分は最初からそう言ってきたんだけど、二重丸、三重丸の円の中に入れられてさ。もう頭が完全に官僚だよな」

また震災から二年半後に出版された『脱原発で住みたいまちをつくる宣言　首長篇』でもこう語る。

「この二年間、被災地が当たり前のことをすすめるのに、なぜ行政が壁になるのだろうと感じてきました。これは東日本大震災で被災した岩手県から福島県まで全く同じだと思いますが、国・県・自治体という二重行政、三重行政のシステムが復興の妨げの一因になっていると思います」

震災以来半年以上の間、原町に住む住民の上に重くのしかかっていた事実上の外出禁止令である「緊急時避難準備区域」指定は、桜井市長に正式の連絡がないまま突然解除された。

これにより、津波で膨大な被害を受けた北泉の東北電力火力発電所や、防風林ごと何もなくなった萱浜地区の復興工事は言うに及ばず、各学校校舎の地震被害修理にもようやく入れるようになった。警戒区域に指定されたため、自宅を立ち退かざるをえなくなった小高区住民の復興住宅も、原町区内にやっと建設が進んだ。

夫の吉弘の測量現場も相馬港、松川浦《まつかわうら》漁港から、何体もの遺骨が残る原町の沿岸に広がった。知り合いの行方不明者の遺体かもしれないと思うと、心が痛まざるをえない現場の日々に、夫の表情は日増しに険しくなっていった。

「緊急時避難準備区域」解除に伴い、二校に分かれてサテライト授業を余儀なくされていた原町高校では、まず一〇月六日より体育館での部活動を再開した。同時に、少しでも早い自校再開を目指して、校庭表土の除去、除染工事に入った。並行して職員総出で二週間にわたり校舎屋上、ベランダ、昇降口の除染作業をした。その結果、校舎内の放射線量は最大値で一階一年六組の窓側で〇・四マイクロシーベルト毎時、最小値で二階二年一組廊下側の〇・一マイクロシーベルト毎時となり、体育館も〇・二七マイクロシーベルト毎時と低レベルを示した。その測定値報告を受け、原町高校は一〇月二六日、自校での授業再開に踏み切った。

優子にしてみれば自宅の馬場から近い原町高校の再開は、基準になるすべての情報がなんだかあやふやで、「もう、いいんだか悪いんだか分かんなくて」かなり不安だった。しかし、拓也は少し嬉しそうに、長時間かけてバスを乗り継ぎ、自校に通い出した。

震災被害、福島原発避難で、家計が逼迫する家庭の生徒も多く、拓也たち二年生の修学旅行は中止論が大勢を占めていたが、急に年も押し迫った一二月一三日から一六日に実行されることになった。愛媛県の「えひめ愛顔《えがお》の助け合い基金」の支援により、三泊四日で松山道後温泉、広島安芸宮島を巡る修学旅行に、全員が無料で招待されたのだ。

松山空港に降りると、愛媛県知事の中村時広のメッセージと一緒に、新井満が作詞作曲したトワ・エ・モアが歌うCD『この街で』が生徒たちそれぞれに一枚ずつ渡された。

「この街で　生まれ　この街で　育ち　この街で　出会いました　あなたと　この街で
この街で　恋し　この街で　結ばれ　この街で　お母さんに　なりました　この街で
あなたの　すぐそばに　いつも　わたし　わたしの　すぐそばに　いつも　あなた
この街で　いつか　おばあちゃんに　なりたい
おじいちゃんに　なったあなたと　歩いて　ゆきたい」

「ようこそ愛媛へ。皆様を心から歓迎いたします。　　愛媛県知事　中村時広
お渡ししたCDの誕生のもとになった言葉があります。
『恋し、結婚し、母になったこの街で、おばあちゃんになりたい』

松山市が二〇〇〇年に行った『だからことば大募集』で市長賞を受賞した作品です。この言葉に感動した新井満氏によって曲が作られたという意味で『この街で』は愛媛で生まれた曲であります。先日野田首相が所信表明演説で、皆さんの仲間である福島県の高校生たちが、全国高校総合文化祭で演じた創作劇の言葉が引用されました。震災でご苦労されている福島から発信されたこの言葉を聞き、心が強く揺さぶられましたが、この時、ふるさとを愛する気持ちが『この街で』と共通していることに気がつきました。ふるさとを思う人の心に違いはない。被災地からお越しの皆さんには、是非、この曲を聴いていただきたいと思います。そして、この曲が少しでも皆さんの力になれれば幸いです」

復旧が遅れていたJR常磐線の原ノ町—相馬間が一二月二一日にようやく運転を再開して、拓也の通学はずっと便利になった。

「緊急時避難準備区域」解除で、同じように浜側、町側の中・小学校も自校へ戻ることになり、除染作業、地震被害復興作業が進められ、一〇月一七日より再開となったが、山側に属する石神一、二小と石神中学の場合は、特定避難勧奨地点の家庭から通う生徒が多く、自校再開とはならなかった。

「緊急時避難準備区域解除に伴う対応について

平成二三年一〇月三日

南相馬市立石神中学校長

教育活動全般については、大きく変わることはありません。これまで通り学区内及び相馬市などに住んでいる生徒を対象にスクールバスで送迎し、鹿島中学校の校舎で授業などを実施します。

地区内には比較的放射線量の高いところもあることから、通学においてはマスクや帽子を着用させ、できるだけ皮膚を露出させないよう、また、うがいや手洗いの励行をお願いします」

一〇月五日、社会科の授業の一環として、優美たち二年生は世界遺産に登録されることになった平泉の金色堂へ課外学習に出かけた。

優美たちにとっては、中尊寺の輝きよりも、福島原発被災地の中学生だと知り、たくさんの励ましの声をかけてくれた多くの観光客の気遣いの方が、心に残った。日帰りとはいえ、あまり出かけることのない毎日だっただけに、楽しい一日となった。

「お兄ちゃんだけ、自分の学校でずるい」

あいかわらず鹿島の上真野小での間借り授業となった真紀は悲痛な声を上げた。ぐずぐずと学校へ行きたがらない日が続いて、優子の心を暗くした。

自校再開で校舎のやりくりに余裕ができ、同居していた小高地区の小学校二校が、鹿島小に移ることになった日、真紀が生き生きとした表情で帰ってきた。

「どうしたの?」と訊くと、下校のバスの運転手が「学校にも親にも内緒だぞ。このメンバーでバスに乗るのは今日が最後だから、みんなでお別れ会をやろう」と、道の駅でたこ焼きやファンタを買い込み、お別れ会を開いてくれたという。次々自慢の曲を歌った。他校の見知らぬ生徒とも一緒に歌った。すぐに仲良しになった。

「明日からは新しい友だちと、頑張って学校へ行く!」

久々に真紀の顔に笑顔が戻った。優子は、「バスの運転手さんは何と人間的なのだろう。ありがとう！」と感謝しながら、一刻も早い自校再開を願った。

だが自校再開をしようにも、学校区域内には優子の家を始めとして、特定避難勧奨地点がたくさんあった。指定を受け遠くに避難した人たちの間からは、市役所や教育委員会、学校に、「二度と開けないでくれ」との投書が多くあるという。一方、中学三年生や小学六年生を学校に通わせる親たちからは「せめて学期末までには再開し、卒業式は自校でさせてくれ」との願いが多く寄せられた。

国は学校内の線量を年間で一ミリシーベルトに抑えるよう指導していた。この基準で行くと一時間当たりの数値は〇・六マイクロシーベルト以下となる。しかし小さい子どもほど放射線の影響を受けやすいことを考えると、石神一・二小と石神中の石神三校は、その半分の〇・三マイクロシーベルトぐらいを目安にした。校舎の除染を終え、いずれの学校もその数値を下回った段階で、ＰＴＡ連絡協議会は「自校再開に関するアンケート」をとった。

「ある程度の放射能対策がとられるのであれば、自校に戻りたい。ただし、小中学校同時の再開を望みます」

優子が書いた答えが多くの保護者の気持ちのようだった。

「通学路や学校周辺での放射線量を下げたうえ、できるだけ早くの本来あるべき自校での学校再開を希望する」という石神三校ＰＴＡ連絡協議会の要望書が、一一月末に市長と教育長に手渡された。

一二月一五日、例年のような文化祭ができない石神中学は市の文化会館を借りて、全学年による合唱コンクールを開催した。練習時間も短く、何よりも生徒数の減少で大合唱とはいかなかったが、生徒たちはこの一年の思いをハーモニーとして歌い上げた。優美たち二年生の合唱曲「瑠璃色の地球」を聴きながら、優子は本来このステージに一緒に立って歌っているはずの、優美と親しかったあの生徒、この生徒のことを思い出し、涙を流さずにはいられなかった。

学校再開の回答が市からえられないまま、冬休みとなった。真紀たち五年生には、冬休みの宿題として、「わたしの将来」についての作文が出た。

「パティシエールになるために

松本真紀

わたしの将来の夢は、パティシエールになることです。わたしの姉は、おかし作りが上手です。例えばドーナツやマドレーヌ、クッキーも作れます。姉はできたおかしを家族にも分けて食べています。それがとてもおいしいので、私は姉の作るおかしが気に入っています。この震災で苦しいこと、悲しいこといっぱいあったけれど、姉のおかしを食べる時はそれを忘れました。元気をもらいました。だから、わたしはおいしいおかしを作って、みんなを元気にするパティシエールになりたいと思いました。

けれども、わたしはまだ作るのになれていなくて、すごく時間がかかったり、失敗したりすることもよくあります。でも、あきらめません。『七転び八起き』ということわざのように、何度も何度も挑戦して、みんなを元気にするためにがんばっていきたいです」

クリスマスは久しぶりに家族五人で会津若松へ旅した。旅先の子どもたちの枕元に、この一年本当にご苦労様の気持ちと一緒に、優子はプレゼントを置いた。

「冬休み日記　　　　　　　　　　　　　　　　　　　　松本真紀
目標　勉強三時間以上やる。
一二月二四日　旅行　朝の九時に出発した。あいづのおふろに二回も入った。
一二月二五日　旅行　朝食はバイキングだった。旅館を一〇時半に出て家に帰ったのは一時だった。それからサンタさんがくれたＷｉｉをやった」

「拓也君へ
いつも楽観主義の君の笑顔はすばらしいです。自分に自信を持って、何でもチャレンジ!!
もうすぐ大人の仲間入りです。相手の話をよく聞いて、落ち着いて行動すれば大丈夫。うまくいきますよ。みんなに好かれる明るいまま、大成長してください。　サンタより」

年明けの一月二八日から二日間、優子と子どもたち三人は、会津自然の家が主催する「ウィンターフェスティバル」に参加するため再び会津若松を訪れた。優子と優美はゲレンデで雪遊びに終わったが、真紀は兄の拓也に連れられ果敢にアルペンスキー教室で初めてのスキーに挑戦した。同じ福島県とはいえ、雪の降らない浜通り育ちの三人にとって、三ノ倉スキー場の冬は、新鮮な驚きだった。

その間、石神三校は震災一周年前の自校再開を目指して復興工事に大わらわだった。

「石二小便り　　平成二四年二月三日
学校再開に向け引っ越し準備
今月二七日には石神に戻ります。大地震で破損した水道施設は、貯水槽が新しくなり、消火栓用施設が新しく作られました。その他、校舎内の亀裂、給食室の床面は一応修理されました。給食用ボイラーが新しくなり、自校での給食再開に向けての準備が一足早く始まりました。給食の安全確保のために放射能分析装置が導入されました。調理前の食材を検査する機械が設置され、学校で独自に食材の検査を行い公表します。さらに給食の一部は、食後ですが再度、専門機関に送り検査されます。二重体制で給食の安全を確認します。なお、引っ越し作業については二五日（土）に行います。保護者のご協力をお願いします」

ついに二月二七日、石神中、石神二小とも自校再開を果たした。優美と真紀は相馬の避難先から法務局前まで優子に車で送ってもらい、学校の送迎バスで石神中学、石神二小にそれぞれ向かった。そして優子は送迎バスで帰ってくる二人を法務局前で迎えた。その日真紀は、新しい給食室で調理された給食がおいしくて残さず食べたと、優子に会うなり話した。

「石神中学校だより　第四二号　平成二四年二月二九日

心をひとつに本校で再スタート！石神中学校復活！

自校再開の全校集会で、生徒会長さんは、素晴らしい石神中学を目指してみんな頑張りましょうと呼び掛けました。お世話になった多くの人々への感謝を忘れずに、新たな一歩を踏み出しましょうと。

石神中本校舎に戻ったばかりですが、今週末から卒業式の練習が始まります。またⅡ期選抜に向けた面接指導など慌ただしい日々が続きます。それでも石神中学校の本校舎で活動ができるのは、ありがたく、嬉しいものです。全生徒、教職員一同、ここで勉強できることに感謝しながら、また頑張っていきたいと思います。今後ともよろしくお願いします」

三月一三日、中学校の卒業式が県内一斉に行われ、石神中学では、卒業生も保護者も願った自校での開催と無事なった。石神中学校ではイギリス、ハロゲート市にあるロセット校と二五年もの間姉妹校として交流を続けてきていた。震災前年には二五人の石神中生がロセット校をたずねていた。震災がなければ今度はロセット校が石神中学をおとずれ、石神地区の家庭ではホームステイを受け入れることになっていた。来日がかなわなかったロセット生から、無事卒業を祝うメールが届き、卒業生の涙を一層誘った。優美は、短かったが、生涯決して忘れないだろう中学二年生の最後の日々を、石神中学本校で過ごした。

「石神中学校だより　第四九号　平成二四年三月二二日

いよいよ明日二三日は修了式！この一年大変な中でのご支援誠にありがとうございました。保護者の皆様にはこの一年間、本当にお世話になりまして誠にありがとうございました。子どもさんも、二年生、三年生へと進級です。本当におめでとうございます。（略）総じて子どもたちはこの一年間努力し、さまざまなことを学んでくれたと思います。一人ひとり褒《ほ》めて上げたい子がたくさんいます。そしてもっともっと素晴らしい石神中学を作っていきましょう。もっといい子どもに育てていきましょう。すべては、子どもたちのやる気と努力を惜しまぬ姿勢にかかっています。もちろん私ども教職員もそのつもりです。すぐれたものの力を認め、みんなでそれを支え合えたでしょうか。弱いものを助けようとしたでしょうか。力の出し惜しみはなかったでしょうか。人間らしい心の育成こそ一番に考えるべきだと思っています。それによって学力向上もあるのだということを心に、さらに努力してまいりたいと思います」

三月二三日、石神二小で卒業式が行われ、翌月、真紀は六年生になった。

震災二年目の新年度は、優美の四月二四日から三日間の修学旅行で始まった。優美は四人一組で行動を共にする第二班の班長として参加した。初日は東京ディズニーシー、二日目の夜は横浜で劇団四季のキャッツを観劇し、最終日は浅草雷門を楽しんだ。

優美が修学旅行から帰ってからの松本家の一年は、拓也が大学、優美が高校受験を控えて、受験勉強が中心の生活となり、何かと気ぜわしく明け暮れた。頭を悩ませたのは、蝙蝠が同居する避難先の住宅環境だった。下がパブバーになっていて、夜の九時になると下からＢＧＭが聞こえだし、やがて畳の間からはたばこの煙がもくもくとあがり始め、それは深夜の三時まで続いた。

「これでは放射能汚染の前に騒音にやられてしまう」

二人は耳栓をして受験勉強に励んだ。

二〇一三年三月七・八日、優美は高校選抜試験を受けた。震災から二年の翌々日が卒業式となり、卒業記念証書を受け取った。そしてその翌日の一四日、拓也、優美のもとにそれぞれ合格通知が届いた。

四月、拓也はいわき明星大学（現・医療創生大学）科学技術学部へ、優美は兄の通った県立原町高校へ進学した。福島原発事故で長い間常磐線が不通のため、いわきに行くにはいったん福島市まで出て中通りを三時間もかけなければならなかった。拓也はいわきで初めての一人暮らしを始めた。

前年の体験が子どもながらにあまりにも過酷だったせいなのか、真紀には小学校の最終学年の記憶があまりない。思い出と言えば、運動会の神旗争奪戦だ。小学六年生最後の運動会の華は全国的に騎馬戦になる。それがここ原町では、一〇〇〇年続くと言われる相馬野馬追で行われる神旗争奪戦が、運動会の華となる。天空に打ち上げた落下傘を、それぞれの騎馬がどれだけ多く取ったかが勝負となる。六年生たちは誰もがこの争奪戦を楽しみにしてきた。それが校庭の使用禁止で、体育館での運動会となった。落下傘を打ち上げることができないと知り子どもたちはがっかりした。しかし、何とか神旗争奪戦を子どもたちのために実現させたいと願う先生たちが工夫をこらしてくれた。体育館の天井下に張り巡らされた電気工事用の足場に、落下傘を取り付け、細い桟に腹ばいになった先生たちが、次々と棒で落下傘を天井から落としてくれたのだ。舞い落ちる落下傘を必死になって争奪する真紀たちの声と、それを応援する父兄たちの大歓声が体育館にこだました。

長引く相馬の避難生活と会社の仕事で夫の体力が弱ってきた。このまま続けば鬱になりかねない様子に優子は心を痛めた。また子どもたち二人にも静かな環境で受験勉強をさせたく、秋口から足繁く市の窓口に通い、南相馬市内への転居を求めた。

「年度が替われば貸せるかもしれないので、登録だけしておいてくれませんか」との返事に書類を整え、入居の連絡を待った。ところが新年度になっても市からは何の連絡もなかった。こちらから問い合わせると、提出した登録書類が紛失されていることが分かった。あまりにもいい加減な市の対応に怒りながらも、再度書類を整えた。ようやく五月に、復興団地の完成で空き始めた原町区内北長野にある「みなし仮設」に移ることができた。何よりも原町高校に通う優美、石神中学に通いだした真紀の通学が楽になった。

優美は高校三年間を卓球部で過ごした。高校生にもなると遠征試合もあり、会津若松やいわき市へもでかけた。福島原発のある国道六号線はあいかわらず不通で、いわきには中通りを三時間以上もかけての遠征となった。試合会場に兄拓也の声援の姿があった。

真紀は、優美が通った石神中学校で三年間を送った。石神第一小と第二小が合わさり、生徒も年を追うごとに少しずつ戻り、三年時には三クラスになった。中学の三年間を卓球部で過ごし、中学校体育連盟福島県大会進出を目指して練習に明け暮れた。結果、三年生でシングル出場を果たした。残念ながら初戦敗退だった。

市より特定避難勧奨地区の取り消し連絡がきたのは、震災から四年目の、優美高校二年、真紀中学二年の生活が終わろうとしている時だった。それでも思春期の女の子二人を抱えた優子の家族は、なかなか馬場に戻る踏ん切りがつかなかった。うすら寒い放射能の霧はいつまでたっても晴れることがなかった。優美も真紀も高・中三年生になっても、原町のみなし仮設から、それぞれの学校に通った。

千葉の義理の姉夫婦のところで世話になっていた義父が九三歳で亡くなった。震災の避難生活の中で一緒に暮らしていたならば、薬も十分に手に入らず、義父の命は早くについえただろう。自分の娘のもとで、命を四年永らえて死んでいった義父は幸せだったに違いない。

二〇一五年五月、せめて義父の葬式は自宅から出したいと思い、避難勧奨が解かれた馬場の我が家に、優子たち四人は四年ぶりに帰ることになった。そして、それぞれ高・中三年生の娘たちは進路に悩んだ。

母・優子が学んだ創価大学で同じく学びたいと願った優美は、志望校を創価大学にした。どの学部を受験するかで迷った。大学を出てからは自分の生まれ育ったこの大好きな南相馬に戻り働きたかった。しかし、震災、福島原発事故で大企業が撤退した町で働くためには、何を学べばいいかが悩みの種だった。若年層が町を去り、帰還する多くが高齢者のため、医療崩壊を起こしかねない市の実情を知るにつれ、医療従事者として、将来この町のために役立ちたいと願った。幸い、創価大学には看護学部があり、学部はそこに絞った。

真紀は「励ましに来てくれた先輩から聞いたアメリカ創価大学に将来行きたい。私は本気だよ」と母に言った。親は子どもの本気を応援したいと心から思った。将来のアメリカ行きに備えて真紀は志望校を東京の創価高校にした。二人が東京に行くことでもう放射能の心配から解放されると優子は思った。

大きな目標ができた二人は、耳栓をすることなく、お互いに競うように深夜まで心置きなく受験勉強に励んだ。

二〇一六年三月、二人のもとに合格通知が届いた。優美は創価大学看護学部に、真紀は創価高校に入学し、それぞれ学校のある八王子と小平市の学生寮に入った。幸い八王子と小平は近く、たまに東京で姉妹が再会するのが楽しみになった。

「二人の娘が東京に出って行ってからの私ははっきり言って抜け殻です。これで娘たちの健康を守り抜き、人生のスタートラインに立たせることができた。これから二人がどんな走りを見せるかは分かんないんだけど、少なくとも親の責任は果たしたという感じですかね。二人とも東京にいるという安心感は、何事にも代えがたいです。これが娘たち二人ともがこの町から大学、高校に通っているとしたら、まだまだ緊張の日々を送ってるのかもしれない。学者が言う数値云々という問題じゃないんだな。何が起こるか分からない、目に見えないものに毎日曝されている恐怖の中で子どもを育てる緊張感は、子どもを持った母親にしか分かんないものだと思いますよ。戦いです、放射能との」

しばらく長い沈黙があった。そして優子は聞き慣れぬ言葉を口にした。

「あの頃外部被曝と内部被曝という言葉があって、福島の場合、内部被曝がコントロールされているから大丈夫という学者も現れて、みんな安心したけど、やっぱそうじゃないの。私たち南相馬の人間はみんな一人ひとりがあの福島原発事故で深いふかい〝内心被曝〟を受けたと思うのね」

国が「警戒区域」の基準にしたのが年間被曝二〇ミリシーベルトという外部から受ける被曝量規制だ。それよりも健康に関して重要なのは食物摂取による内部被曝で、チェルノブイリでは食品管理が徹底されず、内部被曝が広がったが、福島原発では初期段階からそれが徹底され「南相馬市の事故直後の内部被曝は一番高い人でも〇・三五ミリシーベルト」「二〇一一年から二〇一二年にかけて三万三千人の内部被曝をホールボディーカウンターで測定した結果、子どもは一〇〇パーセント、大人も九九パーセント検出限界未満だった」（『福島はあなた自身』「測って、伝えて、袋小路。――どこで掛け違ったのだろう――」東京大学名誉教授・早野龍五）と報告する学者もいる。確かに風評被害が著しかった福島県産農作物は、事故の初期段階から、厳しい食品管理のもと出荷されてきた。

「だけど違うんだなぁ。心の奥深くに何万シーベルトという放射能を受け、貯め込み、重く深い傷を受けたまま、一人ひとりが震災以来の長い日々を生きてきたと思う。だから我が家の黒板の日付は引っ越しの日で止まったままなんです。何となく消せないのね」

「平成二三年五月二九日（日）」

第二次世界大戦の終戦記念日以降も、戦争は長く日本人の精神構造に影を落としたように、福島原発とのシーベルト戦争の終戦記念日以降も、松本優子の心の中に放射能は降り積もった。

「だから、優美が大学一年、真紀が高校一年で東京へ出て行った日が私の本当の終戦記念日かな。あの日以来、私は抜け殻です。学会の婦人部長として、会員の皆さんや周りの方々が悩んだり、困ったりしているとその人に寄り添って、話を聞いたり、泣いたり、笑ったり、『いやいやみんな大変だったね、だけどまた立ち上がろうよ、頑張ろうよ』と言ってきただけ。寄り添うことで、その人の中にある勇気や希望がまた開いたらいいなと思うのね。与えることはできないけれど、抜け殻の私でも、開くお手伝いはできると思って」

優美は東京から帰るたびに、母・優子の両親が張り合いを失くし弱って行く姿を目にした。福島原発事故の帰還者の多くが高齢者で、医療崩壊の危機に曝される南相馬市にあって、医療看護の重要性と人材不足の現実は深刻だった。東京で自分が学ぶことのすべてが今一番必要とされているのが、この市であるとの思いを、帰郷のたびに強くした。そのため機会があれば、市が主催する看護体験講座に積極的に参加し、就職イベントの看護ブースに顔を出した。

二〇一九年三月、創価高校を卒業した真紀は、アメリカ創価大学ブリッジプログラムに合格し、ロサンゼルスで学ぶことになった。ブリッジプログラムは、英語を母国語としない学生のために、まず語学を一年間しっかり学び、その後正規合格に挑戦する制度である。九月から始まるアメリカでの学生生活の準備に追われる真紀と優子に、私は二〇一九年七月一一日に会い話を聞いた。優子が話す震災当時の混乱の日々は、当時小学生だった真紀にとっては、初めて知る衝撃的な出来事ばかりのようだった。

「今日は取材を受けて良かったなと思っています。普段親子で、三・一一の時どうだった、こうだったって話さないんですね。私は訊かないし。母も言わない。親子ってそんなものですよね。でも、何にも知らずに守られていたんだなと、つくづく思いました」

――幼いながらも放射能の怖さは？

「それは、なかったんです。割と早くに学校でも総合学習みたいな時間でパンフレットとか配られて、今の状態はレントゲン検査よりも少ないぐらいだとか、ちゃんと除染されているから大丈夫だとか、癌の増える確率はほとんどないとかということを、最初にちゃんと教えてもらえたので、そういう恐怖は感じなかったですね」

――一番辛かったことは？

「友だちがいなくなったことかな。一番仲良かったというか、よく一緒に遊んでいた友だち全員が避難しちゃったので。四月になって避難先の小学校へ、石神二小に集まってバスに乗って行く時にも、友だちが誰もいないんです。同じく列に並んでる知らない子に頑張って話しかけたりして、そういう意味で小さいながらにすごく辛かったと思います」

――一番大変だったことは？

「やっぱり、体を動かせなかったことかなぁ。外に出てはいけないと教わっていたので。だから、放課後に体育館で遊んでいいと教頭先生から言われた時は、すごく嬉しくって。でも、先生が変わったとたんにそれも禁止になっちゃって。それからはバスに乗るのも辛くって、学校に行かない日も多くなりました」

――その登校拒否症はどうやって克服？

「バスの中で友だちもいないし、違う学校の人たちも乗ってるので、嫌でいやで。それでも頑張って乗っていたら、バスの運転手さんが他の学校の子と今日でお別れになるからってパーティーを開いてくれたんです。ジュースとかたこ焼きとか買ってきてくれて。みんなで次々歌ったりして、すごく盛り上がった。そこで今まであんまり話したことのない人たちとちょっと仲良くなれたりとかもして、だったら、バス頑張ろうと思って」

――それでは最後に一番嬉しかったことは？

「最後の運動会に校庭に出れなくて、神旗争奪戦もやれず残念と思ってたんですけど、体育館の中でやるとなって、すごい嬉しくて。天井から落下傘がたくさん落ちてきて。それに私、背小さいので馬に乗る側だったので、それがまたすごく楽しかった」

真紀の思い出に誘われたように、優子が言う。

「私、そういうバスの運転手さんが、最高の教育者なんだと思うの。子どもたちが一番大変な時に、子どもの心に寄り添うのが教育だと思うから。子どもたちに神旗争奪戦をやらせてくれた先生方の情熱や思いには、今も、何年たっても、ずっと、ずっと感謝しています」

今夜は、バスの運転手が主催してくれたカラオケパーティーで友だちになった友人と、アメリカ行きのお別れ食事会なのだと言って、松本真紀は取材の席から立ち去った。

震災、福島原発事故、放射能汚染という不安と恐怖の日々の中、松本優子にとって宗教はどのような意味を持ち、力になったのだろうか？

――宗教に目覚めるきっかけは？

「私の家は代々の創価学会員じゃないんです。中学一年の時に、母と一緒にたまたま入っただけみたいな。で、高校二年の時に、この地方の代表に選ばれて、全国の高校生が集まる会合に行ったの。そしたら、その時の情熱やパワーに、何か自分ですごく感激しちゃったの。あの頃は三無主義とか、五無主義とかっていう言葉が流行語になっている時代で、昭和五五年の頃かなぁ。何となく高校生活に物足りなさを感じていた時に、そこに集まった全国の高校生たちの熱い息吹にふれて、なんだかものすごく驚いちゃって。もしかしたら創価大学に行ったら、この熱さの続きが体験できるんじゃないかと思ったんです。信仰を持たない父に言うと、『じゃ、受験させるけど、浪人はさせない』と。何としても一発で合格しなくちゃと、一生懸命勉強して。私の信仰の中で、一番最初に真剣に自分の人生に向き合って、信仰をしながら切り開いたというのが、きっとあの受験だったんじゃないかって思うんですよね」

――どんな学生時代を送ったのですか？

「一八歳から二二歳までのたった四年間しかない創価大学。でもその四年間に人生の師匠から、さまざまなかたちで励ましを受け、あと多分生き方の姿勢、何かそういうものを本当に身近で学んだ。あの時私は、『ああ、今自分が感じているこの心を、死ぬまで持ち続けたいな』って、本当にそう思って卒業して、ここ原町に帰ってきたんです。で、今、先日で五六歳になって、その清らかな心はこの現実の中でかなり薄汚れたと思いますけど、あの四年間で点した灯りは、やっぱりオリンピックの聖火のように今も燃えてるの。で、この震災の時も、どうしようかなと思ったけど、最終的にここで頑張ろうと思ったのは、やっぱりその炎が燃えていたから」

――大災害を前に宗教に救われましたか？

「大地震があって、福島原発が爆発したという大騒ぎの中で、電話もつながらず、屋内退避、自主避難でみんなばらばらになったの。この町に残った人間もみんな不安でしょうがない時に、初めて原町文化に四月三日だったっけかなぁ、集まれる会員だけが五〇人近くやっと集まって、みんなで涙を流しながら『大白蓮華』の巻頭言を声を出して読んだの。『仏法は／勝負なりせば／勝ちまくれ／勇気と祈りで／歴史残せや』と。そして南無妙法蓮華経のお題目を唱えた。その時初めて自分の中に埋もれていたものを引き出したと思ったの。よく宗教に救われると言いますよね。違うんです。自分の中に埋もれている生命力というか、自分の力を開いたという感じ。南無妙法蓮華経のお題目は、もともと自分の生命の中に備わっている生命力を引き出すためのキーワードと言っていいのかなぁ。『開けゴマ！』みたいな『自分の生命力出てこい！』って呼び出すための言葉だった。この信仰に救われたっていうよりか、信仰で人生を切り開いてきた。同志と励まし合ったり、あといち早く唱題会で集まってお題目を上げたりする中で、やっぱり自分の中から希望を引き出したと思ってる、本気で」

――大震災で変わらなかったものは？変わったものは？

「震災にあっても壊れなかったのは、同志の絆だったり、師弟の絆だったり、学会への信仰心でした。で、震災にあって変わったものは、それがますます強く変わったことかな」

二〇一九年一二月に中国武漢で発生が確認された新型コロナウイルスは、瞬く間に世界に伝播した。二〇二〇年一月一六日神奈川で日本初の感染症患者が発生して以来、日本も例外ではなくなった。事態を重く見た安倍首相は二月二七日、全国の小・中・高校に三月二日から春休みまで休校にするよう要請。しかし蔓延はとどまるところを知らず、全国の学校再開は五月の連休が明けても見通しがつかなかった。

新型コロナウイルスのアメリカでの大流行により、カリフォルニアでの生活が困難になった真紀は、三月に原町に戻った。帰国後の真紀は手描きした大学の校旗を壁に掲げて、五月末までのブリッジプログラムをオンライン授業で受講した。

放射能汚染と新型ウイルス感染の恐怖。それは目に見えぬまま、誰の横にも忍び寄るという意味で似ているといえる。

子どもたちを抱え、不安に曝された松本優子は、今コロナ禍をどう見ているのだろうか。全国的な自粛要請で取材の旅もままならい私は、優子に電話をかけた。

――コロナ禍で全国的に九年前の原町の学校休校と同じことが続きます。あの時小・中・高生のお子さんを持っていた親として、今の事態をどう見ますか？

「避難先の鹿島の小中学校に間借りだったけれど、それでも何とか学校が始まったのは確か四月二二日でした。高校は連休明けにずれ込んで、親としてはいったい学校はいつ開くの？と、とてもいらついたことを覚えています。今回はそれより長い休校ですからね。どんな時でも、子どもたちをちゃんと学校に通わせたいと思うのは親の心情です。あの時はまだ避難先の学校があったからよかった。今回は全国ですからね。避難先で授業を受けようもない。皆さんの気を揉む様子が本当によく分かります」

優子は電話口で深いため息をついたあと、勢い込んで言った。

「でもね、あの原発騒ぎの時、遅れた授業を取り戻すのに、短縮授業にして、コマ数を増やしたり、夏休み、冬休みを短くしたり、いろいろ工夫して、学校も子どもも頑張ったのね。みんな苦しいその中で、高校生は全国相手に、受験も突破していきました。人間は賢いし、強いし、たくましいですよ」

そして松本優子は、私が初めて彼女に会った時の元気さと明るさで一気にしゃべった。

「だから若いお母さんたちに言ってんの。『絶対大丈夫！心配すんな。絶対大丈夫だから！』と。今はコロナで先が見えないけれど、家族さえひとつにまとまっていたら、一〇年たったら笑っていられるって。あの時も何にも先は見えなかったんだからって」

五月一四日、安倍首相は新型コロナウイルスによる緊急事態宣言を東京・大阪など八都道府県を除き、全国三九県で解除すると表明した。それを受け、南相馬市では五月二五日、学校が再開された。同日東京など残された八都道府県の緊急事態宣言も解除された。

緊急事態宣言で八王子のアパートから出られなくなった優美は、宣言の解けた五月二五日に東京から原町に戻り、同じく手描きの創価大学の旗を壁に掲げ、オンライン授業を受けだした。

南相馬市原町区馬場の松本家は、奇しくも居ながらにして、日米の大学キャンパスと化した。

大震災から間もなく一〇年。優美と真紀が東京に旅立つまでの放射能に怯える日々を、家族がひとつになることでやり過ごした松本家は、今再びコロナ禍を前にして、家族全員が集結し、その危機を乗り越えようとしている。

震災時高校一年生だった松本拓也はいわきでの大学生活を終え、今は埼玉県大宮でＪＲ東日本の電気系統の安全管理の仕事に携わる。相馬に避難し、原町高校への通学のため毎日電車に乗っている間に、電車に興味を持った結果だ。

中学一年生だった松本優美は創価大学看護学部に学び、卒業後は震災一〇年後の二〇二一年に社会人として南相馬市にＵターンし、看護師の仕事に就こうとしている。

小学四年生だった松本真紀は、アメリカ創価大学一年であるが、まだカリフォルニアに帰る目途が立たず、自宅でオンライン授業を受講している。

松本優子の自宅にある黒板の日付は、今もあの日のままである。

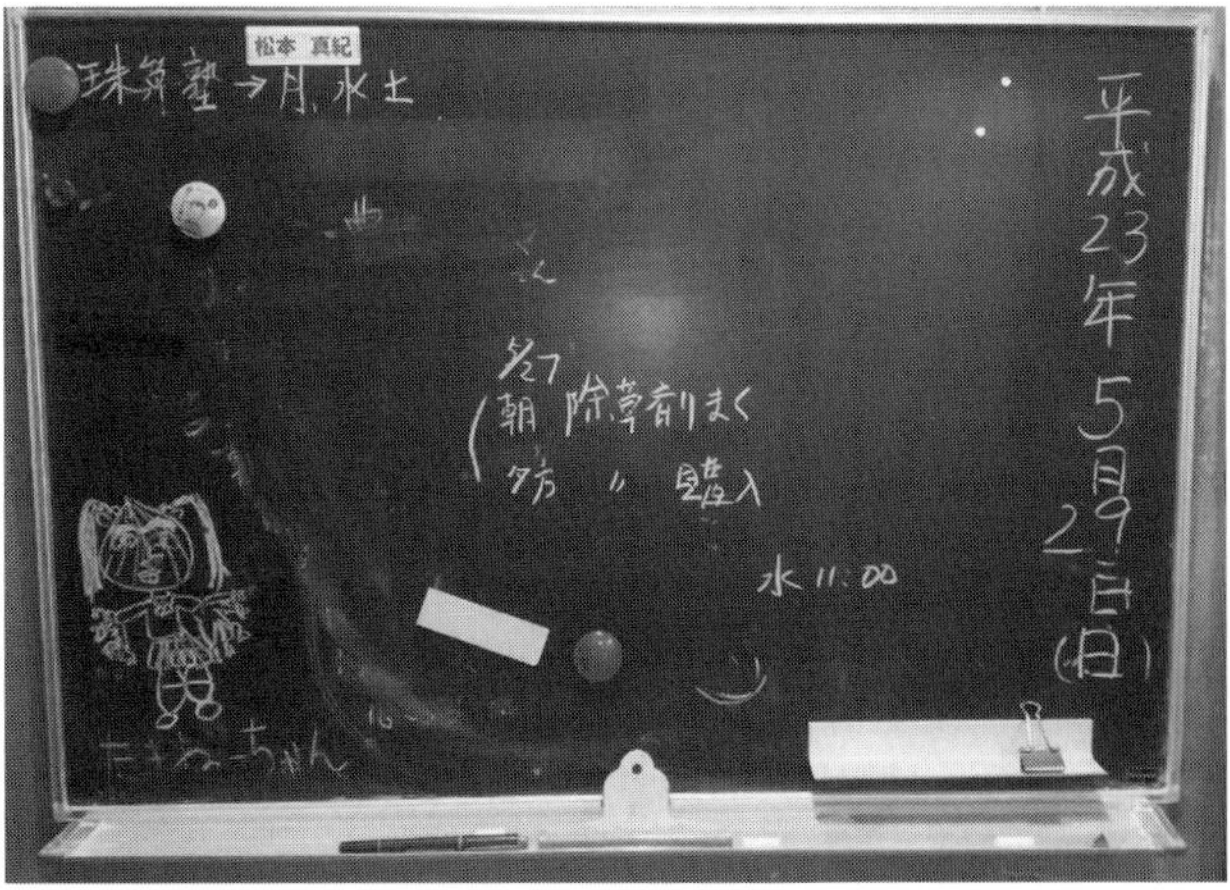

「平成 23 年 5 月 29 日（日）」の日付のままの黒板（2020 年 3 月 9 日撮影）

第二章　未来の扉

株式会社北洋舎クリーニング社長　高橋美加子（2019 年 10 月 20 日撮影）

二〇一一年三月一日、高橋美加子《たかはしみかこ》の父・保夫《やすお》が八八歳で亡くなった。一九二二年三月三日生まれだったから、八九歳になる直前の死だった。

この日原町では亡くなる人がなぜか多く、なかなか荼毘《だび》に付せず、葬儀は六日になった。戦後この地で六〇年以上クリーニング業を営んできた保夫だが、町や業界の役員を買って出ることもなかった。葬儀は小ぢんまりとしたものになるだろうと美加子は思った。しかし参列者の列はいつまでも途切れることがなく、創業以来のお得意さんが杖をついてやってきた。引退した市長、病院長と町の名士も多かった。父・保夫のアイロンがけ技術を、いかに多くの人が愛したかの証《あかし》だった。

その五日後に、この地は東日本大震災に見舞われる。後に、「あんな立派な葬式は高橋さんが最後になった」と語り草になるほど、盛大な葬儀だった。

保夫は、生後一年足らずで両親と共に原町を離れ、樺太《からふと》（現・サハリン）に渡った。長じて、その地でクリーニングの技術を学んだ。二〇歳の時に召集令状が来て、本籍があった原町に戻り、会津若松連隊に入隊。中国戦線に派遣された。敗戦と共に原町へ戻り叔父の家に住んだ。

そこには、実父が特高警察として満州に赴任する際、危険なので預けられた養女がいた。名前をヨシ子といった。

一九四七年五月、二人は結婚することになった。翌年二月一六日、二人の間に三人姉妹の長女・美加子が誕生した。

美加子の誕生と時を同じくして、保夫は今も本社がある原町市（現・南相馬市原町区）南町に、クリーニング店を開業した。店名は「北洋舎クリーニング」とした。保夫の樺太への並々ならぬ思いからだった。店頭に、氷山に立つペンギンを描いた大きな看板を掲げた。

保夫はバイクで集めた洗濯物を、開店祝いに仲人から贈られた手作りの洗濯板で、懸命に洗った。ヨシ子は簿記を学び銀行に融資依頼をするなど、保夫の職人としての技術の高さを周囲に認めてもらおうと、必死に夫を支えた。

洗濯板の波状の山がすぐに擦《す》り減るほど、店は繁盛した。すると保夫はかんなを手に、山を削り出した。そして洗いに洗った。すぐにまた洗濯板の山が擦り減る。また保夫はかんなを持ち出した。

五年後、とうとう削るところがないほど薄くなった洗濯板を見て、保夫は水洗ワッシャー機の導入を決めた。保夫の働きぶりに感心した客の日本画家藤田隗山《かいざん》は、薄くなった洗濯板に「努力」の文字を揮毫《きごう》した。その洗濯板は品質技術で地元に貢献する北洋舎のシンボルとして、今も本社社長室に飾られている。

水洗ワッシャー機の導入から三年後の一九五六年四月には、福島県下で三番目となるドライクリーニング工場を開設した。仕上がり品質にこだわる保夫は、常に最新技術を追求し、地元での信用を着実に築いていった。

一九六八年四月、短大を卒業した美加子は北洋舎に入社した。それを待つように、事件が起きた。地元で手広く商売をする経営者が、北洋舎の御用聞きの社員を引き抜いて新たにクリーニング業を立ち上げたのだ。

これを美加子は、旧態依然としたクリーニング業の経営改革の好機と捉えた。御用聞きを廃し、店頭受付で人手不足を解消して、集配の効率化を図り、手作りチラシで一〇〇人の会員組織を目指した。

「ほんなことでぎっか」

「新しい形に変えるしかないべした」

樺太で得た職人の矜持《きょうじ》に生きる保夫と、合理的に物事を推し進めようとする美加子の間には、いつも言い争いが起きた。

美加子は一九七〇年、保夫が見込んだ貞見《さだみ》と婿取りの形で結婚した。若夫婦の間に一男二女が生まれた。

一九七三年、隣接する相馬市に進出してきた精密機器メーカーの相馬工場と作業着クリーニングの年間契約が成立したのをきっかけに、最新鋭のクリーニング機器の導入を決めた。事業は順調すぎるほどに進んだ。一九七六年、全工程フル機械化のドライ工場を、福島県下でもいち早く建設し、業界内の注目を浴びた。

仕上がり品質にこだわる保夫は、どこよりも早く最新鋭の機器の導入に積極的だったが、同時に北洋舎の原点である職人技が廃れるのを恐れた。一九七七年、着物洗い専門店「京都屋」を開店した。増える仕事量を限られた人数で賄うために同年、預かり品管理と請求業務に自社ソフトのオフィスコンピュータを導入した。小規模な企業でも使用できるパソコン用の経理ソフトが開発されたのが八〇年代後半だから、自社ソフト開発は福島県下でも、いや全国的にも抜きんでて早かった。

一九九一年には店頭受付にコンピュータレジを導入。三年後の九四年にはハンディターミナルを使ったコンピュータ管理システムが完成した。

順風満帆《じゅんぷうまんぱん》に見えた北洋舎にあって一九九五年、夫の貞見が突然身を退くと言い出した。北洋舎は父・保夫を中心に美加子夫婦、妹夫婦とみんなでやってきた会社だった。誰もが次の社長は貞見が引き継ぐものだと思っていた。突然の宣告に全員が驚いた。貞見に対して非難の声も上がった。しかし、貞見はその間の一切の事情も、理由も語らなかった。常日頃の夫の行動から、社長を無理強いすればその人生を潰すことになると美加子は直感した。

貞見の意志を受け入れ、自分が北洋舎を支えて行く覚悟を決めた。

創業五〇周年を前に一九九七年、堅実経営で名高い相馬市の大手スーパーマーケット、キクチから声が掛かり、原町進出一号店として立ち上げたフレスコキクチ原町店に、北洋舎初めての営業店舗を出店した。

八〇歳になった保夫は「社長は美加子に譲る」と言い出し、二〇〇二年に美加子は五四歳で北洋舎の代表取締役社長に就いた。会長に退いた保夫は北洋舎の行く末に安心したのだろうか、二年後に倒れた。そしてそのまま寝たきりとなった。

母・ヨシ子は「お父さんの頑張りがあったから、私らは暮らしてこられた」と感謝の念だけを口にし、自宅に介護ベッドを置いて、かいがいしく保夫の介護に努めた。

これまでも北洋舎の専務として実質的に全部をやってきたのだから、社長は何とかなるだろうと引き受けた美加子だったが、いざその座に就いてみると全く違った。

すべての判断の責任が自分にかかって来て、その重圧に押し潰されそうになった。相談したい父は病床にあった。自分でも知らぬ間に、つい金切り声を上げた。従業員の間の雰囲気もいつしかすさんでいった。

どうしたものかと悩む美加子に声をかけてくれたのが、テナントとして入るフレスコキクチの菊地逸夫社長だった。

「中小同友会に入って勉強しなさい」

全国の中小企業四万七〇〇〇社（二〇一九年四月現在）の経営者からなる「中小企業家同友会全国協議会（以下中小同友会）」は「よい会社をめざす」「よい経営者になろう」「よい経営環境をめざす」をスローガンに、一九五七年に東京の中小企業家が集まったことに、端を発する。

やがて各地の地域情勢に合わせた中小企業家の団結と情報交流が、地域経済を支えることになると、全国展開が図られた。

福島県では一九七七年に福島・郡山の有志四六社により、全国で二一番目の中小同友会として誕生した。その後県内各地に支部が広がり、一九九二年に相双地区中小同友会ができていた。

その活動内容の特徴は「人、モノ、金、情報」と経営に関するあらゆるテーマを中小企業家同士が、本音で取り上げ、共に学び合い、経営者として共に育つ、その実践性にあった。設立以来「経営者の道場」といわれてきた。

美加子が入会した相双地区中小同友会はちょうど創立一〇周年にあり、記念に会員各社の経営理念集を一カ月後に刊行しようとしていた。北洋舎に経営理念などなかった。

「締め切り間際なので早く書くように」

入会と同時に迫られた。美加子は戸惑いながらも追い立てられるように書いた。

「社是：技術と信頼
一、私たちは、クリーニングを愛し、クリーニングを通じて、社会のお役に立ちます。
一、私たちは、常にクリーニング技術を磨き、着る人の心まできれいにする最高の品質を目指します。
一、私たちは、共に働くすべての人と幸せを分かち合える、信頼の会社作りをします」
いざ中小同友会に加入してみると、確かに菊地の勧めた通り、福島県下一九〇〇社の中小企業のナマの経営情報が集まった。県内で年間一〇〇〇回以上開催される勉強会の内容は多彩だった。地域情報、異業種情報が収集でき、美加子にとって大いに経営の助けとなった。

二〇〇四年、フレスコキクチ東原町店に北洋舎二号店を出店。二〇〇六年にはフレスコキクチ北町店に三号店を出店し、営業拡大に応えるための新ライン工場も完成した。

ところが順風満帆に見えた美加子の前に難問が立ちはだかった。二大クリーニングチェーンの進出と攻勢だ。彼らは大手スーパーと地元商店に、受け渡しのみの取次店をたくさん作り攻め立てた。いつか潰されるのではないかとの恐怖が常につきまとった。二大チェーンの包囲網に曝されながらも、美加子は「絶対負けない！」と必死に戦った。

相手が二四時間仕上げサービスを始めれば、社員に無理を強いても同じサービスで対抗した。少人数で回すしかない中小企業にとって、長時間労働はそのまま社員の疲弊に直結した。大手に負けまいと必死に頑張る社員の姿に頭を下げるしかなかった。生き残りをかけて両チェーンが競うように展開する低価格サービスには、さすがに追随できなかった。唯一の対抗手段は保夫がこだわった洗濯技術の高さと仕上がり品質だった。価格ではなく、北洋舎の品質に、お客さまがついて来てくれることだけが、美加子の救いとなった。

二〇〇八年、北洋舎は創立六〇周年を迎えた。記念行事の準備に、創業当時の父母の写真などを集めた。社長就任以来のこの六年の孤軍奮闘を思った。そしてふと気づいた。中小同友会加盟時に何も考えず経営理念集に書いた社是の言葉を。

「技術と信頼」は父の決まり文句だった。「共に働くすべての人と幸せを分かち合える信頼の会社作り」は母・ヨシ子が口ぐせにしていた長年の夢だった。知らぬうちに自分は二人とつながり、思いを託されていたのだと知ると力が湧いた。それ以来美加子は自分で書いた社是をみんなの前で唱和できるようになった。もう、二大クリーニングチェーン店の攻勢など怖くなかった。愚直に父の道を歩めば自ずと道は開けた。

二〇〇九年、フレスコキクチ鹿島店に五店目の店舗を開業した。

だが、母の夢の実現にはなかなかの苦労があった。後継者問題だ。

長男は大学を出ると、東京で就職、その後、海外に出て行った。自分が短大を卒業すると同時に北洋舎に入ったように、残された二人の娘のどちらかが、その人生を歩むものと思っていた。

実際、二人の娘は北洋舎に入り、働いてもくれた。しかし二人とも、結婚と同時に北洋舎を去ることになった。

そして知った。この北洋舎はここで働く三〇人の従業員のためにあると。少しずつ彼らに仕事を任せるようになった。その境地に至るまでに、社長就任から一〇年近い月日を要した。

身を粉にして働き詰めてきたが、任せると少し時間に余裕ができた。何の趣味もなく入社以来北洋舎一筋に歩んできた。何か趣味を持とうと思った。

地元の「南相馬短歌会あんだんて」と出会った。自分の思いを三一文字に込める世界にのめり込んだ。

闇などは存在せぬと言うごとく満月刈田の道を渡りぬ

二〇一〇年一〇月、母・ヨシ子に動脈瘤《どうみゃくりゅう》が見つかり、自宅での保夫の介護が不可能になった。施設に入った保夫は、急激に衰えていった。美加子は父の死期が近いことを知り、北洋舎は原点に立ち返った経営を続けると父に告げたく、「京都屋」の新装開店を決心した。翌年三月一日、高橋保夫は静かに息を引き取った。満ち足りたその笑顔を目にして、美加子はようやく父に認められたと、悲しみの中にも安堵を覚えた。

一筋の道貫きて逝きし父清しき笑みをわれに遺して

三月一〇日、「京都屋」の新装開店となった。忙しかった開店初日を終えた時、保夫へのすべての供養を果たし終えた気がした。明日からはどうやって生きていこうか？答えは見いだせなかった。

そして、二〇一一年三月一一日、大地は震え、海は吠えた。幸い工場のクリーニングラインに被害はなく、「明日からは何とか普通に仕事ができるな」とほっとした。ところが、夜のニュースが、東京電力福島第一原子力発電所の全電源停電に伴う、原子力緊急事態宣言発令を伝えた。その報を聞くと同時に美加子は、事態は三五年ほど前に加藤哲夫が予告していた通りになったと悟った。

早くからエコロジー運動に関心を寄せていた美加子だったが、自分が子どもを持つ身になるとよりその関心は高まった。仙台市内に住む日本のエコロジー運動の草分けといわれる加藤哲夫が発行する数々のパンフレットに熱心に目を通した。中でも宮城県女川《おながわ》原子力発電所の建設に反対する小冊子「カウントダウン」に目を通した時の衝撃は忘れられないものがあった。加藤は書いていた。

「原発が爆発した場合、制御は効かず、その危険範囲は二〇キロから一〇〇キロに及びます。そしてその対策は逃げるしかないのです」

原発は安全だと学校でも市の広報でも教えられ続けてきた。だから自分の町から三〇キロ先に福島原発ができると聞いた時にも、安全を疑わなかった。だが、加藤はその安全性を全否定していた。大変な驚きだった。さらにショックを加速させる一行を、加藤は最後に書いていた。

「だから何があっても宮城県女川原子力発電所や福島県棚塩原子力発電所の建設には反対しなければなりません」

棚塩。それは美加子が住む原町からわずか一〇キロ弱の地、小高町と、浪江町の海岸沿いに広がる肥沃な耕作地だった。ここに一九七三年に東北電力が原発準備事務所を開き、浪江・小高原子力発電所（以下、通称棚塩原発に統一）の建設計画を立てていることは薄々聞いていた。しかし、原発は安全なものと信じていた美加子は、その計画を別に気にも留めていなかった。ところが加藤の小冊子でそれが大変に危険なものであると知った。子どもたちの将来に長く影響が及ぶとあり、美加子の心はざわついた。

そんな危ないものを原町から近い棚塩に作らせてはいけない。

一九七七年、東北電力は加藤たちの反対を押し切って女川原発の建設に着手した。それに勢いを得て、「次は棚塩原発」と県、町、東北電力は嵩《かさ》にかかった。

福島原発をいち早く誘致し豊かな財政を確保した大熊町や双葉町を参考に、慢性的な財政難に苦しむ浪江町、小高町の両町の町議会は棚塩原発誘致を議決し、町の財政立て直しを図ろうとした。これに強く反発したのが、浜通りの海岸沿いの農地で農業を営む舛倉《ますくら》隆を中心とする、一七人の棚塩の地主たちだった。

舛倉たちは「原発に土地は売らない、県・町・電力とは話し合わない、政党とは共闘しない」

という三原則を貫き通し建設誘致に抵抗した。浪江、小高両町の町会議員が一緒の広報車に乗り込み「原発導入に反対するヤツらはこの町から出ていけ」と叫んだ。住民切り崩し工作は烈さを増し、原発建設反対包囲網は狭まった。

美加子はすぐにでも棚塩に駆けつけ反対運動に参加したかった。だがそこで躊躇《ちゅうちょ》した。すべてオートメーション化されたクリーニングの工場ラインは大量の電気で賄われる。電気の恩恵に与《あずか》るクリーニング屋が反対運動に立ち上がれば、地元で何を言われるか、分かったものではない。この地で、父の誇りであり、思いである北洋舎を続けるためには、棚塩には一歩たりとも、近づけなかった。

しかし棚塩の地主たちは、大変な逆風の中で、その地を三五年以上かたくなに守り、耕し続けた。当地の原発建設にこだわる東北電力は、棚塩原発建設計画書を毎年発表し続けた。

「原子力緊急事態宣言発令」の速報ニュースを聞きながら、美加子は心から舛倉たちの長い闘いに感謝した。もしその建設が許されていたならば、福島原発からわずか二〇キロしか離れていない棚塩の地で、原発事故がもうひとつ起こる可能性が十二分にあったのだ。

「よかった。助かった」

一人小さくつぶやくと同時に美加子は、電気の恩恵に与るクリーニング業だからと言い訳し、何もせずにきた自分を恥じた。

世界一安全だと言われた原発も、いったん事故が起これば大変なことになると、実は誰もが知っていた。その証拠に、震災当日の二一時二三分、国が福島原発から半径三キロ圏内の住民に避難指示を出した時には、福島原発の地元大熊町だけでなく、浪江町、小高区の住民も一斉に逃げ出し、町はパニックに陥った。東は海、南は福島原発、北は津波で道路が寸断されていた。道は西の八木沢峠を越えて飯舘村を抜け福島市に至る県道一二号線しかない。原町の麓では西へ向かう車のテールランプが一晩中見えていた。

一二日早朝五時四四分、国は福島原発より半径一〇キロ圏内に避難指示を発令した。中小同友会で親しくする浪江町の会社経営者から個人レベルで連絡が入った。

「ここでは朝から広報車が『総理大臣の命令です。一一四号線を津島方面に避難しなさい』と走り回っている。いつ原発が爆発するか分からない状態らしい。うちは会社ごと避難を決めた。北洋舎も従業員は帰した方がいい」

工場の操業ラインを止め、出勤してきた従業員を次々に帰した。

何より気になったのは、昔、加藤哲夫の書くパンフレットにあった「子どもたちの将来にわたり影響が及ぶ」の一文だった。

仙台から長女が初節句の孫を連れて父・保夫の葬式に参列し、そのまま滞在していた。この子に万が一のことがあれば、生涯にわたり申し訳がたたない。一二日午後、夫・貞見は方々を回り何とかガソリンを手に入れると、長女家族を連れて次女の嫁ぎ先の田村市に向かった。美加子は一人会社に残り、誰もいなくなった工場の社長室で呆然としながらテレビのニュースを見続けた。

一五時三六分、福島原発一号機が水素爆発を起こした。

美加子は会社敷地内の母の家に泊まり込むことにした。周りはみんな避難して行き、家の明かりは消えた。市街地だと思えぬくらいに、暗黒の世界が広がっていた。

一三日、前夜に出された国の二〇キロ圏内の避難指示で、浪江、小高に住む人々が原町石神地区の避難所に逃げ延びてきて、てんやわんやの状態だという話で持ちきりだった。道はどこも避難民の車で大渋滞になった。

一四日一一時一分、三号機が水素爆発を起こした。原町でもドーンという鈍い爆発音を大勢の人が聞いたという。場所によっては、きのこ雲のような放射能雲を見た人が大勢おり、誰もが浮足立った。動脈瘤を患う母を、家に連れ帰っていた末の妹も、避難の準備を始めた。

「あんた一人だけ残しておくわけにはいがねえ。いいから一緒に乗って」

一五日未明、福島に向かう妹に言われて、引きずられるようにして車に乗った。会社からは何ひとつ持ち出せなかった。八木沢峠を越え、飯舘村に入った時、「もう戻れないのだ」との思いを強くし、ただただ呆然とした。五感のすべてが鉛漬けにあったようで、涙さえ出なかった。

六時一四分、四号機が水素爆発した。一一時、国が二〇キロから三〇キロ圏内に屋内退避指示を出したことは、福島の避難先に着いて知った。原町は外出禁止となった。

福島に二日いて、ガソリンをようやく手に入れた夫と合流すると仙台の長女家族のアパートに移動した。母・ヨシ子に頼まれ、病院の診察日変更手続きに東北大学病院を訪れた。病院玄関前には「南相馬の人はスクリーニングを受けてから入室ください」との貼り紙があった。ゼロ歳児に何かがあったら大変と、みんなが外部被曝検査を受けた。美加子の靴から基準値以上の数値が出て、靴が没収された。代わりに緑の運動靴を履かされた。

まさか自分の靴がそれほどの放射能に汚染されているとは考えもしなかった。娘のアパートの狭い玄関に、長い間その靴は脱ぎっぱなしだった。自分の不注意で、幼い孫が被曝したのではないかとの恐怖にかられた。孫にすまないという気持ちと、この先何かあったらどうしようと、美加子は戸惑いと不安でいっぱいになった。自分の周りにバリアが張られたような疎外感にさいなまれた。そんな環境下でも美加子は、一日中携帯電話を手に、従業員の安否確認を続けるしかなかった。美加子の声に家族の誰もが落ち着きをなくし、部屋にいることがいたたまれなくなった。狭い娘のアパートに避難した誰の心も、靴の数値以上に汚染された。

そこに原町に残る中小同友会の会員からメールが入った。

「原町は強盗と野犬の町になっている」

「店をほったらかしにはしておけない。すぐに帰らねば」

二三日、偶然出会った鹿島の友人の車に乗せてもらい、美加子は緑の運動靴を履いて、夫婦で原町に帰った。

屋内退避を命じられた原町ではすべての店舗がシャッターを下ろし、人通りは途絶えていた。新聞、郵便、荷物、そして食料さえも三〇キロ圏内というだけで届かなくなっていた。銀行の窓口はいうに及ばずＡＴＭさえ閉じた。大企業は労働基準法に抵触すると、社員を引き上げた。放送、新聞記者も立ち去り、外からの情報が入らないだけでなく、この町が置かれた立場を伝える術《すべ》さえなくなった。

「町に残り続け社会生活を維持継続することは困難」とする枝野幸男官房長官は高齢者、妊婦、小さい子どものいる家庭に、町からの「自主避難」をテレビで呼び掛けた。

その中で二五日を給与日とし、三月を年度末決算とする中小同友会の多くの経営者は、誰もが真っ青になりながら金策に走っていた。万が一決算前に手形が落ちなければ大変なことになる。ところが、地元の信用金庫と信用組合以外はどこも窓口を閉めた。手に入りにくいガソリンを集めては、誰もが仙台や福島まで何度も往復していた。それでも二五日の給料日までに金策が間に合わないとなると、泣く泣く従業員を解雇した。そうすれば一週間後に確実に失業手当が支払われた。

運転資金を貸してもらえず、給料、社会保険料を払い続ける目途がたたず、多くの経営者が、断腸の思いで解雇の選択肢を選んだ。福島原発は長年培ってきた中小企業の経営者と従業員の絆さえ一瞬にして断ち切った。結果、大量の解雇者が出て、その後の技術者不足、人手不足につながり、復興が遅れる大きな要因となった。

北洋舎は創業以来、給料日を一〇日にしていた。三月の給与支払は震災前日に終えていたし、決算会計年度は一二月末だった。周りの経営者が青息吐息で金策に駆けずり回る様子を見ながら、父・保夫の判断に救われたと、美加子はつくづく思った。

三月二五日、美加子は会社の休業届を出し、四月分の従業員の給料を、休業手当でもって確保した。しかしこの先果たしていつ会社を再開できるのか、全く読めなかった。

工場ラインが止まったままの深閑とした社長室で、「努力」の薄い洗濯板を呆然として見つめ続けた。当たり前に思っていた企業経営と日常生活が、もろくも国と東電により崩された悔しさに、美加子の怒りは収まらなかった。ファックスがカタカタと鳴った。タイトルの手描きの文字が躍っていた。

「さすけねぇ福島、やるべ中小企業　中小同友会・東日本大震災対策本部、震災復興ニュース創刊号」とあった。「さすけねぇ」とは福島弁で、「大丈夫、問題ない」を意味する。

「今こそ企業存続。地域を支える中小企業家としての使命を発揮させる時！」という見出しの後に本文が続いた。

「今我われ中小企業家が取り組むべき課題は企業の存続に全力を挙げることだと考えます。『地域経済と雇用の守り手』としての誇りを持って、自社の社員と取引先、お客さまを守ることを最優先の課題として今すぐ行動を起こしましょう」

しかし父を失い、社員を全員失って、操業ラインを止めた今、北洋舎をどう動かせばいいのか、美加子には全く分からなかった。

三月三一日、「さすけねぇ福島、やるべ中小企業」第二号が届く。

「震災から二〇日が経過しましたが、原発問題解決への糸口は依然として見えないままです。引き続き私たちにとって大変厳しい状況が続いていますが、仲間と共に志を持って、企業と地域の再建のために前進していきましょう」

だが、どこにどう前進すればよいのか、その方向が一向に見えなかった。地域のために私は何をすればいい？何ができるというのだ。そして美加子は思わず叫んでいた。

「そうだ、喪服を取りに来るお客さんがいる。店を開けねっかなんね」

南相馬市の津波被害はひどく、死者五八八人、行方不明者八七人が出ていた。そこに襲った福島原発騒ぎで、人々は葬式どころではなくなった。とはいえ避難先で慌ただしく死者を清め、親族数人で送るとしても、遺族はせめて喪服だけでも着たいだろう。北洋舎では何十枚もの喪服を預かったままだった。

この町でまず何をおいても自分がやらないといけないのは、預かっている喪服を渡せるよう自分の店を開けることだ。それが地域を支える中小企業家としての使命だった。

美加子は各支店で預かっている喪服や衣服を全部工場の二階に集めた。放射線量を測ってもらうとすべて問題なく安心した。さぁ、始めようと思いながらも、美加子は唇を噛んだ。これをたった一人でどう扱うのだ。深くため息をついた。階下でシャッターを叩く音がした。急いで階段を下りた。

そこに古くからいる社員が立っていた。彼女は家族と一緒に原町から会津若松に避難していた。美加子の顔を見るなり言った。

「働かせてください。お金はいらねがら働きたいんです」

避難先では、家族みんなが共に過ごすには十分すぎる広い家が確保され、何ひとつ不自由のない暮らしができた。やることといえば運動不足を解消するための散歩しかない。初めはのんびりできていいなと思った。でも何もしなくていい日々に辟易し、だんだん耐えられなくなった。ストレスが限界に達し、仕事に戻る息子と一緒に帰ってきたのだ。彼女は、勢い込んで言った。

「休業手当なんていんね。働きたいんです、この町のために」

美加子は震災以来一番ありがたい言葉を聞いた気がした。彼女の手を強く取り言った。

「やっぺ」

「でも屋内退避指示なのに、店開けて大丈夫だべが？怒らんにがね、国から」

「さすけねぇ、国の指令よりも、待っている町の人たちの方が大事だ」

地域を支える中小企業家のそれが使命だという思いは揺るがなかった。四月一〇日、半日だけ本店を開けることにした。

店頭と北洋舎のホームページに再開のメッセージを載せた。

「お時間はお約束できませんが、お客さまの洗濯物、心を込めて預からせていただきます」

店を開けるにあたって、美加子は震災、福島原発事故以来ずっと感じてきた自分の正直な気持ちを「南相馬からの便り」として、ホームページの横に載せることにした。

「私の住む南相馬市原町区は原発事故で三〇キロ圏内に入って屋内退避がもう一カ月続いています。今まで精魂込めて培ってきた会社、社員、お客さま、地域のすべてが根底から崩壊してしまいました。おそるおそる今日から半日営業を始めるところです」

悔しさでキーボードを見つめる目が涙で曇る中、この一カ月思い続けてきたことを、怒りを込めて打ち込んだ。

「これは、自然災害ではありません。人的災害です。明日あなたの身にも降りかかるかもしれない人災です。どうぞこのことに気づいてください。原発事故は人災です。空に、海に、放たれた放射能が、私たちの暮らしを縛り付けています。（略）どうぞ、私たちの存在を忘れないでください。電気を使う時、思い起こしてください。この電気は、三〇キロ圏内の人々の犠牲の上に成り立っているかもしれないことを。どうぞ、私たちの存在を忘れないでください。（略）あなたの周りの人に『かわいそうな南相馬』ではなく『自分の身に起こりうる理不尽な出来事』としてこの現実を知って伝えてください。（略）この絶望から私たちが抜け出せたとしたら、それは外側にいる人たちがこの苦しみに共感して、『おかしい、何とかしなくちゃ』という声を国家や社会に向けて発信してくれること、そしてその声が我われの場所にまで届いてくるような大きさになることです」

それだけ書くと美加子は店のシャッターを開けるために立ち上がった。果たしてお客さんは来てくれるだろうか？シャッターが上がり始めた。お客さんの足が見えた。嬉しかった。両手いっぱいのクリーニング物を差し出された。なじみのお客さんとの再会を、抱き合って喜んだ。北洋舎は孤立した三〇キロ圏内の人々にとって必要とされる存在だったのだ。

重ねられる言葉の隙間に闇見えて逢魔《おうま》が時の空燃え立ちぬ

北洋舎のホームページの片隅に上げた美加子の小さな声に大きな反響が巻き起こった。まず加藤哲夫が美加子の苦しみに共感して「おかしい、何とかしなくちゃ」と、「南相馬からの便り」を、彼のブログ「蝸牛庵日乗《かぎゅうあんにちじょう》」に転載し、拡散してくれた。

宮城県女川の原発建設反対運動の先頭に立ったにもかかわらず、原発建設を許してしまった加藤は、ますます自分を責めるように、脱原発、エコロジー運動を地元仙台で進めていた。一九八一年には反戦、エコロジーの専門出版社カタツムリ社を創設。一九八五年にはエコロジー建築素材から商品までを扱うぐりん・ぴいすを仙台市内に開店。一九九七年には「せんだい・みやぎNPOセンター」を設立し、日本におけるNPO運動の普及には欠かせない中心的な人物として活躍してきた。二〇一〇年にすい臓癌に罹《かか》った加藤は、再び癌に冒され、この三月に再手術を受けたばかりだった。

日本のエコロジー運動を推進してきた加藤の、病床からの支援メッセージの影響力は大きかった。美加子のもとには激励のメールが次々と舞い込んだ。その反響に励まされるように美加子は、四月一七日「南相馬からの便り」の二信目を書いた。

「メールありがとうございました。涙が流れています。東京に住むいわき出身の友人が我慢強い東北人に世界は感嘆の声を上げているなんて言われると、バカヤローと叫びたくなると言っていました。私も同じ思いです。この土地が原発の地に選ばれたのは我慢強かったからなのではないでしょうか。悔しいのは、原子力災害の深刻さを知らされないまま、『安全神話』を信じ込まされ、根底にある不安を抑えて暮らしていたこの地域の住民の我慢強さが踏みにじられるような事態が続いていることです。国家の万一の事態への対応基準が、見えてこないことに激しい怒りがこみ上げています」

東日本大震災当日に稼働中だった日本の原発は三五基にのぼる。全発電量のうち原子力発電が占める割合は二八パーセントに上った。事故後次々に操業を停止したにもかかわらず、中部電力の浜岡原子力発電所（静岡県）の二基は事故後も発電を続けていた。

躊躇している時ではない。今言わなければいつか自分自身が悔やむことになる。東北電力棚塩原発建設計画の時に、地元のクリーニング業だからと何もせずにきた自分が恥ずかしかった。舛倉たち棚塩の地主らの執拗な抵抗がなければ、この地はもっと悲惨な状態に陥っていた可能性があった。従業員もぽつぽつ戻りつつある今、震災前と同じ気持ちでこのまま北洋舎を再開するわけにはいかなかった。福島原発事故が起こった日から思い続けてきたことを、美加子は意を決して書くことにした。

「今、私は声を出します。大きな声でなく、心の底からの祈りの叫びです。原子力で電気を作るのは、もう、やめてください！この絶望の中で最後の拠り所は、全国の人たちから同時多発的にこの声が発せられることです。日本地図で原発のある場所をピンで留めてみてください。事故の影響を免れる地域などないということが分かるはずです。

原子力で電気を作るのは、もう、やめてください！」

父・保夫はこの町で何のしがらみもなく、クリーニング業一筋に生きた。そのため美加子は、地域の誰にはばかることなく、書きたいことを書くことができた。改めて父に感謝した。ホームページに「便り」をアップするとやっとほっとした。よほど緊張しながら書いたのだろう。疲れ果てた美加子は、食事をするために町で営業をしている数少ない飲食店「だいこんや」に出かけた。店主の須藤栄治《すどうえいじ》の母親とは昔からの友だちであり、彼女も店を手伝っている関係で、美加子はなんでも気兼ねなく話せた。

「東電は『安全だ、安全だ』って口で言ってただけで、何の対策もしてねがった！事故が起こってもまだ責任逃れしてる。許せない！」

「便り」を書いた勢いもあり、いつものように東電批判をしだした美加子に対して、よほど見かねたのだろうか、須藤が諭《さと》すように言った。

「美加子さん、いつまでも東電の悪口を言っていてもこの町は良くなんねと思うんだ。今問われているのは、負の連鎖を止めることだよ」

須藤が何を言い出したのか分からず、美加子は思わず問い返した。

「負の連鎖？」

須藤栄治は福島原発事故と同時に会津若松に避難した。三月下旬に様子を見に原町に帰った。店を覗いた常連さんから「おっ、開いている。四月四日、予約ね」とその場で予約を入れられた。助かったのは、会津若松の商工会議所青年部から届く支援物資だった。そこにはこんなメッセージが添えられていた。

「配るのではなく、これをもとに店を開き、町を元気にしてください」

以来、メニューの数は少ないものの、町に残った人々の憩いの場として、だいこんやを開け続けてきた。そんなある日、市役所に勤める常連が店にやってきた。お互いの近況報告を済ませると職員はぽつりと愚痴をこぼした。

「今、とにかくクレームの電話がすごいんです。朝の九時から午後五時まで、市民の方からは行政や国に対する怒りの電話ばかりで……」

ため息をつくと、クレームに追われる職員は続けた。

「南相馬市市民を受け入れている避難所では、南相馬市市民がボランティアに罵声を浴びせたり、出される冷え切った握り飯に『こんなもの食えるか』とおにぎりを叩きつけたりしていると聞くと、悲しくなっちまう」

「南相馬市市民が……」という職員の言葉の先に子どもたちの淋しそうな姿が映っていた。一部とはいえ、南相馬市市民が南相馬の名前を汚している事実を知り、須藤は思った。

「これじゃ、負の連鎖になる。原発からは悪いものがいっぱい出てるけど、南相馬は自分たちの力でプラスを発信していかないと次につながらない！被災した自分たちは、助けてもらって『ありがとう』は言えるはず……」

そう言いながら須藤は、ここのところ考えてきた一枚の紙を美加子の前に差し出した。

正円の赤丸の下には「ありがとうからはじめよう！」とあった。

「東電に恨みつらみを言っていても復興にはつながんねよ、美加子さん。みんな辛い思いをしてるけど、助けてもらって『ありがとう』と感謝の気持ちから始めなきゃ駄目だと思う」

美加子は自分の子どもよりも若い三九歳の須藤に「がつーん」と殴られた気がした。「負《お》うた子に教わる」とはまさにこのことだった。心がすさんだままの復興には何の意味もない。ここ一カ月以上の自分は何と内向きだったのだろう。

「栄治君、まずは人間復興だね。栄治君が言うように町中に『ありがとうからはじめよう！』って旗を立てて呼び掛けようよ」

確信を持った美加子は早かった。さっそく宮森佑治《みやもりゆうじ》を店に呼び出すとデザインを頼んだ。宮森は震災の五年前に福島から原町にやって来て、かつて蚕で栄えたこの周辺の縫製工場を使って、誰もが着られる、美加子お気に入りのちょっとこだわりの浜通りブランド「アーティジャングル」を発信していた。

美加子は、須藤が書いていた白地に真っ赤な正円に対し「違う、それじゃ特攻隊になるじゃない。そうやってみんな戦争に駆り立てられたんだから。人間復興なんだから、赤は赤でも熱い思いの鼓動の赤でなくては」と、うるさく口を挟み、二八歳の宮森は苦笑しながら、手描きの丸を描いた。

こうやってたちまちのうちに「人間復興。『ありがとうからはじめよう!』」のデザインができあがり、六三歳、三九歳、二八歳からなる「つながろう南相馬」が誕生した。三人はまずホームページを立ち上げた。

「二〇一一年三月一一日に起こった東日本大震災で大きく傷つき、悲しみの連鎖が始まってしまった南相馬市。そんな南相馬市市民の心を全国のたくさんの方々が支えてくれました。

避難者を受け入れてくれた方々、物資を届けてくださった方々、災害ボランティア、自衛隊、警察、消防、消防団、県・市職員、ライフライン関係者……。数えだしたらキリがありません。

そんな皆さんに『ありがとう!』の気持ちを伝えると共に、みんなが手を取り合い、つながることで郷土の誇りを取り戻し、一度は人が居なくなった街を、感謝の気持ちが溢れる街に変え、活気ある街を取り戻すため情報発信することで、ふるさとを再生していきます。
子どもたちに未来を！子どもたちが戻って来る場所を作るために『ありがとう』からはじめましょう！

『つながろう南相馬』須藤栄治」

二〇一一年四月二〇日

国から出されていた屋内退避指示が四月二二日に解かれて、幾分外出がしやすくなった。須藤、宮森、美加子の三人は、できあがったばかりの旗を持ってまず市役所に行き言った。

「毎日ありがとうございます。毎日ご苦労さんです。南相馬の復興は休む間もない皆さんの昼夜の頑張りからしか生まれません。この町のためにこれからよろしくお願いします。そんな僕らの気持ちを旗とポスターにしました。飾らせてください」

震災以来何の情報もなく対応に追われる職員たちは、「ばかやろう」「早くしろ」「何やってんだ」と罵声を浴びせられ続け、精神的にも辛い毎日を送ってきた。

旗を持って現れた三人に最初は「今度は何のクレームだろう。竿を振り回されでもしたら大変だ」と、疑心暗鬼の不審顔で対応したのは無理もなかった。運よくその場に村田崇副市長もいたので感謝の心で赤く染まった旗と「市役所は最後の砦だ、がんばろう！」「ふるさとを支えてくれてありがとう！」のポスターを差し出したのだ。「いやいや、そんな」と最初は照れながらも、やがて職員の顔から笑みがこぼれ落ちた。そして受け取ったポスターを嬉しそうに、自分たちの職場に飾ってくれた。三人は市役所駐車場入り口から玄関までの間にその旗を立てさせてくれるよう頼んだ。

東電の人災とも言える事故のために苦しみ、その怒りをどこにぶつけることもできず市役所を訪れた市民が、職員に向かって怒りを爆発させる前に、「ありがとうからはじめよう！」の旗を見て、その怒りが少しでも収まることを願ったのだ。

市役所前に幾つもの大きな赤い手描きの丸が連なり、風にはたはたとなびいた。それは、心から人間らしい復興を願いながら町に残った人々の、熱い鼓動に見えた。

三人は市役所の向かいに建つ、市民文化会館「ゆめはっと」に向かった。ここは自衛隊の基地になっていた。「ふるさとを支えてくれてありがとう」のポスターとのぼりを飾らせてもらい、今度はボランティアのみんなが来ている南相馬ボランティアセンターへ向かった。

その旗とポスターのメッセージは、自衛隊の野営ベッドで、消防団の仮眠所で、警察の宿直室で、へとへとになってその身を横たえる人々にとって、大いに救いになったと、のちに聞いた。須藤は、「ささやかなことだったが、やってよかった」と思ったものだ。震災から一〇年になろうとする今も、たまに訪れた町の施設で、自分のデザインした旗やポスターに宮森は出くわすことがある。そんな時彼は、「自分たちのやったことは、行政の人々にとって意味があったのだ」と実感できた。

市役所に掲げられた旗を見て、町に残った商店街の店主たちが、旗を掲げだした。市役所から原ノ町駅前に続く福島原発に汚染された無彩色の長い商店街に、赤い手描きの楕円が連なり、はたはたと風になびいた。それは「新しい人間らしい町を作るために、この町に手を差し伸べてくれる人々に、まずは『ありがとう』の気持ちを持つことから復興をはじめようよ」と呼び掛けているようで、美加子の胸に迫るものがあった。震災以来、東電に対して怒りだけを吐き続けてきた自分が恥ずかしかった。はたはたとはためく赤い思いの鼓動を見ながら、美加子は心の中でつぶやいた。

「大事なことを、栄治君に教わったな。ありがとう」

旗を見た中小同友会相双地区会長のフレスコキクチの菊地逸夫から電話があった。

「みんなが最初にやんねっかなんねえことを、やってもらって、ありがとうな。屋内退避が解けたところに、あの旗だろう。町の雰囲気が変わったど。俺たちもそろそろ気分変えて本格的に動き出さねっかな。まずは集まれる人間だけでも集まって、緊急特別例会やっから、あんたもだいこんやに来てくいろ」

長く続いた国の屋内退避指令で、原町に残った中小同友会会員の顔合わせもずっとままならなかった。誰もが情報に飢えていた。震災以来久々に「中小同友会相双地区緊急特別例会ｉｎだいこんや」が四月二八日、開催された。要は震災前から続くいつもの飲み会なのだが、美加子を含め原町に残った二〇人を超す会員が「待ってました！」とばかりに駆けつけた。

「みんなが集まるなら顔を出すって、安孫子理事長も郡山からもうすぐやって来っから」

菊地の知らせに場が一段と盛り上がった時、福島中小同友会理事長の安孫子健一と増子勉専務理事の二人が現れた。

だいこんやに入るなり、二人は御見舞金と書かれた赤い熨斗《のし》の包みを配り始めた。開くと一〇万円が入っていた。「これは？」「こんな大金を？」と驚くみんなに安孫子は言った。

「福島県で、一番大変なのは相双地区の会員だ。だから、直接、渡したくて郡山から出できたんだ」

中小同友会全国協議会は東日本大震災、福島原発事故が起きると同時に、支援金を郡山市の福島中小同友会本部に送った。大金を前に、事務局長の豆腐谷《とふたに》栄二をはじめ理事会ではどういう形で、幾ら配るか頭を悩ませ議論した。今一番苦しい状況にある相双地区八五社の会員たちにまず配ろう。彼らが組織から見捨てられたと思わないよう、役員が出向こうと決議した。

三月二三日から安孫子たちは、強制避難指示でどこへ本社機能を移したかもわからない、福島原発から二〇キロ圏内の双葉グループ一二社の会員を探しながら、まずその見舞金を手渡し、安否確認をして歩いていた。

「早く配りにきたかったんだけど、屋内退避の三〇キロ圏内にはなかなか来れなかった。ごめんな。これは全国の会員から贈られた連帯の見舞金だ。俺らも全力で応援すっから。一緒に頑張っぺ！」

だいこんやにいる会員一人ひとりに赤い熨斗包みを手渡す安孫子、増子の姿は、中小同友会の中核をなす「自主・民主・連帯」精神にあふれていた。この時、堅く握り合った握手が相双地区の会員の活動再開の契機となった。美加子は強制避難で立ち去った双葉グループの無事を祈った。

二十キロの同心円に隔てられ君は何処の街をさまよう

「原子力で電気を作るのは、もう、やめてください！」という美加子の心からの叫びを病床で聞きつけた加藤は、自身のブログで再び美加子のメッセージに言及してくれた。

「『南相馬からの便り』によって、彼女は地元でも、原発を憂える人々の間でも、有名になりました。感動したという声もたくさん届いています。

しかし、なぜ、彼女だけが目立つのでしょうか？

それは、実名を出して、はっきりと原発はもうやめて欲しいということを訴えた人が、残念ながら、まだまだ他にいないからです。彼女の事業は、地域で一番大きなクリーニング店です。数十人の社員を抱えた経営者です。そういう人間が、『原発はもうやめて欲しい』という声を、原発立地の地域で上げることは、どのような軋轢をもたらすか、想像してください。どのような圧力がかかるか、どのような隠微な嫌がらせを受けるか。原発の現地の状況をもっとリアルに想像してください。彼女は、それを承知で、それを覚悟して、あのメッセージを公にしたのです。

彼女を孤立させてはなりません。彼女を見殺しにしてはなりません。そのためには、彼女をジャンヌダルク扱いするのではなく、一人ひとり、彼女のメッセージを受け取った人が、自身の言葉で、自分自身を問う言説を吐き、行動することです」（加藤哲夫「蝸牛庵日乗」二〇一一年四月三〇日）

屋内退避指示が解かれて三〇キロ圏から逃れた人たちが、ぽつぽつと町に帰ってきた。北洋舎でも、もう一度働かせてくれ、働きたいという社員が五人になり、クリーニングラインの稼働が見えてきた。五月の初めからクリーニング機の試運転を繰り返し、五月一〇日、店頭店先に「人間復興。ありがとうからはじめよう！」の旗を何本も立てて、北洋舎はようやく工場と営業を再開した。

冬物のクリーニングが主体となるクリーニング業は三月から六月で一年を過ごす職業とさえ言われる。年明けの一、二月はほとんど商売にならない。三月が来てようやく、さて今年も、と仕事は本格化する。その矢先の三・一一だっただけに、半年近く店を閉めていたも同然だ。

そのような状況で、しかも震災前に比べ人口が減少した町で、商売は成立するのか？

だが心配は無用だった。再開と同時に大量の洗濯物が持ち込まれた。大手のクリーニングチェーンは震災と同時にこの地を引き払ったため、人々はクリーニングを出すところがなく困っていたのだ。一気に品物が集まった。とても対応が追いつくものではない。

「仕上がり日がお約束できませんが、それでも構わなければお預かりさせていただきます」

「いつでもいいよ、そっちのペースでやってよ。待ってっから」

震災前には聞いたこともない言葉が返ってきて、美加子は大いに救われた。

遠くの避難先から通ってくれる社員もいる。親や子どもの急な病気で社員たちが避難先に面倒を見に帰ることも度々起きる。人のやりくりがつかなく、工場ラインを止めざるを得ない日も出た。店舗の営業時間を短くし、休店日を設けた。しかし、苦情は来なかった。みんなが待ってくれるようになった。人手不足の中、昔ならば二四時間仕上げが当たり前だったものを、一週間かけて仕上げても、感謝された。

「いや、助かった。北洋舎さんが開いてくれでてよかった！ありがとう」

震災前には「もっと早くしろ」「もっと安くしろ」という声に押され、大手クリーニングチェーンとの競争で、スピード化と効率化に煽られ続けてきた。いつの間にかお客さまは神様という神話に振り回され、客さえも望んでいないサービス合戦の末に、業界全体が負の螺旋階段を下りていた。

それが待たせてしまった客から逆に「ありがとう」の言葉をたくさんもらえるようになった。

確かに、須藤栄治が言う通り、それは「人間復興」だった。

お客さまの口から「ありがとう」の言葉を聞くたびに美加子は、住民の三分の二は逃げ出したこの南相馬で、北洋舎はなくてはならない存在、求められる存在になったと確信した。

逃げずに歯を食いしばって店を続ける地元の商売人たちの多くは、魚屋は魚屋として、八百屋は八百屋として、肉屋は肉屋として、この町にとってなくてはならない存在になった。それぞれのその本業が、「緊急時避難準備」を続ける人々に、今こそ必要だった。

中小同友会震災復興ニュースが訴える「今こそ企業存続。地域を支える中小企業家としての使命を発揮させる時」がきたのだ。美加子は口に出して一人つぶやいた。

「もう逃げるわけにはいかねぇ。やっぺ」

美加子の「南相馬からの便り」は、福島原発で起こった被害の甚大さとその影響に関心を寄せる人々の間で注目され、転送され拡散していった。中でも加藤哲夫が美加子の「便り」を自分のブログに載せた効果は絶大だった。

多くの人々が感動したと言って連絡をくれ、わざわざ訪ねてきてくれる人や食料を届けてくれる人、中には映画にしませんかと言ってくる人もいた。音楽家の坂本龍一や小林武史たちが主宰するエネルギー勉強会「ap bank forum」から東京に来て原町の現状を残さず話して欲しいと誘いがあった。五月中旬、東京に出向き、三・一一以来美加子の中に去来した想いを必死にありのままにしゃべった。最後に声を絞り出すようにして訴えた。

「汚染してしまったからには放射能と共生するしかない福島のことを、どうか忘れないでください」

原発事故からようやく二カ月が過ぎた五月二〇日、事業者に対する企業補償の仮払いに関する、東電側の説明会が初めて市商工会議所であった。大変な人数の経営者が集まった。一五〇人しか入れない会場に三〇〇人以上の人が押し掛けた。誰もがこの先不安だった。二カ月近く営業中止になった売上高の補償は？雇用調整助成金の範囲は？震災復興緊急助成金の限度額は？訊きたいことが山のようにあった。しかし始まってみれば東電の説明は経過報告しかない。いらついた参加者から次々に手が挙がり、山のように質問が浴びせられた。だが何の答えもなかった。担当者は同じ言葉を判で押したように繰り返した。

「今調整を進めているところです」

事故を起こした東電と国に、解決を急ごうという姿勢や意思は見られなかった。誰もが怒りと失望を抱いて会場を去るしかなかった。東電に対する怒りは、誠意の無さであり、信頼関係を築けぬ徒労感だった。

存在の隙間に闇の川流る人というもの悲しかりけり

美加子の「南相馬からの便り」の筆も悲痛になった。

「今も南相馬にはさまざまな人たちによって援助の手が差し伸べられています。しかし、ただひとつ大きな課題は、原発を引き起こした当事者である国家と東電に私たちが向き合おうとした時、なぜかその姿が見えてこないということです。見えない相手に向かって声を届ける術を、誰か、教えてください」

五月二二日、毎日新聞の震災シリーズコラム欄「沿岸南行記　津波被災地より」は「感謝から始めよう」の大きな見出しのあとをこう続けた。

「福島県南相馬市原町区の森閑とした商店街で久しぶりに明るい言葉に出合った。『〝ありがとう〟からはじめよう！つながろう南相馬』。そう呼び掛けるのぼりを四本も店先に掲げるクリーニング店の高橋美加子社長（六三）に尋ねたら、バーを営む須藤栄治さん（三九）ら若者の企画だという。「先が見えなくても『ありがとう』は伝えられる。支援者やボランティアにちゃんと言えていない」と須藤さん。謝意を示す特製ポスターを作り、警察や消防、不明者捜索に加わる建設業者などに届けている。（略）商店街から約一キロ南に行けば、警戒区域の検問所に着く。設置から二二日で一カ月。規制外の地区も合わされば市内は『四分割』されたままだ。しかし感謝の言葉が生む、人の心のつながりまで分かつことはできない。須藤さんは言う。『ポスターを届けると喜んでくれる。つながっているという連帯感が出てくる』。復興を照らす希望の光がそこにある」

新聞の記事とは裏腹に、五月も末になると町の雰囲気がざわつき始めた。放射能への不安と三〇キロで囲い込まれた閉塞感にみんないらついた様子で、一触即発のような荒れた空気が町中を覆った。美加子は直感で思った。

「この閉塞感を和らげられるのは鎌田實先生しかない」

美加子は震災前年、町で催された鎌田の講演を聴いていた。彼の話には命に対する温かい眼差しがあり、心が癒された体験をした。福島原発事故以来、いち早く南相馬入りした鎌田は、市立病院の医療支援に諏訪から医療団を送り込む他、自らも避難所を回り、診察に乗り出していると聞き、美加子の直感は確信に変わった。

「今の状況で南相馬市で話ができるのは鎌田先生しかない」

東京の講演で知り合ったアースガーデンの鈴木幸一が、以前から加藤哲夫と鎌田實のつながりで親しいと知り、仲介を頼んだ。鎌田から美加子のもとへ直接電話が入り、彼女は驚きながらも必死に頼み込んだ。

「南相馬市市民の気持ちを落ち着かせるのは、鎌田先生しかいないんです。お願いです、南相馬に来て講演をしてください」

鎌田は快諾してくれた上に、「僕の話では人は集まらんだろう」と親しい友人のさだまさしが石巻にいる日を選んで、彼も南相馬まで来てくれるよう手配してくれた。

「ただし、さださんはプライベートでやって来るので、名前は出さないで」というのが、鎌田の条件だった。

「元気になろう！南相馬　六月一〇日鎌田實講演会。サプライズゲスト（歌手）参加予定！乞うご期待」

宮森佑治がデザインした予告ポスターが町や避難所のあちこちに貼られると、「サプライズゲストって誰だべ？」「千昌夫かぁ？」「まさか、さだまさしではねえべなあ」と人々の間で話題を集め期待は高まった。震災以来相馬まではいろいろなボランティアの人が来てくれたが、三〇キロ圏内には誰も来てくれないため、生活物資同様、人々は娯楽に飢えていた。

六月一〇日、原町第二中学校体育館の避難所で鎌田實の講演会が開催された。一八時から開演だというのに、早くから人々は会場に押しかけた。

講演会開催を知り、相馬の自然食レストラン「ナピアハウス」からミネラルウォーター一〇〇〇本の差し入れの申し出があった。「とてもそんなに集まらないでしょう。ちょっと多すぎるのでは」と遠慮する美加子に「いいから、いいから」と大量の水が会場に届いた。水は講演開催前にすべてなくなっていた。会場の体育館には一〇〇〇人以上の聴衆が押し掛けることになった。

鎌田の講演の副題は「にもかかわらず生きる」だった。鎌田は南相馬の復活を喜びながらも、「医療崩壊寸前のこの状態で、市民が戻ってきていいのかは、疑問が残る」と医師としての複雑な胸の内を吐露した。放射能の危険性とそれから身を守る術を語りながらも、「にもかかわらずここで暮らし生きる」人々を温かく励ましてくれた。

そしてサプライズゲスト、さだまさしが壇上に立つと、「ほら。やっぱ、さだまさしだったぺ」と会場はどよめいた。

さだは、自分の両親が長崎で被曝し、その後自分が生まれたこと。赤ん坊の時何度も異常がないか調べられたこと。両親は今でも元気で生きていることを、みんなを笑わせながら話してくれた。誰もがさだまさしの「案山子《かかし》」「秋桜《コスモス》」の生声に聴き入った。

鎌田實、さだまさしの二人の思いが詰まった言葉と歌声に、会場に詰めかけた誰もが何度も涙し、満足気な表情で会場を去った。その姿を見届けた「つながろう南相馬」の三人は、初めて主催した講演会で、素人の自分たちがこんなにも多くの人々を巻き込めたことに、驚くと同時に感動した。美加子は自分の確信が間違いでなかったことに、胸をなでおろしながらも、天が我われ三人に奇跡を与えてくれたのだと思った。

鎌田實はその後もことあるごとに南相馬を訪れ、市民の放射能に対する不安にていねいに答えてくれた。鎌田の主宰するチェルノブイリ連帯基金は、装着型線量計ガラスバッチを用意して、妊婦、幼児を中心に、南相馬市市民の年間の被曝量管理促進に当たってくれた。北洋舎でも多くの社員の親子が、そのガラスバッチの世話になった。

六月三〇日、福島原発事故以来開催が不可能だった中小同友会相双地区総会が、ようやく開かれた。それは相馬市、南相馬市、そして福島原発がある大熊・双葉町の中小企業八五社から構成される。今回の福島原発事故で、会員各社は直接大変な被害を受けていた。

中でも福島原発から二〇キロ圏内に本社を置く一二社は、国の「警戒区域」指定に伴う即刻退避指示・立ち入り禁止措置ですべてその地を離れていた。だが、集まって報告を聞いてみると、すでにどこもたくましく企業活動を再開していた。

福島原発から三キロの大熊町で設備工業を営む会社は、避難先のいわき市の食品加工工場を借り受け、社員二〇人の宿舎とし、福島第二原発と広野火力発電所の復旧作業に新たな活路を見い出していた。しかも借りた食品工場の施設を活かして、新たに弁当製造業に進出する他、放射線管理と除染作業に当たる環境整備会社、復興住宅需要を見込んだハウジング会社も立ち上げていた。同じく大熊町の福島原発から四キロの地で地域コミュニティ誌を発行する会社は、避難先の郡山で散り散りになった大熊町住民の近況情報をまとめた復刊号を携えて参加した。また、福島原発から九キロの浪江町に本社を置き八〇年にわたり総合小売業を営んできた社員二〇〇人を擁する老舗の総合小売店は、避難先の郡山に本社事務所を設け、郡山、二本松、いわき、南相馬での新たな出店調査に入る他、ネット事業やカタログ販売事業など新規小売業に乗り出していた。

国や東電がこの時期、一向に具体的な賠償計画、復興計画を描けないのに対して、「警戒地域」から強制退去した一二社だけでなく、相双地区の多くの中小企業は、いち早く生き延びるための方策に着手すると共に、早くも新たな事業形態を模索していた。

「中小企業こそ地域再生の主役の自覚を持ち行政との連携を強化する」「復興委員会を立ち上げ、すべての中小同友会活動を企業復興と地域再生につなげる」「地震・津波・原発・風評の四重災害からの生き残りをかけた復興に挑む」という基本活動方針が満場一致で採択された。最後に、新たな地区会長として高橋美加子が選出された。

震災前の二月の臨時総会で福島中小同友会初の女性地区会長として承認された人事だった。福島原発事故を抱えた地元中小企業家の代表として、解決しなければならない問題は山積していた。美加子にはその大任を果たせる自信はなく、固辞したが許されなかった。

「この危機だからこそ、男にはない感覚を発揮してもらいたいんだ。私が全面的に支援すっから

ぜひ引き受けてください」

前地区会長のフレスコキクチの菊地逸夫社長に促されて、美加子は壇上に立つと切り出した。

「今やこの地域の存続は、私たち中小企業家の生き残りにかかっています。私たちが潰れてしまえば、この地域は壊滅します。中小企業の存在そのものが地域のインフラなのです。一社一社がその自覚を持って、みんなで力を合わせてこの難局を一緒に乗り越えましょう。どうぞ力不足の私に皆さんの知恵と力を貸してください。お願いします」

温かい支援の拍手が会場から沸きあがる。美加子はその拍手に押されるように言った。

「原発事故という未曾有の事態を体現する中小企業として、一社も潰れることなく、この難局を地域存続のために賭けて闘っていこうではありませんか。そのためには地域のことを一番知る私たちが、自らの手で経済復興案を作り出し、少しでも早く市に提案したいと思います。行政の支援を仰ぐのではなく、私たちが主体となり行政を動かすのです。私たちは敗者ではなく、新時代の幕開けを告げる使命を背負った勇者なのです」

被曝地と呼ばれるまちにわれら住む未来の扉開かんとして

七月二日、三日の両日、美加子の姿は東京代々木公園にあった。鈴木幸一は長い間、エコロジーとエンターテイメントの都市型フェスティバル、アースガーデン夏祭りを主催していた。広大な代々木公園にはライブステージを取り囲むようにエコロジーグッズ、国際社会貢献グッズ、アースファッションを取り扱うテントが並んでいた。その様子はまるで現代版村祭りだった。東日本大震災の被害の大きさが関心を集め、多くの人が会場に詰めかけた。しかし、その関心は視覚的に被害が分かりやすい地震、津波の災害にどうしても目が向けられた。南相馬の置かれた現状を、少しでも多くの人に分かってもらいたいと、美加子は二日にわたり何度もステージに立った。初日は一六時から前回東京で一緒に話した小林武史とのトークを、二日目には、一三時から加藤登紀子の歌と一緒にトークを、一六時からは飯舘村の佐藤健太と一緒に、福島原発事故で物資が途絶えた町で過ごす人々の様子を語り支援を頼んだ。

ステージを終えるたびに、詰めかけた多くの人たちから、支援のカンパが寄せられ、南相馬は忘れられていないとの確信が持て、美加子は嬉しかった。

いったん原町に帰った美加子は、五日後の七月八日早朝、再び東京に向かった。

原子力賠償紛争審査会の中間指針が発表される前に、南相馬市の置かれた立場を訴え、中小同友会の面々が心血を注いで作った原子力損害賠償問題の早期解決の要望書を手渡すためだった。バス二台を仕立てて、原町商工会議所、原町商店連合会と中小同友会相双地区会員総勢六七人は、東京へ向かった。目指すは、首相官邸、経済産業省、文部科学省、原発事故担当大臣、原子力損害賠償紛争審査会、そして東京電力だった。

未明に南相馬を出てようやく朝方、国会議事堂に着いたが、すぐにトラブルがあった。陳情では部屋に入れる人数は最大二〇人と決まっており、残りは裏口駐車場での待機となるのが通例という。そんな馬鹿な。誰もが自分の想いを伝えたくて、ここまできたのだ。理不尽さを感じたが、急いで全員がどこか一カ所の陳情に赴《おもむ》けるようグループ分けした。

だが、国や東電にとって、「警戒区域」ではなく「緊急時避難準備区域」などというヌエのような区域からやってきた被害者は、敗者ではなく、まして勇者ですらなく、存在しない者のようだった。

初めに行った経産省で対応に出た政務官は要望書を読み上げる美加子に対し、ただ無表情にその声を聞いた。通り一遍の要望書では、この人たちに迫れない。そう悟った美加子は携えた鞄から一冊の小冊子を取り出した。表紙には「合同歌集　あんだんて第三集　今フクシマから」とあった。

美加子が属する「南相馬短歌会あんだんて」は、毎月一回の短歌会を開き、二〇〇九年から年に一冊の歌集を発行してきた。しかし、三月六日を最後に歌会も休会のままになった。会員の一人が津波で流され未だ不明だった。それ以上に会員一人ひとりがとても歌の詠める状態ではなかった。その間主宰者の遠藤たか子は「津波の被害に原発事故の加わった地域の実情は、現地に住むものでなければ到底言葉に表せない。そして三一文字の短歌だからこそ、その現実は誰にも端的に伝わる」と会員相互で歌を作ることを呼び掛けていた。その思いは会員も同じだった。少しでも多くの人にその被害の実情を知って欲しいと願い、各々の詩歌を持ち寄り、「今フクシマから」という歌集を、この陳情の二日前の七月六日に、急遽《きゅうきょ》発行したばかりだ。

美加子は歌集を政務官に突き付けると言った。

「この歌集は今、南相馬で暮らす私たちの心の叫びです。どうぞ読んで一刻も早い賠償問題の解決をお願いします」


ことごとくネガのごとしも競争と効率の果てに汚染せるまち　鎌田智恵人

福島で役立つ人になりたいと消えた校舎に刻む子がいる　志賀邦子

両手延べ立つときふとも思ふなり被曝検査《スクリーニング》は十字架のかたち　遠藤たか子

その後陳情に廻った先々でも美加子は歌集を手渡していった。

最後は東電になった。だが、東電ではその要望書を全文読み上げる時間も、まして歌集を手渡す雰囲気もなかった。対応に出た担当者は美加子の差し出す要望書を形式的に受け取ると、いち早く立ち去ってしまった。事故を起こしてしまった当事者として責任の重さに苦しむ姿はなかった。被害を止められなかったことへの慚愧《ざんき》の念も見えなかった。五日前に代々木公園で感じた「南相馬は見捨てられていない」という確かな手ごたえのかけらさえなかった。相手との著しい温度差だけを胸に、陳情参加者たちは深夜遅くようやく南相馬に帰り着いた。疲れ果てながらも美加子は、「南相馬からの便り」を綴った。

「四カ月たった今、放射能汚染の不安は私たちの心と体を蝕んでいます。目の前にあるふるさとは、見た目は何も変わっていないのに手を触れることを許されない場所になってしまったのです。この苦しみと悲しみを外側の人に分かってもらう難しさに福島県民はあえいでいます。希望を失った住民の中には自ら命を絶つ人も出てき始めています。

見えない相手に向かって声を届ける術を、誰か、教えてください」

病床で苦しむ加藤哲夫が、痛みに耐えながら、その答えを送ってくれた。

「彼らは、人ではなく、システムなのです。代替可能なポジションにいて、役目としての仕事をしているだけ。顔や姿を見せることができない宿命を背負っているのです。どう働きかけて行くか。私たち一人ひとりの力がもっと必要です」

その後一週間以上加藤のブログが途絶えた。心配していると、七月二一日に加藤は病床から長文のメッセージを送ってきた。

「フクシマが日本を救う！

この一週間、生死の境をウロウロし、ようやく生還したばかりだ。福島県の復興ビジョンを検討する委員会が『脱原発』を鮮明にした基本方針案をまとめた。世界に放射能汚染地域フクシマの名前が記憶されてしまった福島県にとって、復興とは何よりも原子力災害の克服である。そして、その仕事はただ物理的な復旧や経済的な復興ではない。世界の見る目を変えさせることだという決意のみなぎる案である。『原子力に依存しない、安全・安心で持続的に発展可能な社会』を築くという宣言は、固唾を呑んで見守っている世界の人々に、感動と共に届くことだろう。（略）それを知事も尊重すると言明している。（略）だから全国から福島県という自治体と知事の決断を支持するキャンペーンを起こして欲しい。（略）今の日本で、一人で原発を止められるのは、現地の知事だけだ。国の方針を変えるのは、まだまだ至難の業かもしれない。しかし、地方分権の時代だ。立地県の知事が拒否する限り、原発は止まる。被災地フクシマが拒否することを誰が批判できようか」

その後、加藤のブログが途絶え、美加子は心配した。八月二六日、加藤哲夫の訃報が届いた。享年六二だった。

深くふかく傷つき心うずくまる原発禍のなか八月過ぎる

加藤哲夫の思いは、アースガーデンの鈴木幸一に引き継がれることになった。鈴木幸一を通して、「つながろう南相馬」には福島出身の詩人・和合亮一《わごうりょういち》、タレントのいしだ壱成《いっせい》、歌手の加藤登紀子、ザ・ブルーハーツの梶原徹也など多くの人々とのつながりができ、さまざまな支援と応援をもらった。

九月三〇日、福島原発より二〇キロから三〇キロ圏内に出されていた「緊急時避難準備区域」指定が解けた。原町区内は自由に歩き回れるようになり、福島原発事故の日より「つながろう南相馬」の三人の心の上に、何となくいつも覆いかぶさっていた不気味なうすら寒さも、幾分安らいだ。東京からやってくる有名人の支援コンサートも屋外でできるようになり、規模も大きくなった。しかし、三人の心は何となく晴れなかった。催しを終え、だいこんやで開く打ち上げ会も盛り上がらなくなった。須藤が口火を切った。

「僕ら、つながろうと立ち上がったものの、なんだか最近はイベンターになってしまったな」

「東京からやってくる支援の人たちはありがたいけれど、この頃はその対応に追われてばっかりいるような気がする」

宮森のため息に美加子が提案した。

「最初に掲げた『人間復興』って何かを、もう一度みんなで考え直してみっぺ」

だが、答えはなかなか見つからず、あいかわらず講演会の日々に追われた。その後の反省会で、お互い本当にやりたいことを話し合ったが、答えは見つからなかった。盛り上がらないやり取りに、美加子はここのところ考えてきたことを言った。

「誰か間に入ってもらおうか」

「誰かって?」

「話し合いのプロみたいな人。日本ファシリテーション協会というのがあるの」

「知ってる。建築や不動産の。それがどうして話し合いのプロなんです?」と須藤が訊く。

「それはファシリティーだべ。私が言っているのはファシリテーション」

「なんだか難しそうですね」とぽかんとする須藤に美加子が説明した。

「岩手の釜石では、みんなの利害がぶつかり復興事業の話し合いが一向に進まなかったのに、ファシリテーターが間に入ってからトントンと話し合いが進んでいるんだって」
「ちょっと待って、今度はファシリテーター？なんだかわけが分からなくて頭がこんがらかりそうだよ」と宮森が素っ頓狂な声を上げた。

集団で話し合いながら問題解決策や、未来像を作ろうとすると、往々にして混乱、停滞、堂々巡りが起こる。ファシリテーションとは、それらを回避するために、最初から話し合いに立ち会い、スムーズな話し合い進行を支援し、促進することを意味する。話し合いの場で多くの人が発言し、相互理解を促す進行役をファシリテーターという。

始まりはアメリカで、一九六〇年代初頭にコミュニティの問題を話し合う技法として導入され、市民参加型の町作りが定着した。七〇年代に入り、利害関係が複雑化し、対立が生まれやすくなったビジネス分野でも、会議を円滑に効率的に進める方法として注目され、進化してきた。

地域活動でも、ビジネスでも、往々にして声の大きい人の意見がいつの間にかまかり通り、小さな声が消されるのが、どこの国でも変わらぬ世の常である。一人ひとりの意見が尊重され、多様な意見が形成されるために、日本でも二〇〇〇年代になってから、ファシリテーション運動がボランティアの手によって導入された。

やがてファシリテーター一一人により、二〇〇三年に日本ファシリテーション協会（以下、FAJ）が「多様な人々が協働し合う自律分散型社会の発展を目指して」設立された。

その活動ルールは「司会はしない、結論を導かない、コンサルタント活動はしない」となかなか厳しい。地域活動にしろビジネスにしろ、参加したメンバー全員が話せる場を作り、相互の意見が理解され、最終目的が明確に共有されるまで、仲介役のファシリテーターはあくまでも黒子に徹する。なかでも最も厳しく律するのは「あくまでもボランティアで、それを職業にしない」とする会則の一文である。

話し合いは参加者の椅子の配列ひとつで違ってくると彼らは言う。会議主催者が中央に位置して参加者と向かい合っていては、会話は生まれない。ファシリテーターは話しやすいように椅子を丸く並べる、あるいは小グループに分けて討議し、その後報告会に移るなど、対話促進の方法論を幾つも持つ。そして何よりの特徴は、彼らが「板書《ばんしょ》」と呼ぶ技法にあった。ファシリテーターは会議の席上で出されたすべての発言を、対立する意見ごとに瞬時に分類し、大きな模造紙に書き分けていくのだ。自分の意見は無視されるのではないか、と発言しない人も、全部模造紙に書き込まれるとなると、いつしか発言をするようになる。そして意見が煮詰まった時、全員が模造紙を見つめなおし、今まで話し合ってきたことをすべて確認し合うと、決まって解決策が見つかるのだ。そのための「板書」は、何とも旧態依然として根気のいる作業だが、日本にファシリテーションという概念を定着させようとするＦＡＪにとって、それは基本中の基本の手法だ。

彼らの七つ道具は何十枚という丸めた模造紙と、ポストイットの束と、何色もの太字マーカーセットになる。ＦＡＪ設立以来八年、ファシリテーターを務める会員も一二〇〇人を超え、その活動分野も「医療福祉の増進」「社会教育の推進」「町作り推進」「観光振興」「地域安全対策」

「人権擁護推進」「男女共同参画」「消費者保護」「国際協力」など広範囲になった。

会員のファシリテーターは声がかかると、全国各地の会場に「自律分散型社会の発展」を目指して駆けつける。一〇〇人近くの役人、関連団体が集まる会場に、模造紙を手に乗り込むのだから、最初は参加者から「こいつらはいったい何者?」と決まって怪訝《けげん》な顔をされた。全員注視の中、壁に模造紙を貼り出し発言を促す。そしてその言葉を太文字マーカーで書き綴る。毎回一向に活性化しない議論と、結論の出ない会議に辟易していた会議主宰者の顔に、やがて安堵の笑みが浮かぶようになるにつれ、依頼主に内閣府や行政官庁、地方自治体が増えていった。

混沌とした状況でも、参加者の多様な意見が反映され、よりよい結論が導き出されることを生きがいに、ＦＡＪ一二〇〇人の会員はそのボランティア活動を展開してきた。存在が広く認知されるに従い、もっと公益的で社会的な活動に立ち向かえるようになりたいと願う会員も多くなった。現ＦＡＪフェローの鈴木まり子もその一人だった。

鈴木の父はまだ日本にボランティアという言葉もない時代から、地域活性化運動を進めてきた。一九六〇年生まれの鈴木は、自宅に集まってきた人々の真ん中で話す父の膝に抱えられて育った。父の温かみを感じながら、上手い進行役に促されれば「大人って、話し合う」存在と、小さな頃から学んだ。長じてコンサルタント業に就いた鈴木は、自分の話し合い促進技能を社会的に活かしたいと願いファシリテーターの道を選んだ。設立間もないＦＡＪに鈴木は入会した。

そして鈴木まり子は日本にファシリテーションの考え方を普及しながら、ファシリテーターとしての技量を磨いてきた。ＦＡＪをもっと社会的課題の解決に積極的に役立つ組織に育てたいと願う鈴木は、東日本大震災時にはＦＡＪ副会長の座にあった。各地での被害の甚大さを報道で目にすると同時に鈴木は、理事に向けてメールを発信した。

「これから長い復興の道が始まります。いろいろな対立や課題解決の話し合いが続くでしょう。その時、『ＦＡＪをどんどん使ってください』といえるだけの力を持った団体にしていかなければいけません。今は、メディアも人もこの震災に関心があります。でも、ＦＡＪは、メディアが取り上げなくなり、人々が関心を持たなくなっても支援を続けたいと思います。なくてはならないＦＡＪになるために」

三月二七日、緊急のＦＡＪ臨時理事会が開かれた。一堂に会する余裕もなく、理事会はテレビ会議となった。ＦＡＪ内に「災害復興支援室」を設置することが即刻決定され、鈴木の他にＦＡＪ理事長の徳田太郎と、被災地仙台の会員遠藤智栄《ちえ》が責任者として選ばれた。

未曾有の大災害を前に自分たちに果たして何ができるのか？まずは各県の被害の実情を確認した上で答えを出したかった。被災地の現場に赴くしかない。しかし、鈴木たちは躊躇した。

「こんな大変な時に求められてもないのに被災地に話を聞きに行っていいのだろうか？」

遠藤の体験では、避難所はペンや紙さえも不足し、避難民は連絡メモも書けないという。自分たちの七つ道具である模造紙、ポストイットと太字マーカーセットを会員の協力のもと急いで一五セット作った。四月七日、三人はその荷物を携えて被災地に入った。仙台を拠点に岩手、宮城、福島三県を回った。被災地と避難所の混乱を目の当たりにした。国、県からの指令が日々変わり、その対応に追われ問題が一向に解決しないところや、避難所での生活ルールが確立されず、避難民同士が一触即発状態のところがほとんどだった。そこに多くのボランティア団体が被災地入りした。支援という名の押し付けが氾濫し、被災現場はさらに混乱の度を増していた。どこに行っても、何が起こり、何が未解決で、何が不足し、どう混乱をきたしているのかさえ、誰も分からないのだ。鈴木たちは、持参したセットを支援者に届けながら、現地の状況を詳しく訊いて歩いた。

三人はさっそく避難所の壁に模造紙を貼った。避難民から不満を訊き出し、その声を太文字マーカーで板書した。避難民の意見を整理し、「この避難所にはこんなに多くの不満と解決すべき問題があります。ファシリテーションで、何らかのお手伝いをさせていただければ幸いです」と、板書した模造紙と協会パンフレットを置いて、被災地を次々に去った。

鈴木たちが初めて板書と進行の支援を依頼されたのは、津波被害が甚大な岩手県釜石市からだった。津波避難ビルで開催された岩手連携復興センターの設立総会に呼ばれた。椅子もなく全員立ったままの設立総会で、壁に模造紙を貼り、板書した。

次に、四月二八日、今後の釜石復興のあり方を建築家の伊藤豊雄など数多くの専門家、学識者と、市民が話し合う「第一回釜石市復興町作りワークショップ」に、板書の支援をして欲しいと要請があった。伊藤ら専門家の発言だけでなく、市民一人ひとりの発言を鈴木たちは模造紙に書き続けた。参加者の誰もが自由に意見を述べ終わると、その模造紙を貼り替え、並び替え、入れ替えた。やがて、復興町作りの形が、誰の目にも見えてきた。

「あの頃、この方法を知っていたら、神戸の復興はもっと違ったものになったかもしれない」

専門家の一人としてワークショップに招かれていた、阪神・淡路大震災の復興支援者がふともらした言葉を、鈴木は聞き逃さなかった。

参加者全員に発言を促し、そのすべてを残らず書き留めるには、大変な根気と集中力そして労力を要する。その日のワークショップを終えた鈴木には、彼が発した一言が何よりの労いとなった。同時にＦＡＪに「災害支援事業」が生まれたと、鈴木は確信した。

釜石でのＦＡＪの評判はすぐに被災地各地に広がり、やがて美加子の耳にも入ってきた。

美加子が「ＦＡＪに頼もうか」とだいこんやで言い出した時、須藤栄治が心配した。

「こんな陸の孤島の取り残された三人の集まりに、東京から支援にきてもらえっぺが？」

津波被害と福島原発事故で常磐線はいわき・仙台間が不通になったままだ。新幹線なら、仙台まで行って原ノ町までバスを乗り継ぐしかない。車なら福島原発周辺の大熊・富岡間の常磐高速道路が封鎖されているため、東北自動車道で二本松から川俣線を走ることになる。いずれにしても東京からは一〇時間近くをかけての原町入りとなる。まして鈴木の住まいは浜松だった。自宅を出て、原町に着くには、少なくとも一三時間を要した。

だが、鈴木まり子は災害復興支援室のメンバーと共に、美加子の家のドアを開けた。美加子からこれまでの毎日を詳しく聞き、目に見えない放射能に怯えて暮らす人々の、不安定な気持ちを初めて知った。マスコミや学者たちの間では、年間に浴びる外部被曝と、食べ物から摂取する内部被曝の総量で危険、安全が語られていた。しかし鈴木には、被災者の一人ひとりの心のうちに降り積もる、恐怖感と孤独感、さらに絶望感の総量を測り出すことが、重要に思えた。まずは三人の話し合いを、ＦＡＪが支援すると約束した。

そして一〇月四日、ＦＡＪ災害復興支援室のメンバーがだいこんやの壁に模造紙を貼り出し、「つながろう南相馬」の全員を驚かせた。まずメンバーは、この半年に起きたこと、感じたこと、やってきたことを、三人にお互いじっくりインタビューさせ合った。次に再び三人を集め、インタビューした人の内容を、訊き役が全員に紹介した。

これをＦＡＪでは他己《たこ》紹介という。これまでの自分の過去を客観的に振り返る効果がある。もちろん紹介内容はすべて模造紙に板書される。どこに問題があり、何を解決していけばいいのかを、分かりやすく導き出すには、テーマごとの内容を模造紙に大小の文字で、色別に書き分けて行くグラフィッカーと呼ばれる、板書役の瞬時の能力が重要になる。この日のグラフィッカーは支援室長の徳田太郎だった。

この半年、何度も顔を合わせて、お互いに分かり合っていたつもりの美加子、須藤、宮森の三人だったが、自分の意見や行動が、他の人によって語られ、その内容を徳田が素早く色分けして、模造紙のあちらこちらに書き込むと、自分の心の奥底が次第に明らかになってきて驚いた。やがて三人に共通の思いが浮かび上がってきた。

三人の焦燥感は、半年たっても、被災地南相馬の復興活動がひとつにまとまらず、それぞれ勝手気ままに展開されている弱さにあった。もっと多くの人の参加を望み、危機を共有する仲間と一緒に、復興活動に当たりたいと願いながら、一体化する術が分からず、苦しんでいた。そんな三人にメンバーは言った。

「南相馬で復興支援に立ち上がるいろいろな団体にまずは呼び掛け、集まってもらい、みんなで何をしたいか、何か一緒にできないかを話し合いませんか」

一〇月一四日、市民活動サポートセンターに「つながろう南相馬」の呼び掛けで、南相馬のさまざまな地区で、震災以来復興活動を展開してきた団体の代表が集まり「ファシリテーション講座」が開かれた。

「A&S福島、高橋慶」「お雑煮プロジェクト、水野誠人」「子どもと一緒の会、星野良美」「コミュニティカフェべんりだどー、戸田光司」「実践まちづくり、椀澤悟志」「TEAM ONE LOVE、酒井ほずみ」「つながろう南相馬、須藤栄治」「南相馬桜援隊、鴻巣将樹」「南相馬災害FM、今野聡」「花と希望を育てる会、高村美春」「福好再見、西野貴守」「福興浜団、新川雄彦」「フロンティア南相馬、池田征司」「負けねど飯舘、佐藤健太」「よつば保育園、近藤能之」の面々だった。

鈴木まり子はそれぞれを向かい合わせ七組のチームを作った。震災以来お互いがやってきた支援復興活動を相互にインタビューさせた。そして、それぞれの団体の活動を他己紹介させた。するとばらばらに活動してきた南相馬の各団体の全貌が浮かび上がり、参加者から思わず感嘆の声が上がった。そこで鈴木は新たにお互いを向かい合わせると言った。

「じゃ、それぞれの団体は震災以来の半年、なぜその活動をしてきたのか、どんな願い込めて続けてきたのか、お互いにインタビューし合いましょう」

突然降りかかった震災・福島原発事故をきっかけに、この町の復興に自分たちはなぜ立ちあがったのか?誰もが自らの行動原点を見つめなおすことなく、必死に走り続けていた。他人にその深層心理をインタビューされ、なぜ?と問われ、自分の思いを言葉にすることで、本人さえ気づかぬ行動原理が浮かび上がってきた。

どの団体も、行政から与えられる復興計画ではなく、南相馬市市民自らが参画し、作り出す復興を願っていた。

ならばこの半年、自分たちの復興活動に欠けていたものは何か?が話し合われた。

欠落していたのは、相互連絡と、最終目標を設定するための話し合いだった。一五団体はここに初めて鈴木まり子というファシリテーターを介してひとつにつながった。そして最終目標としてあるキーワードが、模造紙の板書から浮かび上がった。

「対話《ダイアログ》」

震災以来この町の復興活動を続ける一五団体は、対話を重ねながら、自分たちの理想とする町と暮らしを、市民自らが作り出したいと願っていたのだ。

「四、五年先は見えづらいかもしれません。まず半年後にみんなで何をしたいか?どうなっていたいか?を話し合ってみませんか」

鈴木の呼び掛けに、南相馬の一五団体はとことん対話を重ねた。その結果、半年後の来年(二〇一二年)二月に、市民文化会館「ゆめはっと」で、南相馬の市花、桜の五片の花びらにイメージを重ねて、「楽しむ」「つながる」「育む」「暮らす」「食べる」と五つのテーマで、復興に向けて市民の一人ひとりが何ができるかを対話する「南相馬ダイアログフェスティバル」の開催が決まった。誰か大物ゲストも呼ぼうということになった。美加子はさっそくアースガーデンの鈴木幸一に連絡を取った。加藤登紀子が喜んで参加してくれることになった。

対話の中からひとつの目標を見つけ出した南相馬の一五の復興団体は、ようやくひとつになって動き出した。まずは大きな目標ができ「つながろう南相馬」の三人に笑顔が戻った。

ファシリテーターは決して結論を導き出すための水先案内人ではない。FAJではそうなることを厳しく戒める。あくまでも会議体の話し合いがスムーズに運び、常に最終結論に向かって討議が効率よく行われるための介添え役にしか過ぎない。

そのために、彼らは、人と人とのわだかまりを解く「アイスブレイク」から始まり、会議の進め方の「オリエンテーション」「空間レイアウト」「グループサイズ」にこだわり、参加者の発言を「傾聴」し、「板書」し、話し合いの見える化のために「ファシリテーション・グラフィック」の技能向上に日々努めている。

よき介添え役、鈴木まり子を得て、「つながろう南相馬」は多くの人を巻き込み、動き出した。

一一月二四日、美加子の母・ヨシ子が八四歳で亡くなった。五月に避難先の福島市飯坂から戻ったヨシ子は、ようやく動脈瘤手術の決心をした。六月に手術準備のため、東北大学病院を訪れた。その際、何気なく「足が痛い」と言ったことで、避難先でのエコノミークラス症候群からくる静脈瘤が見つかり、即刻入院となった。七月に動脈瘤を手術。しかし、手術が成功した二週間後に今度は癌細胞が見つかった。以来抗癌剤治療を続けていたが、その甲斐もなく、保夫の死から七カ月後に夫のもとに旅立った。

父も母も清しき顔で身罷りぬわれも凛として生き尽くすべし

この半年近くで父・保夫、加藤哲夫、母・ヨシ子を立て続けに亡くした美加子はその悲しみを忘れるように、中小同友会相双地区会長に選出された折、会員たちに呼び掛けた南相馬市に提出する経済復興案の最後の仕上げに励んだ。

提言作りに当たった中小同友会相双地区の会員たち一人ひとりには、「危機にある今こそ、企業家の力が試されている」「ピンチはチャンス、前向きにとらえて挑戦したい」「歴史に学んで地域再生を」「中小企業家としてのプライドを持って地域の再生を」「仲間と共に時代をつなぐ役割を果たす」「南相馬市の未来の姿をみんなで描き、実現しよう」「私たちがこの地域の歴史を作って行く」という、強い思いがあった（福島県中小企業家中小同友会相双地区　東日本大震災記録「逆境に立ち向かう企業家たち」二〇一三年刊の各会員の震災記録表題より）。

復興案を作るにあたって、美加子たちは福島原発事故に巻き込まれた原町の歴史を、改めて学びなおすことから始めた。

それは一八三五年に起きた天明の大飢餓から生き延びた、自分たちのルーツである相馬中村藩の状況に似ていた。藩間移動が御法度の時代にあって、当時の藩主は幕府の目を盗んで、越中国（現富山県南砺市）の移民を受け入れたのだ。やがて双方の文化が溶け合うことで、浜通り独特の文化が生まれ、幕末期には外の藩から羨ましがられるほど豊かな地域に発展した。その史実が語るように、新たな才能と産業を大胆に受け入れることが、復興、発展には欠かせない要素だった。改めて自分たちの生まれた地を調べれば調べるほど、生き延びる術は自らのルーツにあった。誰からともなく声が上がった。

「相馬中村藩の生きた道を、もう一度生きよう。外の人たちを呼び込むんだ」

「放射能汚染で苦しむこんな町に来てくれる人がいっかなあ」

「若い人を期待するから駄目なんだ。働きたい団塊シニアはまだまだいっぺ。専門能力を持った彼らを呼び込むベンチャー企業を立ち上げたらいいんでねえのがな」

「しかし原発汚染のダーティーイメージを払しょくするにはもっと強いクリーンなイメージを増幅しないといけねえんじゃねえか」

「市の復興ビジョンでは再生可能エネルギー基地の建設が提唱されているが、自然エネルギーの不安定さを考えるとそれに代わるものが必要だ」

「五、六〇年前に最先端と言われた原子力と津波でやられた町だからこそ、復興のシンボルとしては、新たな現代の最先端基地になる必要がある。ロボットだけが走り回るＡＩの実験都市というのはどうだべ」

駒澤大学教授・吉田圭一に指導を受けながら、この町の復興のために、誰もが遠慮のない意見を真剣にぶつけ合った。やがてひとつの形が見えてきた。

一二月八日、美加子は南相馬市市役所に桜井勝延市長を訪ねた。中小同友会相双地区会長として、市の復興計画についての要望書を美加子は桜井に渡した。

表紙には「世界一のエコシティを建設して国内外から移住者と企業を募ろう」とあった。中小同友会にとって復興とは単に流出した住民の還流や、既存の会社の再生を意味するものではなかった。今までの浜通りにない新たな資本と人材の導入で、福島原発の汚染被害から学んだ新たな産業を生み出し、地域社会に貢献する必要があった。

短期的な要望として、除染問題、地元事業継続企業への補助金・特別融資・条件緩和などの支援の強化と低線量地区への帰還促進策を挙げた。そして中長期的な課題として、市民活力再生と移住者受け入れ推進策を提言した。その具体案として「医療や長年の経験を生かす場作りで快適な老後生活環境を整備し、他所からの定年退職移住者を積極的に受け入れ、市内外の元気なシニアの起業促進と支援で、ベテランズシティを建設する。放射線医療の研究機関、高等教育施設の誘致・各種開発研究機関の誘致のための工業団地などのインフラを整備し、自然エネルギー・天然ガスなどの先端クリーンエネルギーの開発・生産・設置で世界一のエコシティを実現し、移住者の確保を目指す」ことを提言した。

大学教授に指導を受けたとはいうものの、専門用語も、経済知識も不勉強のままに、一地方の中小企業家たちが集まって、わずか半年でまとめることができたことに誰もが満足した。そして、これが実行されれば、福島原発事故災害の町から日本は変えられると、提言作りに参加した会員の誰もが信じた。

そして北洋舎は戻ってきた一七人の従業員と、嬉しいことに二〇年以上前に働いていた三人が加わり、総員二〇人で一二月末に震災の年の決算を迎えた。二〇一一年度決算は売上高前年度比三〇パーセントダウンの約七〇〇〇万円となった。それでも何とか無事決算を終え、新しい年を迎えることができ美加子はほっとした。

もうすぐ震災一周年を迎えようとする二〇一二年二月一八・一九日の両日、市民文化会館「ゆめはっと」で「南相馬ダイアログフェスティバル、みんなで未来の対話をしよう」が開催された。須藤栄治が書いた参加呼び掛けに、そのフェスティバルの目的がよく出ていた。

「南相馬ダイアログとは、南相馬の未来への対話をする『場』。自分たちにできることを考える『場』。団体や市民同士がつながる『場』。新しい街作りを考える『場』。市民の声を発信する『場』。具体化していくきっかけの『場』です。

さまざまな問題を抱える南相馬ですが、私たち市民にできることもきっとあるはずです。いきなりでは何から始めてよいか分かりませんが、まずその第一歩は『会って顔を見て聞いて話す＝対話』ではないでしょうか？（以下略）」

賛同者の欄に鎌田實、FAJの鈴木まり子、アースガーデンの鈴木幸一の名があった。

二日間で延べ一五〇〇人もの来場者があった。みんな受け身の復興ではなく、市のために自分に何ができるかを考えていたのだ。五つの話し合いのテーマのもと、自分は南相馬のために何ができるか？何をしたいか？が小グループに分かれて話し合われた。

FAJから参加した鈴木まり子たちファシリテーターだけではとても模造紙の板書は間に合わなかった。鈴木が頼む前に美加子と宮森が立ち上がり、ファシリテーターとして参加者の意見を書き始めた。

宮森にとって、自分の中にファシリテーターとしての資質があると知ったのは新しい発見だった。こんがらかったさまざまな意見を板書し、分類し、整理し、並べ替えると、いつしか、「ストーン」と落ちる一瞬があった。その瞬間が宮森には何ともいえない快感になった。

半年前には考えられなかった二人の頼もしい成長の姿に、鈴木まり子は満足気だった。

お互いの話し合いからしか明日は生まれないと確信した人たちが、自らファシリテーターを買って出て、その手法が地域に広がれば、いつか日本は変わると鈴木は夢見た。

会場中央は、子どもたちが今一番知りたいことを記した「想いのツリー」で飾られた。

「いつになったらプールに入れますか？」

「三〇キロ以内に子どもがいていいの？」

「将来、子どもを産めますか？」

その質問のひとつひとつが、会場にいる大人たちも知りたいことだった。そして、誰も的確な回答を持ち得ないところに、福島原発事故の複雑さと難しさがあった。

子どもたちの不安を何とか解決したいという思いが「ダイアログフェスティバル」に集まった大人たちの願いでもあった。二日間熱心な対話が重ねられた。

「子どもを思い切り遊ばせたい」

「屋外は無理だとしても、まずは屋内でどこかないか？」

「どこの施設も避難民でいっぱいでとても遊び場など作れない」との声に、

「鹿島の万葉ふれあいセンターなら空くかもしれない」と行政の人が情報をくれた。「ならばまずは春休みに子どもたちの遊び場を屋内に作ってみよう」とみんなが勢いづいた。

対話から生まれたみんなの夢を実現するために、「みんな共和国」が結成され「ダイアログフェスティバル」は終わりを迎えた。二日間の成果を祝うように加藤登紀子が「一〇〇万本の薔薇」を歌い、聴衆に語り掛けた。

「自分たちの力で明日を切り開き、ここから新しい時代を作っていこうとする南相馬の人々は何とカッコいいのでしょう。カッコいい南相馬をたくさんぜひ発信していただいて、東京からどんどん人を呼びましょう」


若者ら歌え踊れよ三月の美空のもとにいのちあふれよ

三月二五日、対話から実現した「みんな共和国」の「屋内遊び場」が鹿島、万葉ふれあいセンターにオープンした。ホールの真ん中にフレスコキクチから提供してもらった段ボールが堆《うずたか》く積み上げられただけのスタートだった。企画した若者たちは、果たして人が来るのだろうかと心配した。すべてが手作りで、まず遊び場を作ることが遊びとなった。材料は中小同友会の会員やDIY店が快く提供してくれた。子どもだけでも来られるようにと、観光バス会社二社がボランティアで毎日、原町から鹿島にシャトルバスを運行してくれた。

子どもたちはあふれるエネルギーを存分にふりまき走り回った。高校生たちは「じゅうだい国会」で、自分たちの未来の社会を真剣に議論した。「カフェウェンディ」では若い母親たちが赤ちゃんを抱いて頭を寄せ合い語り合った。「茶処じぃばあ」では高齢者たちがゆっくりとお茶を飲みながらしゃべり合った。「おとな大学」では汚染対策と食の安全を学んだ。企画をした若者たちの当初の不安を裏切り、春休みが終わる四月八日までに連日延べ三四〇〇人を超える子どもと、子どもの心を持つ大人が集まった。

美加子の「南相馬からの便り」第七信も高揚感あふれるものとなった。

「堆く積まれた段ボールの山から家が生まれ、道が生まれ、お店が生まれ、銀行が生まれ、とうとう地域通貨までが生まれました。子どもたちは『暮らし』を思い切り楽しみ、大人たちは子どもたちのあふれる笑顔から生きるエネルギーをもらっていました。一年間失われていた『普通の暮らし』が再現されたのです。私たちが望んでいた『普通の暮らし』とは『子どもの笑顔があふれる日常』であり、これから取り戻そうとしているのは、『経済とは人間を幸福にするために存在するもの』という当たり前の価値観の日常なのです。みんな共和国は図らずもそのことを私たちに気付かせてくれました。

南相馬は未来に向かって動き出しています。私たちは放射能と果敢に向き合い、ここで新しい町、新しい暮らしを作り上げるチャレンジを続けていきます」

「みんな共和国」の次なる挑戦は、「子どもたちの屋外遊び場」となった。

ただ「緊急時避難準備区域」の指定が解除されたといっても、一向に除染は進まず、子どもたちの通学通園はバスか自動車に限られ、体育の屋外授業は行われていない。外で子どもを遊ばせていると、親が周囲から後ろ指をさされ、苦情を受けるのが実情だ。そんな環境下で、果たして「屋外遊び場」など作れるのか?それはなかなか困難な試みだった。だがそれが実現できれば市行政と一体となった市民参加型の復興事業の象徴となる。市に相談すると、まず除染が終わった高見公園を勧められた。

ここには昔、一九二〇年建設の東洋一を誇る高さ二〇〇メートルの原町無線塔があった。関東大震災の第一報をアメリカに打電するなど、それは「ラジオの時代」の象徴でもあった。一九八二年に老朽化により解体されるまで、かつての原町市民の間には長きにわたり、日本の最先端通信基地に住むという矜持があった。解体後は何もないだだっぴろい空き地として放置されてきたが、震災をきっかけに、再度の災害に備えて、防災公園としていち早く除染作業が完了していた。原町の歴史遺産でもある地に、子どもたちの遊び場ができれば、南相馬ダイアログフェスティバルで「想いのツリー」に「すなあそびができるようになりますか?」「ほうしゃせん気にしないで外で遊べるのはいつですか?」と書いた子どもたちの思いに、大人が知恵を寄せ合い、答えを出したことになる。そのためには誰からも苦情や批判を受けないよう、安全性の徹底的追求が必要となった。対話から誕生した「みんな共和国」はその方法論をとことん話し合った。

議論はやがて、「親の責任で屋外遊び場に参加する」という全員の合意に「ストーン」と落ち、「屋外遊び場作り」は動き出した。

七月初めから広報紙で参加を呼び掛け、集まった人たちで公園の隅々を除草、掃除し、放射線量の測定を繰り返した。幸いその数値は最低値を示し続け、安全性は確保された。その線量結果を市の広報紙に載せてもらい全世帯に告知した。同時に教育委員会を通じて、保育園、幼稚園、小学校の児童全員に「外遊びをしてみよう」と呼び掛けた。外で遊んではいけないと教えられてきた子どもたちの間に歓声が起こった。その声を励みに美加子は中小同友会会員の会社にテントや遊具、木工材料の寄付や貸し出しを募った。多くの会社から協力が寄せられた。

夏の電力ピーク期を迎え、野田佳彦総理、枝野幸男経済産業大臣、細野豪志原発事故担当大臣の間で協議が重ねられ、「関西電力の供給力を上積みしても管内は厳しい電力不足に直面しており、大飯《おおい》原発の再稼働が必要」との結論に達した。福井県知事・西川一誠が大飯原発の再稼働を容認し、一年二カ月の間原発ゼロできた日本は、二〇一二年七月三日に再び原発国家となった。

八月一日、「みんな共和国」は、夏休みの子どもたちのために簡易プールを中心とした屋外遊び場をオープンした。

最初の一週間の参加者は、予想よりずっと少なかった。国の屋内退避指示が解けて一年以上といえど除染が進まぬ現状にあって、市民の躊躇としばらくの様子見は仕方がなかった。しかし、屋外に遊び場を開いたことに対して、苦情は一件もこなかった。そして日を追うごとに参加者は増え続けた。

子どもたちの歓声に励まされるようにして、ブランコ、滑り台、ジャンプ台、ウォータースライダー、つり橋を参加者みんなで作った。毎日が大人と子どもが入り乱れての「みんなの遊び場」建設の日々となった。日を重ねるごとに県内外からも注目され、ボランティアや大学生の参加も増えた。アートや高校化学部のワークショップも開かれた。夏休みが終わる最終日の二六日には、三〇〇人の参加者の歓声が高見公園を満たした。

八月二八日「みんな共和国」に参加した誰もが満足しながら撤収作業に入った。いつの間にか後片づけを手伝う人たちの間から、「これからも高見公園を原町復興のシンボルの場にしよう」との声が起きた。

必要なのは子どもから高齢者まで集まれる、生活に根ざした「みんなの市民公園」だった。その夜、美加子は「南相馬からの便り」第八信を高揚感を持って書いた。

「八月一日から開いていた屋外遊び場が、夏休み最終日の二六日無事終了しました。（略）会場となった高見公園が、関東大震災の第一報をアメリカに伝えた高さ約二〇〇メートルのコンクリートの無線塔の跡地であることにちなんで、ペットボトルを集めて縮尺五〇分の一のミニ無線塔作りにも挑戦しました。完成したのは二五日の夜、色とりどりの蛍光リングで飾ったガラスのような塔が懐中電灯に照らし出されると『ウワァーッ！』というため息とも歓声ともつかない声が上がり一体感に包まれました。みんなが結集するとすごいことができるということを実感した瞬間でした」

そのペットボトルの光の塔を見ながら、須藤栄治の中にはいつしか広大な構想が生まれた。だがその日の美加子はまだそれを知らずに「南相馬からの便り」第八信を続けた。

「既存の、力による経済システムに本能的に息苦しさを感じている若者や大人たちが集い、新しい町を作り出してゆく、南相馬がそんな場所になることを夢見ています。しかし、早くも外側では原発再稼働が容認されてしまいました。『善人の沈黙』が日本を駄目にしようとしています。

（略）脱受身です。革命は静かに始まっています。あなたも、自分革命に参加しませんか？南相馬はあなたを待っています」

九月、新生高見公園プロジェクトはさっそく動き出した。夏に作った仮設遊具を本格化する計画がネスレの目に留まった。支援の申し出があり、受けることになった。子どもの遊具に加え、大人も楽しめるユニークなストレッチ遊具も配置され、何もなかったただの平地が、秋には瞬く間に、みんなの高見公園に生まれ変わった。

一〇月二一日、オープニングイベントが開催された。ヨガ教室やライブコンサート、ポニーの乗馬体験やミニ豚の触れ合いなど楽しいイベントで、朝から詰めかけた人々の数は老若男女一〇〇〇人を超えた。爽やかな秋晴れの中、みんなが主役のコンセプトにふさわしく、参加者全員でテープカットをした。鋏を入れる一人に、ダイアログフェスティバル以降も毎月開催される対話集会に、ファシリテーターとしてではなく、外部からの一般参加者として見守り役に徹する鈴木まり子の姿があった。

テープカット後の総会で、来年度は全国にクラウドファンディングを呼び掛け、工事費一三〇〇万円をかけて本格的な「じゃぶじゃぶ池」を高見公園内に開設することが決まった。

一二月三日、南相馬市に住む詩人若松丈太郎の詩集『福島核災棄民』が発売された。美加子は初めて「核災」という言葉を知った。あとがきにこうあった。

「わたしは原発を〈核発電〉、原発事故を〈核災〉と言うことにしている。その理由は、おなじ核エネルギーなのにあたかも別物であるかのように〈原子力発電〉と称して人々を偽っていることをあきらかにするため、〈核発電〉という表現をもちいて、〈核爆弾〉と〈核発電〉とは同根のものであると意識するためである」

まさに若松の言う通り、この事故は核災だった。

核災のままに時のみ移りゆき元旦の朝つつしみて座す

震災から二年、二〇一三年三月一〇日、美加子の姿は東京日比谷公園の屋外特設ステージにあった。会場の音響電源をすべて太陽光で賄おうと、舞台の周りにはずらりと太陽光パネルが張り巡らされ、舞台には「史上最大の太陽光発電ステージ大作戦」の横断幕があった。加藤哲夫の遺志を継いだアースガーデンの鈴木幸一は、前年から震災当日にピースオンアース・ステージを開催していた。加藤登紀子の歌が終わると、加藤に呼び出された美加子はステージに立った。加藤に訊かれるままに、南相馬の置かれた現状を、太陽光で起こした電源マイクを通じて話すと、最後に聴衆に向かって美加子は呼び掛けた。

「それぞれの暮らしの場所で、原発に左右されない新しい生き方を見つけ出す行動を始めようではありませんか」

六月一四日、美加子の姿は、帝国ホテル大阪の講演会ホールで開催された「第一六回女性経営者全国交流会ｉｎ大阪」にあった。早くから大会実行委員長の西村佳津子に特別講演を頼まれていた。美加子は長い間の準備を経てこの日を迎えた。

西村からは講演時間八〇分の完全原稿を求められた。突然我が身と北洋舎に降りかかってきた震災からの毎日。天啓に導かれるまま無我夢中で生きてきた感が美加子にはあった。ならばあの日からの二年間を、記録としてちゃんと残すには良い機会と決断して、美加子は講演原稿と映像をまとめ上げることにした。

会場には全国の女性経営者八〇〇人が一堂に集まるという。講演会冒頭で多くの女性たちの心をつかむには、どうしたらいいだろう。どんな言葉が一番伝わるだろう。

作ってきた自作の短歌を書き並べてみた。しかし、浜通りの自分たちが突然受けた心の動揺も、戸惑いも、生きる希求も伝わらないように思えた。何か心を揺さぶる言葉はないだろうか？

そして思いついた。北洋舎を一緒にやってきた専務でもある妹・菅野幾代の詩にしようと。その詩を書き上げた妹から「これ読んで」と差し出された時、一読して胸を衝かれた記憶があった。そうだ、あの詩が私たちの今の気持ちだ。ここから入ろう。講演では父が興《おこ》した北洋舎七〇年の歴史紹介もある。一緒にやってきた妹の記念にもふさわしいに違いない。

でも、その気持ちを全国の女性経営者に実感してもらうには言葉だけでは伝わらない。被災地の映像が必要だった。郡山の制作会社アディカの堀内孝勇に頼んだ。彼は原町を中心に当時の写真を集められるだけ集め、何度も被災現場に足を運んで写真を撮り、新聞やテレビで伝えられた映像とは違う、南相馬の人々が見た、災害の実像と日常を綴ってくれた。

帝国ホテル大阪での特別講演、「子どもたちを安心して育てられる町に　地域再生は私たちの手で」の冒頭映像のナレーションは、高橋美加子の声で、妹の詩「震災日記」七編を直接朗読することから始まった。

「震災日記（五）

心の中をのぞいてみる

東電は失ったものを請求してくれという

失ったものとは何なのか？

失ったものは、すべてお金に換算しなければならぬという

計算できぬもの、決して計算したくないもの

生き残った人間への何という残酷。

生きる為、人はかけがえの無いものに、一つ一つ値段をつける

そして、代価は数字となって通帳に振り込まれ

すべてが終わったことになる。

しかし、本当は心の中で、ずっとずっと失ったものの価値を問い続けている。

失ったものは何なのか？

なぜ失ったのか

取り戻したいものは何なのか？

どうやって取り戻せばいいのか？」

会場中の隅々で忍び泣く声が上がっていた。

福島原発の水素爆発写真。上空に広がるきのこ雲。会場のほとんどの人たちが見たこともない、

我が身を細くして入る内部被曝検査器。放射能線量測定器。放射能表面測定器。除染作業員の姿。応急仮設住宅とそこに暮らす人々の姿が次々とつなぎ合わせられた。そして最後に津波ですべてが流された原町萱浜の真っ平らな風景に、天を焦がして真っ赤な太陽が立ち上がる映像に、妹・幾代の「震災日記」（七）の最終行が重ねられた。

その言葉を、美加子は壇上で、自らも声を震わせて読んだ。

「人間がしてしまったことは、まだ何も終わっていない。

この世に生きる束の間の一瞬

海のように、山のように、

私も出来る限りのことをして、浄化の時に身をゆだねよう」

特別講演が始まって七分がたった。会場中の女性の心を、美加子は早くもつかんだようだった。誰もが初めて知る南相馬の置かれた立場と惨状に、深く関心を抱いてくれたことが、美加子には手に取るように分かった。美加子は北洋舎七〇年の歴史を手短に話し、福島原発事故で多くの人が立ち去る中、残った人々のために、地域社会の中小企業家として、地道に取り組んだひとつひとつの事例を、具体的に挙げながら言った。

「中小同友会員が中小企業家という意識を持って地域で行動を始めた時、経済システムが変わり、社会が変わると思います。その最先端は生活に密着した感覚を持つ私たち女性経営者ではないでしょうか。子どもの教育、食育、介護、福祉、文化……どれをとっても、人間としての生きる原点です。すでに女性の感覚がたくさんの新しい経済価値を生み出しています。原発に頼らない、命を基準にした経済社会を作るという感覚に一番近い位置にいるのが私たち女性経営者です」

そして美加子はこの二年、さまざまな活動をしながらつくづく感じてきた自分の気持ちを素直に吐露した。

「未来を作るのは大人の仕事です。自分が暮らす日本という国を、他人事のように批判していませんか？親の言葉を一番ストレートに信じるのは子どもです。私は、この二年間の経験から、大人の無自覚な言動が、将来、自分の国に誇りを持てない、それればかりか敵意を持つ若者を作り出すことになるという危機感をつのらせています。未来というのは遠い先のことではなく明日です。一日一日のことです」

あっという間に終わりの時間が近づいた。この間、聴衆の多くが咳《しわぶ》きひとつ立てることなく、美加子の話に聞き入ってくれたことに感謝しながら、最後に美加子は静かに語りかけた。

「『女性の力で地域をつなぎ、明日を作る』という今回のメインテーマが、まさに福島の未来、世界の未来を作ることになります。この原発事故を他人事にしないで、自分に置き換え、それぞれの会社や地域で原発に左右されない新しい経済活動を見つけ出すきっかけにしていただきたいと願っています。まず一歩、行動してください。子どもたちの明日、みんなのために」

美加子が話し終えると、会場中から大きな拍手が沸き起こった。やがて聴衆の一人の女性経営者が立ち上がって拍手しだした。するとそれにつられて、次々と参加者が立ち上がり拍手した。欧米でいう「スタンディングオベーション」とは、まさにこのことだなと美加子は思いながら、いつまでも鳴りやまぬ拍手の音を聞き続けた。震災の日以来二年間強にわたる美加子の労苦が報われた一瞬だった。壇上を降りると、この二年間、ともに講演原稿作りをし、美加子を叱咤激励《しったげきれい》してきた、大会実行委員長の西村佳津子と副委員長の楠本広子が同時に手を差し伸べてきた。美加子は心からの感謝の気持ちを込めながら、二人に言った。

「ありがとうございます。あの時、あなた方お二人にこんな大役を頼まれなければ、震災以来の混乱の日々を自分でも整理することは、とてもできませんでした」

そう言いながら美加子は、この講演の話を受けることになった日のことを、まざまざと思い出していた。

震災初年度、初めて持たれた中小同友会相双地区総会で、美加子が地区会長に選出されてすぐのことだ。国会の陳情、会員の安否確認と忙しい毎日の中、静岡で女性経営者全国交流会があった。東日本大震災で被災した岩手・宮城・福島三県の中小同友会の女性会員が招かれ、美加子も相双地区会長としてあいさつに立った。

美加子は、相双地区の会員が突然窮地に立たされた震災以来の三カ月の日々を、女性の視点から訴えると最後に言った。

「でも今回の震災で、いろいろと良いこともありました。家族が力を合わせて一生懸命に生きて行く絆ができました。従業員さんと本当に心からつながって会社を再建しようという輪が実感できました。いろいろな絆をこの中小同友会で広げて、日本全国で一体となって震災を乗り切っていきたいと思います」

あいさつを終え壇上から降りると、興奮した表情の二人が美加子のもとに駆け寄った。

「高橋さんの話に感激しました。もっともっとみんなに聞いてもらいたいです」

「再来年は私たち大阪中小同友会が女性経営者全国交流会の幹事となります。そこで高橋さんの特別講演をお願いします。私たちは経営者である前に、母親です。母として経営者として命の前で何ができるかを、ぜひ話してください」

差し出された名刺には、「株式会社ロッコー　西村佳津子」「楠本書院　楠本広子」とあった。

二人の熱心な思いに耳を傾けるうち、美加子は今回の福島原発事故で感じたことを女性経営者の視点で真っ直ぐ伝えたいという思いが強くなり、二人の申し出にうなずいたのだ。

あの日、二人が自分の話に注目してくれていなければ、この「スタンディングオベーション」の感激は味わえなかっただろう。

以来、美加子は求められると、講演会ビデオを携えて、妹・幾代の「震災日記」を読みながら、福岡から北海道まで一〇カ所以上の会場で、毎年講演をし続けた。年月と共に風化し、南相馬が忘れ去られることが一番怖かった。美加子は、全国の会場で最後に静かに語り掛けた。

「南相馬はまだ復興しておりません。どうか忘れないでください。これからも私たちに支援をお願いします。震災は終わっていないのです」


朝ごとに新しき光生まれくる美し地球のわれら一粒

七月二〇日、ついに高見公園に「じゃぶじゃぶ池」が完成した。三メートルの大噴水と小さな子どもたちも遊べる一メートルの小噴水を備える、直径一七メートル、長さ二五メートルの大池だ。建設費用二〇〇〇万円はすべて核災の町の市民と、それを支援する全国の人々の寄付で賄われた。

美加子の「南相馬からの便り」第九信もその報告から始まった。

「今年は、高見公園に、小さな子どもが安心して水遊びができる『じゃぶじゃぶ池』ができ、地元にいる子どもたちばかりでなく、久々にふるさとに戻ってきた子どもたちと家族の交流の場ともなり、心のオアシスとしてたくさんの笑顔と喜びを生み出しました。このように、南相馬では内外の区別なく、地域に投げ込まれた『個人の想い』という小さな志が大きな波紋となって地元の人々を揺り動かし、ゆるやかな、でも、大きなうねりを作りだしています」

美加子は「じゃぶじゃぶ池」にあがる子どもたちの歓声を思い返しながら書き続けた。

「希望の象徴は子どもです。私たちは、絶望の中からも希望が生まれて来るということを身を持って知りました。もしかしたらこの地は『核の時代を生き抜く希望を紡ぎだす』という大きな使命を与えられたのかもしれないと思うようになりました。絶望の底に希望が隠れていることを知った今は、恐れずに絶望に目を凝らし、真実を見ようとすることができるようになりました。南相馬ではそれを踏まえて新しいチャレンジをしようという志を持つ人たちが行動を始めています。（略）未来を見据えて、まず一歩、自分の足元から未来につながる行動を始めませんか」

美加子自身にとって、自分の足元からのまず一歩は、何よりも北洋舎の改革だった。

福島原発から三〇キロ圏内に住む経営者として、社員のために核災対策を怠ってきたことを悔やんだ。震災二年目の北洋舎は非常食の社内備蓄、放射能の勉強会で社員の不安を取り除くことに励んだ。そして中小企業家として中小同友会のスローガンを唱え直した。「よい会社をめざす」「よい経営者になろう」と必死にやってきたが、「よい経営環境をめざす」がおざなりだったことに気付いた。このスローガンの眼目は末語にあったのだ。

二〇一三年、美加子は社員が快適に働ける環境作りに挑んだ。低かった工場の天井をメッシュ張りに改装し、アイロンプレス機が発する熱を、強制的に屋外に排熱できるようにして、クリーニング業界で避けられない、夏の過酷な労働環境の改善に取り組んだ。

二〇一四年には、本社二階の上にある日当たりの悪い屋根裏部屋を外し、天井の高い吹き抜けの改装工事に着手した。ログ材の使用でゆったり感を演出した休憩室、誰もが遠慮なく発言できる雰囲気を促す広く明るい会議室、そして仕事に集中できる落ち着いた事務室を配し、新装された社長室には、「努力」の揮毫が入る薄くなった父・保夫の洗濯板を掲げた。

改装資金一二〇〇万円は、核災から三年目にようやく支払われた東電の賠償金で賄った。

北洋舎では美加子が社長になって以来、兵庫県尼崎市でクリーニング関連の会社を経営する山田聡一にコンサルタントを依頼してきていた。阪神・淡路大震災以降の中小企業の経営実態をよく知る山田は、賠償金が下りると聞くと、すかさずアドバイスした。

「会計上、賠償金は雑収入とみなされ、使い切れなければ利益となり、税の対象となる。それを嫌って節税のために、当時の神戸では工場建設や店舗拡大を図った中小企業がいっぱいあった。

でも、残念ながら災害で縮小した市場規模はすぐに戻るものじゃない。大震災後、会社を大きくして倒産の憂き目にあってきた例を私は神戸でたくさん見てきた。今は規模拡大よりも、まずその賠償金で内部充実を図るべきだ」

冷静な山田の意見に従い、美加子は東電からの賠償金で、保夫の時代の役員債務を引き継いだ妹たちへ債務を返済し、社内の備品をすべて新しくし、二期にわたり本社改装工事を行い、管理職のベースアップを実施し、社員全員にボーナスを支給し、残額に対しきっちり税金を払った。

核災で大きなダメージを受けた経営者高橋美加子は、事故を起こした当事者、東京電力からの賠償金で「よい経営環境をめざす」ことで、北洋舎と社員一人ひとりの未来の扉を開いた。

実際、ふたつの大きな改築工事を終え、快適な職場環境が実現すると、社員たちの気持ちも表情も明るくなった。会社に対する信頼感の深まりと共に、社員の間に仕事への積極的な参画意識が芽生えた。今までは何事にも美加子の顔色をうかがっていたのに、まず社員自らが判断し、やるようになった。その変化が美加子には何ものにも代えがたくありがたかった。

彼らの意識をもっと高めていけば、北洋舎は経営者のものではなく、社員一人ひとりのものになるに違いない。鈴木まり子に幹部社員の研修を引き受けてくれるよう美加子は頼んだ。鈴木はすかさず言った。

「私は講師はしない。あくまでも引き受けるのはファシリテーター。会社をどうするかを考えるのは、幹部社員たちで、私はそのための考える道筋と話しやすい環境を作り出すだけよ」

うなずく美加子に鈴木はさらに付け加えた。

「私の研修を受けて自分の道を見つけ、会社を辞める人がでてくるかもしれない。それでもいい？」

過去にそのような例があったのだという。美加子はすかさず応じた。

「自分の道を見つけて辞めていくのなら本望よ。みんなにはそのくらいになって欲しい」

「じゃぶじゃぶ池」完成後も、「みんな共和国」や「つながろう南相馬」の一支援者として原町通いをしていた鈴木の日程に、北洋舎の幹部社員たちとの定期的な「話し合い」が組まれるようになった。

北洋舎の脅威となり続けた二大クリーニングチェーンは、震災以来この地域から撤退し、もう震災から三年が経つのに一向に営業を再開する様子はない。北洋舎には、ようやく操業再開にこぎつけた地元工場から、こちらから営業もしていないのに、作業衣のクリーニング依頼が持ち込まれた。クリーニング屋として、品質だけを武器に商売ができる快適さを美加子は味わった。震災前には大量処理、スピードと効率、低価格に価値がおかれ、クリーニング業の本質である品質がなおざりにされた。その品質だけにこだわって会社を運営できる喜びと、この地域で誰も攻めてこないという安堵感は何ものにも代えがたかった。

震災前から出店していたフレスコキクチの各店の再開と共に、北洋舎のテナント店も再開した。震災前は、出店先の営業時間の朝一〇時から夜九時にあわせて、夜は八時まで店舗を開け続けることが当たり前だった。しかし、社員のやりくり、労働時間の調整で、とても夜八時までの営業はできなかった。だから再開後は出店先が営業中にもかかわらず、夜の七時で閉店した。出店先の休業日とは別に、社員のローテーションで店舗を閉めた。だが、出店先からもお客さまからも苦情がくることはなかった。社員を守るために、自社の都合と方針で自由に営業ができる環境は、経営者にとって何よりもありがたかった。

子どもを持つ社員の多くは、歩いての集団登校がまだ許されないため、学校バスの時刻に合わせて、児童の対応に当たらなくてはならない。社員たちは自主的に持ち場をやりくりして、子どもの送迎に合わせてシフトを組んだ。そして復興住宅ができたと聞くと、手描きチラシとポイントカードを作って、新規顧客開拓に乗り出した。何よりも社員一人ひとりの表情に笑顔が戻った。増えるクリーニング依頼に、社員の増員を決めれば、その採用に当たっては幹部社員が自分たちで面接試験をして必要な人材を見つけ出した。

二〇一七年秋にようやく働き方改革法案が上程され、就業スタイルの変革を真剣に検討しだした日本にあって、核災の被害地の中小企業が、その生き残りをかけて、国より三年も早く、自ら働き方改革に取り組んだ事実を、経営者高橋美加子は誇りとした。

何より変わったのは美加子自身だった。震災前は父の興した北洋舎を潰してはいけない、すべてのことにかかわらなければと、目を吊り上げ、おそらく周りから見ると鬼の形相で、何事も一人で判断し続けてきた。それが今では多くの判断は幹部たち三人の結論がそろうまで待てるようになった。現場はすべて任せて、銀行との資金のやりくりだけに徹すればいい環境ができた。その間は安心して地域活動、ボランティア活動に身を入れた。福島原発事故は美加子にとっても、北洋舎にとっても、大きな価値の変換をもたらしたのだ。

二〇一五年四月、二期四年務めた中小同友会相双地区会長の座を、相馬ガスの渋佐克之社長にバトンタッチし、福島原発事故の重圧から、美加子は少し解放されることになった。

就任当初は、人っ子一人いないこの町で、会員各社は果たして事業再興などできるものかと心配した。しかし地域の存続は地元中小企業が生き残って初めて可能になると信じ、何とかその大任を果たし終えた。

その裏には、前任地区会長であり、北洋舎もテナントとして出店させてもらうフレスコキクチの菊地逸夫社長の全面的な支援があった。

全国展開のスーパーが撤退する中、いち早く旗艦店を再開し、閉鎖した各店舗前から買い物バスを走らせたのも菊地だ。地元住民のために、地域企業が果たすべきことは何かをまず考える、菊地のその姿勢には学ぶべきものがたくさんあった。

菊地の支援なしに、地区会長を務めることはできなかった。事故以来一番大変な時期を会員会社一社の倒産もなく、何とか乗り切れたことに安堵した。これからは、この四年間の貴重な体験を活かし、渋佐会長の全面支援に回るのが、美加子の役目だった。

公的施設の除染をようやく終えた南相馬市は、一般家屋一軒一軒の除染作業に取り組み始めた。家屋外壁と屋根瓦を洗い、土の表面二〇センチまでをすべて削り取り、新しい土に入れ替える作業だ。その残土の破棄は環境省によって禁じられた。三〇年後に県外に持ち出すことを同省は約束したが、長時間福島県内に留め置かれることになった。一般家庭での除染作業が本格化するに従い、捨て場を失った除染土は、フレコンバッグと呼ばれる、巨大な黒いビニール袋に収められて、町のあちこちの空き地に野ざらしで山積みされた。

粛々と除染は続く二十キロ圏フレコンバッグの山を連ねて

だが救いもあった。二〇一五年一二月年度末決算で北洋舎は、従業員二三人で、年商一億二七〇〇万円と初めて震災前の売り上げを超えることができた。

そのささやかな成果を祝うように晴れがましい知らせが美加子のもとに舞い込んだのは、二〇一六年が明けてすぐのことだった。

二〇一五年度エイボン女性年度賞「復興支援賞」受賞の知らせだった。

女性年度賞は、女性の社会的活躍を応援するエイボン・プロダクツ株式会社（現エフエムジー&ミッション株式会社）が一九七九年以来、その年最も活躍したと認める女性に贈ってきた賞で、二〇一三年から二〇一五年までは被災地で復興に向けて活躍する女性に贈る、「復興支援賞」が設けられていた。美加子はその五人目の受賞者に選ばれたのだ。

震災以来、地元のために、従業員のためにとの思いだけで、必死に生きてきた美加子だった。にもかかわらず、そのささやかな日常を、確かに見届けていてくれた人がいた。それが殊の外嬉しく、美加子は二〇一六年一月二六日、パークハイアット東京での授賞式に、今まで苦労を共にしてきた妹二人を招待し、喜んで参列した。

ひとつの役割を終えた須藤栄治、宮森佑治の「つながろう南相馬」から離れ、美加子は新たに三月から「まなびあい南相馬」を東京農工大学名誉教授・中村俊と共に立ち上げた。茨城県つくば市で徳田太郎が主宰する「つくば市民大学」の「参加と協働のための学びあい」事例を学びながら、南相馬の未来に向けて、市民による行動を起こそうというものだ。そのきっかけ作りとして「自分自身を見つめ直す心のセルフケア支援プロジェクト」を進める。「地域に役立つファシリテーション実践講座」「こころとこころをつなぐコミュニケーションワークショップ」「二宮尊徳の天命を知るワークショップ」とその活動はなかなかユニークで多彩だ。それはこの南相馬で生きる子どもたちの未来を作るのは、大人の仕事だと信じるからだ。もちろん鈴木まり子もその重要なメンバーで、あいかわらず熱心に浜松から遠路南相馬まで通ってファシリテーターを務めている。

一方、須藤栄治は、福島原発の汚染状況の被害により顕著になった、小高、原町、鹿島の住民間の感情的亀裂を長い間憂い続けてきた。三区の人々が南相馬市市民として一体感を抱ける精神性が欲しいと願った。彼の思考の根源には、いつも人間の精神性の追求があった。

須藤は自分の住む故郷をもう一度くまなく調べなおすところから始めた。相馬藩の藩紋は、中心円の周りを八つの小円が囲む九曜紋と呼ばれる。須藤はこの紋様を手掛かりに南相馬市内を画像検索した。すると九曜紋を掲げる神社仏閣が旧相馬藩領内に何と一五〇カ所以上あることが分かった。この三区は相馬野馬追だけでなく、昔から相馬藩の精神性でしっかりとつながる地だったた。ならばその子孫はつながることができるはずだ。須藤は二〇一六年から、市内一五〇の神社仏閣訪ね歩きを企画し、一九年からはスタンプラリーも始め、三区の町と人をつないできた。

同時に須藤は、三区をひとつにする震災復興の精神的シンボルを創出したいと願った。

かつてこの町の人々は高さ二〇〇メートルの原町無線塔を自慢し、日本の最先端通信基地に住む矜持があった。その誇りを知る三区の高齢者たちにも、そして震災後新たにこの町を生きる若い世代も、ひとつになれるような心の象徴が欲しかった。「みんな共和国」で高見公園に屋外遊び場を作った夏休みの最終日、ペットボトルを集めて縮尺五〇分の一のミニ無線塔を点灯し、みんなで歓声を上げたあの興奮を再現したいと願った。二〇〇メートル上空まで一本のサーチライトを点す機材があると知った須藤は、震災から六年の二〇一七年三月一〇日から市内三地区五カ所でその光を上げた。震災記念日当日は、高見公園にその光を集めて、五灯の光をひとつに収束する「南相馬光のモニュメント」を開催した。

光のモニュメント、九曜紋スタンプラリーとも、そのデザインと広報には、もちろんアーティ ジャングルのファッションデザイナー宮森佑治が当たってきた。

市内三地区を前日照らした五灯の光が、高見公園に集められ、ひとつになって、現代にふさわしい無線塔を夜空に描き出すと、人々の間から歓声が沸き起こった。

同じく二〇一七年の春に、福島県中小企業家同友会は福島大学経済経営学類教授・西川和明の協力を得て前年度に調査した福島県下の一八五三社の会員のうち、アンケートに回答があった九〇四社の結果を『逆境を乗り越える福島の中小企業家たちの軌跡』として一冊の本にした。

アンケートでは最初に地震・津波と福島原発事故のどちらの被害が大きかったかを訊いていた。福島県下全体でも六割が「原発事故による影響が大部分」と答え、事故現場の相双地区では八割がその影響にあえいでいた。

直接の被害地でなくても、風評被害など福島原発事故の影響は福島全県に暗い影を落とす中、「震災を経験した経営者として経営上プラスになったことは何か？」という質問に対して、「社員の大切さを一層認識するようになった」が一四・二パーセントを占める。「社員の意識が高まった」の一一・二パーセントを加えれば、「地元の顧客・取引先との強化を図った」の一三・一パーセントより数段高く、「社員のおかげで震災直後の大変な時期を乗り越えられた」「社員には遠くに避難するように指示したが、社員は自分の意志で出社して来てお客さんに対応してくれた」とフリーコメントにあるように、美加子同様、経営者の誰もが、地域よりもまず社員の大切さを実感していた。

震災前と五年後の二〇一六年度の決算を比較すると、売上高が「減った」とする企業が三割。「増えた」と回答した企業が五割で、「同じ」と合計すると六割の企業が超えていた。震災前の全国の中小企業の総売り上げは一五〇兆円で二〇一五年には一二六兆円と二四兆円減の東日本大震災不況の影響下で、福島県の中小企業の健闘には意外なものがあった。しかしその内情は決して喜べるものではない。

売り上げ増の要因を見ると、「公共投資の増加」「原発事故に伴う除染など環境対策事業」「福島原発廃炉関連事業」が全体の五割を占める。中でも除染と廃炉事業で一五パーセントの売り上げを占める悲しい現実があった。震災前より経常利益が増えたとする企業は五割。同じと答える二割と合わせると、震災・福島原発特需に支えられている企業が七割も占めており、その多くが建設関連事業だった。

反面、教育・学習支援事業の五割の会社が、そして小売業と消費財製造業、情報通信事業の四割以上が減益に苦しんでいる。中でも福島原発事故で県外避難する親子が多いために、事業を閉じた学習塾が数多くあった。小売業、消費財製造業で減益企業が多いのは、生活に密着した産業だけに避難による人口減少に加え、風評被害の影響を受けていると考えられた。

アンケートの結果は、地震・福島原発事故からの復興関連事業により利益を増やす分野と、避難による住民減や、風評被害に苦しむ生活関連分野とに二極化した。

「被災し、避難あるいは事業を継続する上で、経営者としてまずなすべきだと思ったこと、あるいは逆に助かったと思ったことを自由に書いてください」という質問が最後にあった。この地震・津波・福島原発事故から福島の中小企業経営者はどのような教訓を得たのだろうか。

「経営者は平和で安全な時ほど危機管理を意識的に考えなければと思う。瞬時に普段の何気ない暮らしが崩壊することも予測して地域社会との共生も考えて行動する必要がある」

「震災後世界はリスクを負わない風潮が強まっているが、そんな中でリスクを負うことを決めた企業・地域の方が断然強いのではないか。ぬるま湯の考え方をがけっぷちに追いやったのが、大地震と原発事故であった」

「大震災から一〇年後には社員たちと『あの大震災、原発事故があったからこそ』と言えるよう努力している」

「会社が人と地域に支えられていると再認識する五年であった。競争社会ではなく助け合い身を分け合うというつながりを重視する社会を作るために会社はあると考えるようになった」という最後のコメントに福島県の中小企業家経営者の声が集約されていた。

北洋舎社長高橋美加子が書いた言葉だった。

生活関連分野に属する北洋舎が社員の頑張りと鈴木まり子というよき研修ファシリテーターを得て、経常利益が増えたとアンケートに答えられたのは幸いだった。

六月末、刷り上がったばかりの「あんだんて第九集」が届いた。さっそく開いた。そして胸を衝かれた。会員の誰もが、未だ深い思いを込めて、震災と原発事故の歌を詠み続けていた。


放射能は鵺《ぬえ》のごとくに潜みいる耕作放棄と人よ責むるな　高橋美加子

引きずっているのではない刺さってる原発事故の棄民となりて　根本洋子

戦時には飛行場なりし雲雀が原原発逃るる人らの家たつ　原芳広

相馬野馬追が行われる雲雀ケ原は原芳広が詠む通り、浪江や小高から逃れてきた人たちの住宅街となった。しかし、新しい住宅街が生まれた高揚感を一向に感じられないのは、風景の変貌を余儀なくさせた核災の記憶が、いつまでたっても人々の中から消え去ることがないからだろう。心に浴び続けた被曝総量はいかほどになったのだろうか。

秋の知らせと共に美加子は、未だ「帰還困難地域」に指定され立ち入り禁止が続く、森閑とした浪江町津島地区を訪れた。荒れ果てた町にあって、それでも力強くその地に立つ大木に心動かされた。

人住まぬ里の真ん中に黄金の柱のごとく大銀杏《おおいちょう》立つ

帰路につくと、道の両側には、黒いフレコンバッグが野積みされ、不気味な風景が広がっていた。浜通りの子どもたちは、故郷の原景として、これからもこの異様な光景を見続けないといけないのだ。

そう思うと美加子は大銀杏の歌以来、短歌を詠めなくなってしまった。

決して震災は、福島原発事故は終わっていない。このまま声を上げなければ時の風化と共に、南相馬は忘れられてしまう。その思いから美加子は求められるままに、二〇一八年、震災七年の三月を、東京で忙しく過ごした。

三月九日、シャンティ国際ボランティア会のトークイベント「震災は終わっていない　南相馬の『いま』」に、三月一一日の朝には、杉並区西倫理法人会の「モーニングセミナー」に、昼には日比谷公園のアースガーデンの屋外ステージに立った。そしてどの会場でも美加子は、最後に同じ言葉をそこに集まった人々に語り掛けた。

「あれから七年です。南相馬はまだ復興しておりません。どうか忘れないでください。これからも私たちに支援をお願いします。震災は終わっていないのです」

五月に北洋舎は創立七〇年を迎えた。東電から賠償金を受けるにあたって「今は規模拡大よりも、まずその賠償金で内部充実を図るべきだ」と助言してくれたコンサルタントの山田聡一を専務取締役に迎え入れ、経営基盤の強化を図った。

「まなびあい南相馬」は震災八年後の二〇一九年、「地域に役立つファシリテーション実践講座」を年二回開催し、子どもを持つ親と教育関係者を対象に「こころとこころをつなぐコミュニケーションワークショップ」を年八回、母親と乳児を対象に「身体表現運動によるこころとからだの解放」を年四回、一般住民を対象に地元の先達二宮尊徳の教えを現代にアレンジした「尊徳の天命を知るを実体験として学ぶワークショップ」を年四回開催している。自分たちがファシリテーターとなり、複雑な復興プロジェクトの話し合いをスムーズに進行できる美加子たちだが、鈴木まり子はそのたびに今も原町を訪れている。

それは、もっと社会的な課題にかかわりたいと願っていた鈴木たちに、その機会を美加子たちが与えてくれたことへの感謝のしるしでもある。


鈴木まり子たちFAJは釜石や南相馬で、数々のファシリテーション事例を残すことで、災害復興関係者の間にその存在が知られるようになった。

東日本大震災から九年ばかりの間に、二〇一六年熊本地震、二〇一七年九州北部豪雨、二〇一八年西日本豪雨、北海道胆振《いぶり》東部地震、二〇一九年台風一九号豪雨と日本各地で大災害が立て続けに起きた。地球温暖化の影響は現代人が考えているより深刻で加速している。今や天災は忘れた頃ではなく、毎年やって来る。住民主体の復興支援、支援組織間のネットワーク強化、地域コミュニティの再構築において、ファシリテーションという手法とＦＡＪは欠かせない存在になった。災害時には、現地の団体や自治体から「ＦＡＪで支援できないか」という問い合わせがいち早く寄せられるようになった。だが今も設立以来の会是を頑なに守るＦＡＪの会員は別に本業を持つ。そして一人ひとりの培ってきたファシリテーション能力を無償で提供し、直面する問題解決に当たっている。そのため、突発的な対応に弱い側面はあるが、災害支援で生計を立てるという考えほど会員の理念から遠いものはない。幸いというか、不幸なことにというか、立て続けに起きる異常気象の日本において、その経験をたくさん積んだファシリテーターが日本各地から災害地へ駆けつけられるようになった。しかし、ＦＡＪ災害復興支援室に閑古鳥が鳴くのが本来は望ましい状態である。ＦＡＪの活動分野で一番多忙なのが災害復興支援室メンバーであることは、ここ数年来の日本の悲しい現実だ。

鈴木まり子は忙しい毎日を送りながら、駆けつけた先々で言う。

「さまざまなスタイルの話し合いでファシリテーションを実践したら、今度はあなたがその地域の役員を自ら買って出てください。活動を体験しないで、活動を支援することはできないからです。そして支援を受けたら、支援で返してください。日本はもっと豊かになるはずです」

わずか一一人で、「多様な人々が協働し合う自律分散型社会の発展を目指して」二〇〇三年に設立されたＦＡＪは、や一五〇〇人の会員が活動する組織に育った。復興支援に限らず、地域や社会におけるさまざまな課題を解決し、未来を創造して行くためにファシリテーションにできることは、まだまだあると鈴木まり子は信じている。

震災前の中小同友会相双地区の会員数は八五社だったが、「警戒区域」にあり他所に本社移転を余儀なくされた双葉グループ一二社を含め、一社の倒産も見ることなく福島原発事故から九年が過ぎた。それは、全国の中小企業家同友会各社からの物心両面の支援があったおかげだ。

その会員数は景気後退で減るどころか逆に一〇五社へと増えた。核災地相双地区で新たな事業を果敢に興した若い世代の経営者が、「経営の勉強ができるのは中小同友会しかない」と参画してきた結果だ。いうまでもないことだが、南相馬のこれからの一層の活性化は、彼ら若い経営者の感覚と意欲にかかっている。それだけに中小同友会が今最も力を入れるのが「異業種との交流」で、「経営指針作り」「人作り」「地域作り」をより強固なものにしようとしている。

混乱を極める中で地区会長として当時の南相馬市長に提案した「世界一のエコシティの建設」は着実に進む。天候に影響されない天然ガスなどのクリーンエネルギーの開発は道半ばだが、津波被災で一変した南相馬市の海岸線沿いは、今では太陽光パネルで埋め尽くされている。二〇二〇年には市内の電力消費量の三〇パーセント、二〇三〇年には一〇〇パーセントが再生可能エネルギーで賄われる予定だ。

萱浜の津波被災跡地には、約五〇ヘクタールの広大な地に「福島ロボットテストフィールド」が二〇二〇年三月末に全面開所した。敷地内は空・陸・水の三エリアに分かれ、あらゆる分野でのロボット開発の実証実験を可能にしている。

空エリアには、将来を担うと言われるドローンのさまざまな状況下における大規模実験のために、五〇〇メートルのドローン滑走路とヘリポートがある。

陸エリアには、幅一〇メートル・長さ五〇メートル・桁下五メートル高の橋梁《きょうりょう》、幅六メートル・長さ五〇メートルの丸形トンネル、全長二〇メートルに及ぶ瓦礫帯、高さ七メートル傾斜三〇度の土砂傾斜帯、ビル一棟・住宅二棟・ガレージ四棟からなる市街地と六階建て化学プラントなどが建つ。

水エリアには、住宅二棟が水没した状態を再現した市街地や三〇メートルの屋内水槽試験棟がある。

災害時の有人・無人救出訓練やあらゆる環境下での大規模なロボットによる修復・建設工事実験ができるようになっており、震災津波被害と福島原発事故被害を受けた地から生まれた、ロボットのための天災・人災被害対策の巨大な実験室である。

隣接地には、実験成果で工業化を果たした企業の工場建設を可能にする復興工業団地も整った。ロボットによる未来産業を担う先端企業と、中小同友会に加盟する地元加工工業メーカーとの協働事業開発もすでに進む。復興都市南相馬にとって地元に新たな産業を生み出す可能性を秘めた「福島ロボットテストフィールド」の誕生は、大きな期待を集める。

だが労働人口の流出で、高齢人口比が年々上昇する地区の中小同友会会員として、何とも自分たちの無力さを痛感させられることもある。当時の市長に提言した「他所からの定年退職移住者を積極的に受け入れ、市内外の元気なシニアの起業促進と支援で、「ベテランズシティ」として生き延びる成功事例は残念ながらまだない。

近い将来確実にやって来ると言われる、超高齢社会日本にあって、震災と福島原発事故により、その人口構成を先取りした相双地区だからこそ、日本の生き延びる姿を、その復興事業の過程で示すべきなのだが、模索はまだまだ続く。

震災前には相次ぐ大手クリーニングチェーンの進出に怯え続けた美加子だったが、震災復興と共に復帰したチェーン店や、新たな業種から参入するクリーニングチェーンによって、南相馬市が業界の乱立地区になりつつある現状に、美加子が怯える様子はない。なぜなら彼らがこの町を去っていた間に、父・保夫以来のクリーニング技術のこだわりを広く知ったお客さまが、北洋舎を離れるはずがないと信じるからだ。もし大量処理、流通効率、低価格で解決できるなら容易《たやす》い話だ。だがクリーニング業ほど究極の地域密着型産業はないといえる。北洋舎には「あそこの仕事はていねいだよね」というお客さまの声が何よりの武器だ。景気の減速に伴い二〇二〇年春には、相馬地区から撤退する大手チェーンが現れ、北洋舎では南相馬市の他社の店舗にいた従業員を引き受ける事態も起こっている。

このように縮小する業界にあって、北洋舎の売り上げ業績は順調だ。何よりも社員が残業なしに退社できる体制が社員同士の話し合いによって整備された。二〇一七年度の一般サラリーマンの女性平均年収は二九三万円強（二〇一八年国税庁「民間給与実態統計調査」）であり、クリーニング業のそれは全国で二一九万円、福島県では一八九万円（二〇一八年厚労省「賃金構造基本統計調査」となるが、幹部社員には全国女性一般サラリーマン以上の給与が、二〇人近くの社員にもクリーニング業全国平均以上の給与が払えるところまで何とかきた。決して高い報酬ではないが、地方の中小企業経営者として、震災前からいる社員を一人の首切りもなく雇用し続け、給与も上げられた実績に、美加子はささやかな誇りを感じている。

震災から九年を前にしての、新型コロナウイルスの全国的な蔓延は、南相馬の地にも不気味な影を落とし始めた。

県外移動自粛で、鈴木幸一が主催する日比谷公園のアースガーデンコンサートに行けなくなった美加子は、当日の会場参加者に向けてメッセージを書いた。

「今年も三・一一がやってくる。地震・津波、原発事故、あれから九年が過ぎた。

壊されたものは何？

消されたものは何？

人は次第にアノトキを口にしなくなる。

口にしなくなると、記憶は心の奥へ奥へと運ばれてゆく。

壊されたものは、コワレタモノとなって、

暮らしの時間に埋もれ、沈黙の眠りに沈んでゆく。

その底には消されたものがキエタモノとなって仕舞い込まれ

密かに涙を流し続けている。

何も変わらなかったのか？

何も変わらないのか？

美しいふくしまの海辺には、誰も住めない空白地帯が広がっている。

今も、これからも。

原子力で電気を作るのは、もう、やめてください！」

国が新型コロナウイルスの蔓延を前に、震災追悼式を中止する中、「人々の記憶から、震災、福島原発が忘れ去られ、風化することが一番怖い」と、ピースオンアース・ステージを震災翌年の三・一一から毎年開催し続けてきた鈴木幸一は悩み続けた。

「社会が揺れる今だからこそ、震災から九年と共に前を向く未来へのつどいが必要よ」との加藤登紀子の声に押されて、鈴木は開催を決心した。

平日となった三・一一当日。コロナ禍にもかかわらず、八〇〇人の観客が日比谷公園には集まった。ウエブ配信の参加者は二五〇〇人を超える中、加藤の歌声と共に、美加子のメッセージが読み上げられた。コンサート参加者は九年間で通算延べ九万人となった。

南相馬でもコロナ禍で多人数が集まることは許されなかったが、例年通り三月一一日に高見公園で粛々と「南相馬光のモニュメント」が開催された。須藤栄治、宮森佑治の手で五灯のサーチライトにより、天空二〇〇メートルに光の無線塔が浮かび上がった。

コロナ禍を前に美加子は、この先どんな社会状態を迎えようとも自分は、「よい会社をめざし」「よい経営環境をめざす」「よい経営者になろう」と、企業存続のためには最低どれだけの資金が常に必要かを算定した。そしてためらわずこの春、一五年返済の長期事業資金を借り入れた。

これで美加子は八七歳まで北洋舎の社長を辞められなくなった。だが美加子に何の心配もない。

なぜなら、我われには父・保夫から受け継いだ「技術と信頼」がある。そして二〇二〇年の「チーム北洋舎」は母・ヨシ子の夢「共に働くすべての人と幸せを分かち合える信頼の会社作り」を実現しているからだ。

震災以後の働き方改革を通して、自社の存続には地域の人達の心の復興が必須であり、人こそが地域の宝という、確固たる信念が生まれた美加子は、今心おきなくそのエネルギーを地域活動に注いでいる。

東日本大震災一〇周年を前に、新型コロナウイルスの蔓延により、グローバルは過去の価値観となった。地域社会の人と人との結びつきはさらに強く大切なものになると信じる美加子の中に、最近新しい歌が生まれつつある。それは未来の扉が開こうとしている証なのかもしれない。

青き実の地に落ち黒く腐《く》えしより小さき角の胡桃《くるみ》生まれる

東京電力福島第一原子力発電所事故の直前には、全国で計五四基の原発があり三五基が稼働していた。事故後の二〇一三年七月に原子力規制委員会による新規制基準が設けられ、その後審査に合格した原発九基が再稼働した。しかし、テロ対策強化工事ならびに定期検査で二〇二〇年一一月三〇日現在、六基が運転を止め、日本で稼働する原子力発電所は、玄海原発三・四号機（佐賀県）と川内原発一号機（鹿児島県）の三基である。

第三章　ほめ日記

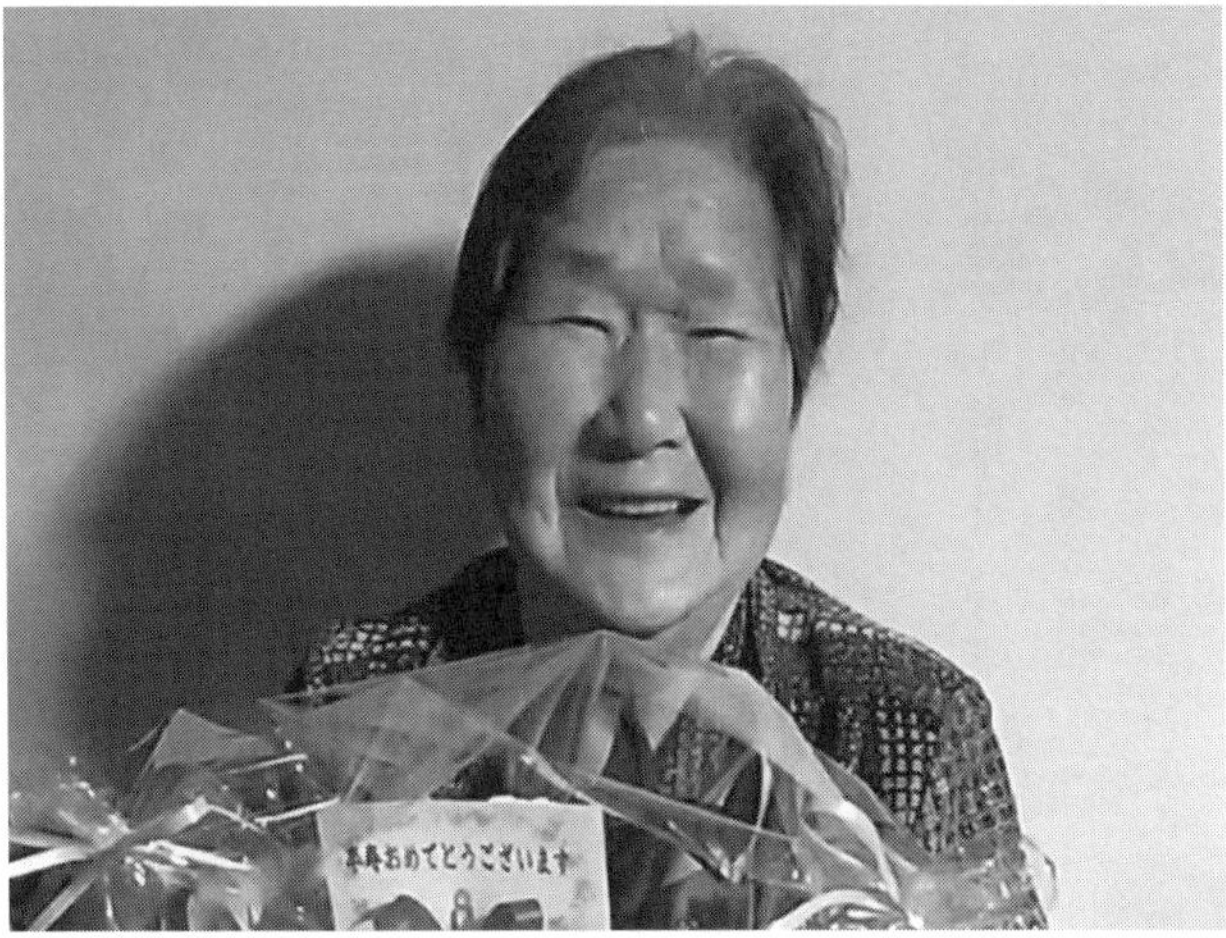

卒寿を迎えた日の羽根田ヨシ（2020年5月12日撮影）

二〇二〇年五月一二日に卒寿を迎えた南相馬市原町区馬場字川久保に住む羽根田《はねだ》ヨシは、一九六〇年、三〇歳の時から愛読誌『家の光』の特集記事「日記の勧め」に促されて、日記を書きだした。

以来、長女・由起子《ゆきこ》、次女・佐知子《さちこ》、三女・三恵子《みえこ》、そして末っ子で長男の智正《としまさ》の子育てと成長の日々が綴られた。三人の娘が次々と結婚で家を出る代わりに、智正の結婚で民子《たみこ》の名前が日記に加わった。やがてヨシにとって内孫に当たる真克《まさかつ》、実保《みほ》、浩伸《ひろのぶ》の名前が加わりながら、野菜作りの日々が、東日本大震災のその日まで、五〇年細かい字でていねいに記された。

もちろん長い歳月だ、山もあれば谷もある。笑いもあれば、悲しみもあり、出会いがあって別れがあった。そこに書き留められた日々は、日本の農家のどこにでもある家族の、変わらぬ日常と、ささやかな変化の記録だった。八〇歳を迎えて、これから綴られる毎日は、これまで以上に穏やかで優しいものになるはずだった。

だが、三・一一以来の一〇年間の日記は、ヨシが考えてもいない内容になった。

〈二〇一一年三月一一日　晴

午前一一時頃まで納屋の前に小松菜と紫大根を蒔《ま》く。午後一時より永井先生の詩吟へ。二時五〇分頃地震あり。大きな初めての地震にて驚く。帰宅してみると台所の食器多数壊れて片付けに大変なるも、屋根の瓦は二、三枚外れたくらいで被害なく安心。先祖が守って下さったとただただ感謝。岩手県では震度六弱。未だに余震にて現在まだ続き眠られず。居間でテレビ見ながら日記書く。民子また帰れず。布団には眠れず。余震また来る〉

智正の妻、民子は子どもの頃からの憧れであった看護師になるべく、父・宮澤泰男の同意を得て看護学校に進学し、二一歳でこの道に入った。

勤務先は、福島県厚生農業協同組合連合会（ＪＡ福島厚生連）が県下で経営する六つの病院のひとつで、鹿島町にある鹿島厚生病院だった。そこでの看護師の仕事は、民子にとって天職に思えた。

やがて原町市の石神農業協同組合（ＪＡ石神）に勤める、羽根田智正との結婚話が進んだ。同じＪＡ系列の職員である点に安心感があった。

民子が仲人に上げた条件は、結婚後も看護師の仕事を続けることだけだった。

二男、一女に恵まれたが、実際子どもたちはすべて、姑《しゅうとめ》ヨシの背に負ぶわれ育てられた。就職以来二五年間、民子は一度も職場を替えることなく、鹿島厚生病院で働き続けてきた。

そこは、職員一三〇人、病床八〇床、一日の外来患者二〇〇人、入院患者七〇人（二〇一一年三月現在）規模の病院で、一九五二年の開設以来、地域に長く根を張っていた。また介護老人保健施設と訪問看護ステーションを併設した。

民子は一〇年前から、退院後も訪問看護を必要とする自宅療養患者を預かる、「訪問看護ステーション万葉（以下、万葉に略）」の所長を務めていた。スタッフは自分を含め三人。民子は自ら看護の仕事とマネジメントをこなしている。

民子の訪問看護先は、鹿島区、原町区に加え、相馬市が含まれ、病院から半径一五キロとかなりの広範囲になる。利用者の体調、急変に応じて訪問依頼があれば、二四時間体制でいつでも駆けつけなければならない。三人で回すため、少なくとも月に一〇回以上は、昼夜関係なしの生活が続く。携帯電話の時代になり、勤務状況はより厳しくなった。万葉利用者の万一の容態変化に備えて、常に電話を待つ。最も大変なのが深夜三時過ぎの訪問依頼だ。訪問処置をして帰れば朝の五時になる。事態はいつも深刻で緊急を要する激務の職場だ。

その日の民子には三件の訪問予定が入っていた。午前中に二件の訪問を終え、一五時に独居老人宅を訪ねる予定になっていた。約束の一五時が近づき、訪問宅へ向かおうと、病院内を歩いているところで、民子は地震に襲われた。

揺れが強く、思わず廊下の壁に手をついて身をかばった。だがすぐ収まると思い、外に出て車に向かった。再び激しい揺れが襲った。立っていられないほどの衝撃に、思わずその場に座り込んだ。駐車場に隣接する家の屋根瓦や樋《とい》が音を立てて、病院内に停めた車の屋根に落ちてきたのを見て、初めてこれはただごとではないと震えた。揺れが収まったところで、万葉に戻った。部屋には書類や医療器具が散乱し、足の踏み場もなかった。食器棚が電子レンジを直撃していた。

利用者との約束時間は過ぎていた。電話をするがつながらない。酸素吸入器を装着したまま、倒れた家具の下で横たわる利用者の姿を思い浮かべた。民子は揺れが少し収まったのを幸いに、駐車場に走った。

道路は大きくうねり、段差や亀裂が至るところに生じ、スピードは一向に出せなかった。崩れ落ちたブロック塀が、行く手を阻んだ。ハンドルをしっかり握っていたせいか、その外の景色は目に入らなかった。何度も何度も道を迂回しながら、地震の威力に今さらながら驚く。ようやくの思いで車を走らせ、万葉利用者宅に着いた。

利用者の自宅は棚が倒れ、ガラス類は割れて散っていた。幸いなことに利用者は恐怖に顔を引きつらせながらも、容態の変化もなくベッドに横たわっていた。民子が両手で利用者の手を包み込むと、「来てくれたんかぁ」とかすれた声で言った。倒れたものがベッドを直撃しなかったことだけが幸いだった。ベッドの周りを片づけ終わると、不安におののいていた利用者の表情に、ようやく安らぎが戻った。

「よく頑張ったね。大丈夫だ。大丈夫だ。なーんにも心配しなくても大丈夫だからね」

民子は血圧、脈拍などを測定し、明日も再び訪問することを約束して、利用者宅を出た。

病院に戻ると、蜂の巣をつついたような騒ぎになっていた。エレベーターが動かず、慌てて階段を駆けのぼった。万葉のドアは半開きになったまま、斜めにしか開かなかった。隙間から中を覗くと、パソコンや医療器具が倒れ、書類が飛び散ってぐちゃぐちゃだ。民子が病院を出たあとの余震の激しさを思い知らされた。数回体当たりを繰り返し、何とかドアをこじ開け、部屋に転がり込んだ。

万葉利用者の電話番号を次々に押すが、携帯電話は全くつながらない。散乱する書類をどかし、卓上電話から電話をかけてみるが、これも全然つながらない。こうなったら混乱する病院のことが先だと、万葉を飛び出し病室に向かった。

三階の四人部屋では、屋上に亀裂が入ったのだろう、雨漏りが激しく、看護師たちがベッドを動かすのに大わらわだ。民子も一緒になってベッドを動かし、やれやれとナースステーションに戻ると、テレビからの音声が聞こえてきた。

「仙台空港にまで押し寄せた津波は……」

テレビは水没した仙台空港を映していた。まさか。仙台空港は岩沼海岸と常磐自動車道との間に作られた空港だ。ということは、海岸線と並行して五キロ内側を国道六号線が走る鹿島も危ない。病院は国道を入ったすぐ山側にあった。

民子は窓辺に駆け寄ると外を見やった。驚いた。何もなかった。黒い海が広がっていた。

窓辺からは右田浜の防風林の緑が見えたのに、すべては削り取られ、水の中には崩壊した家が重なっていた。津波は病院のすぐ前を走る国道六号線のところまで迫っていた。

沿岸の烏崎に住む万葉利用者の安否が気になった。しかし、電話はつながらない。焦りながら、何度もかけなおし、発信ボタンをがちゃがちゃと押し続けるが、電話は全くつながる様子がない。あきらめて外来待合室へ回った。

病院は自力でやって来た津波のけが人であふれ返っていた。枯葉や泥を顔じゅうにびったり貼りつかせて、びしょびしょに濡れて震える人。家族の安否を気遣いながら治療を受ける人。「孫を負ぶって津波から逃げようとしたが、津波に呑まれて気がついたら孫がいなかった。若夫婦に申し訳ない」と泣き崩れる老夫婦と、まるで野戦病院のありさまだった。そこへ救急車や消防車で次々に患者が運び込まれ病院はますます混乱した。

「羽根田さん、ちょっと」

真っ青な顔をした、鹿島の海沿いに住む万葉スタッフに呼ばれた。廊下の片隅に行った。

「家族と連絡が取れないのです。様子を見に帰らせてください」

「ここは大丈夫。帰ってあげて」

言いながら民子は、やはり鹿島の海沿いに住むもう一人のスタッフの家族のことが、急に心配になってきた。二人が離脱したら、万葉は自分一人ではやっていけないと思っていると、本人があたふたとやって来て言った。

「両親が今、避難所に逃げる途中で、状況を知らせに病院に寄ってくれました。津波で家は水に浸かったものの、家族みんな無事です。自分らは避難所に行くから、お前は安心して、病院の仕事を続けろと言われました。これで私も何の心配もなくここにいられます。患者さんが待っているので、これで」

伝え終わるとスタッフは走るように廊下を去っていった。何とか二人で対応できると安心した。

夜になるにしたがい運ばれて来る患者の容態は重篤化していった。誰もが低体温だ。問診票やカルテを作っている暇はなかった。話せる患者からは名前を訊き出し、腕などにそのまま書き入れた。凍りついたように冷たい着衣を脱がすと、体をタオルにくるみ全身摩擦をした。病衣に着替えさせ、湯たんぽをふたつもみっつも差し入れ、毛布をかけた。

在庫のタオルはすぐに底をつき、病院の湯たんぽの予備もなくなった。

老婆が運ばれてきた。体は冷え切り意識はない。汚れていても、乾いた病衣で体を摩擦した。祈るように全身を摩擦し続ける。わずかだがようやく老婆の体から体温が感じられるようになる。湯たんぽの代わりにペットボトルにお湯を詰め、肌に押し当てた。「お願い、意識が戻って」。念じるようにして、ペットボトルで肌をさすった。老婆の体に体温が戻り、意識が回復すると時計は零時を回っていた。老婆は乾いた声で言う。

「孫もじいさんも家と一緒に私の目の前を流されてった。一人生き残ってすまないことをしてしまった。なんで助けたんだ」

その言葉を聞いて、ようやく原町高平の実家の両親は大丈夫か？姑のヨシは大丈夫かと気になった。深夜にもかまわず電話をするが、どちらもつながらなかった。

実家は原町の浜側といっても国道に近い。まさかあそこまで津波が来ることはないだろう。ヨシは今日は詩吟の日だと言って、朝からビニールハウスで、野菜たちに詩吟を聞かせながら張り切って練習していた。午後は近所に住む詩吟仲間の孝ちゃんこと、志賀孝子の車で教室に出かけたはずだ。自分に言い聞かせるように口に出した。

「ううん、ばあちゃんのことだ、大丈夫だ」

この日、鹿島厚生病院に搬送されてきた患者は三七人にのぼった。うち七人が入院。心肺停止が三人、多発骨折によりドクターヘリを要請した患者が一人。腰椎、上腕骨などの骨折患者は四人。肺症状患者三人を別の病院に避難移送するが、そのうち二人が津波肺（海底の土砂を飲み込むことで起こす肺炎）で亡くなるという不幸に見まわれた。縫合処置の必要な外傷患者は四人にのぼった。

へとへとになりながら、ようやく民子は万葉の事務所で椅子を並べて横になった。しかし、眠れない。起きだし自宅に電話するがつながらなかった。実家も応答なしだ。

〈二〇一一年三月一二日　福島原発一号機一五時三六分水素爆発

今日も余震が続く。朝、浪江に住む弟・史朗夫婦、原子力発電からの避難命令にて八時近くに来る。昨夜はいこいの村に泊まったとか。急いで朝食を出し、その後、みんなでテレビを見る。津波も大変だが、原発がどうなるか。夕方、馬事公苑のほうから列になって下りて来る避難車のあまりの多さに驚く。原発放射線怖く、みんなが避難し、大渋滞。我われも急いで避難準備。行くところもなく、相馬の、弟・史朗の嫁の実家宅へ逃げ、泊まる〉

朝になると病院には屋根の上で一夜を明かした人、流木につかまりながら救助された人などが次々に搬送されてきた。体は低体温で冷え切り、患者の疲労は限界を超えていた。まさに命からがらに運ばれてきた感があり、対応する民子の気だけが焦った。

外来受付には、津波から逃れ、行き場を失った人々が重なるように横たわっている。病院は避難所ではないのだが、周辺で電気もつき、水道もあるのはここだけのため、逃げ延びた人々が集まって来るのは致し方ない。その混乱の中に、次々と新たな搬送者が運ばれて来る。人工呼吸器をつけた重症患者を、緊急外来と中央処置室との間の廊下で処置するありさまだ。

詰めかける外来患者に何とか対応するために、今後はそれぞれの部署の現有スタッフの二交代制でやりくりしていくとの方針が、朝一番で病院長から出た。

実家の様子を見に帰ったスタッフの病院復帰は難しいに違いない。万葉の運営は今後二人になると覚悟した。まず民子が日勤になり、スタッフには夜勤に備えてもらうことにした。

「両親が避難した体育館がどこか回ってみます」

スタッフは不安げに病院を出て行った。市が用意した避難所のどこに入ったか、電話がつながらないので一向に分からない。無事探し会えることを祈った。

民子は預かっている万葉利用者全員の安否を確かめようと、再び電話連絡に取り掛かった。しかし電話はどこもつながらない。そのうち昨日から連絡の取れない鳥崎の海沿いに住む万葉利用者のことが心配で、いても立ってもいられなくなってきた。鳥崎に出向いてから昨日訪問を約束した利用者宅へ行こうと、病院を出た。病院から鳥崎までは普通だと車で一〇分くらいしかかからない。車を国道六号線に走らせて呆然とした。六号線の手前は山のような瓦礫でふさがり、その先は海岸まで何もなかった。海水と泥水に浸された道は水没し、前には進めない。とても鳥崎には回れないと瞬時に悟った民子は、昨日訪れた利用者宅へ回った。元気な顔を見ることができ、ほっとした。

病院に戻り、あたふたと外来の手伝いをしていると、入院中の万葉利用者の容態が急変したと連絡が入った。病室に駆けつけると、治療の甲斐もなく永眠したところだった。枕元に立ち尽くす遺族にお悔やみを述べて、一緒に死後の処置をし、お別れをした。亡くなった悲しみに変わりはないが、津波に呑み込まれての死でないことだけが救いだった。

尿道カテーテルの交換をして欲しいが連絡が取れないと、別の利用者の夫が病院に駆けつけてきた。利用者宅まで大渋滞の道を二人で向かった。津波に呑み込まれたすさまじい爪痕を直視することは、民子にはとてもできなかった。大きくうねり激しく隆起する道を運転するには、しっかりハンドルを握るしかなく、周りの景色を見る余裕がないのは、民子にとって幸いだった。

帰ってからは外来棟で疼痛《とうつう》緩和の処置に追われた。新たな緊急患者が運ばれてきたとの連絡があり、手の空いた民子は緊急外来へ急いだ。救急車から降ろされた患者を乗せたストレッチャーを、消防団員と一緒に押した。団員の腰につけた無線がうるさく鳴っている。団員がストレッチャーに手を添えながら無線のスイッチを入れると、怒鳴り声が飛び込んできた。

「午後三時三六分。原発が爆発。注意願います。原発で水素爆発」

それだけ言って無線は切れた。まさか、と思う。東京電力福島第一原子力発電所が爆発するはずがない。信じられなかった。原発はどんなことが起ころうと安全だと教わってきた。被曝の程度は?体への影響は?津波の被害ばかりか、放射能汚染で患者が押しかければ、この病院はお手上げだ。放射能被曝の緊急対応法など、病院から説明されたこともない。

急いでテレビの前に駆け寄った。何も放送はない。あの無線は幻聴だったのか?

しかし、福島原発が爆発したとの噂は、いつの間にか病院中を駆け巡った。廊下を忙しく行き交い、すれ違いざまに看護師同士が断片的なやり取りをするのだが、さまざまな情報が乱れ飛んだ。民子には何が本当で何が間違いなのかさえ分からなかった。

一九時のＮＨＫのニュースは、一号機が水素爆発を起こした模様として、一号機周辺に白い煙が広がる映像を何回も放映していた。民子が偶然聞いた無線はやはり本当だった。

「先ほど政府は午後六時二五分に、福島原発から半径二〇キロ圏内を立ち入り禁止区域に指定し、ただちに緊急避難を指示しました。繰り返します。原発から半径二〇キロ圏内を……」

民子の住む馬場は、果たして福島原発から何キロ地点なのだろう。そしてこの病院は何キロ？そもそも福島原発からの距離など、今まで意識したことなど一度もなかった。

ニュースに見入っていると、誰かが、鹿島厚生病院は福島原発から三三キロ地点だと言い出した。ならばここはとりあえず安心だと知って、急いでテレビのそばを離れた。

夕方、夫・智正が外来にやって来て民子を呼び出した。三階の病室にいた民子は、すさまじい勢いで階段を駆け下りた。

「ばあちゃんも、高平の両親も大丈夫だ」

その一言にこれまで張りつめていた気持ちが一気に萎え、へなへなとその場に崩れ落ちそうになりながら、智正の話を聞いた。

ＪＡそうまの営農部長・羽根田智正は、津波被害と同時に、管轄内の水田被害状況の確認に追われた。新地四二八、相馬一二五一、鹿島八二七、原町一一三一、小高六八四、総計四三二一ヘクタールの水田が一瞬にして水没したのだ。原町泉・北泉地区の津波被害の視察の折に、隣町の高平の民子の実家にも顔を出していた。床下浸水はあったものの、家屋も家族もみんな無事だった。ようやく視察を終え、自宅に帰ったのは、震災二日目の夕方になった。そこにはヨシと共に福島原発より一〇キロの浪江町から避難してきたヨシの弟・天野史朗夫婦がいた。何はともあれ、お互い無事でよかったと手を取り合ったところで、自宅から見える馬事公苑から下りて来る避難車のあまりの多さに気づいた。その光景を見て、「ここも危ない」と史朗が言い出し、相馬にある妻の実家に避難することになった。大通りは渋滞が激しく身動きできない状態なので、智正が裏道を先導した。鹿島まで来て、ヨシたちと別れ、病院に駆けつけたという。智正の話を聞き終わると同時に民子は思わず言った。

「ばあちゃん無事だったのね。よがったぁ。これで安心して仕事できる。でもお父さんも次々と大変でしょう」

「津波でこのへんの田んぼは全滅だ。塩が抜けるまで果たして何年かかんだべ。そこさもってきての原発騒ぎだ。福島の農業がやっていげっかの瀬戸際に立っちまった。しばらくは家に帰れないと思うけど、そのつもりで」

「帰れそうにないのは、こっちも同じ。お互いに頑張りましょう」

ヨシと実家の安全も知った。相手の状況も分かった。誰もが無事だった。わずかの時間だったが、夫と会話ができて、民子はやっとほっとした。同じJA系列に勤め、職場が隣接することを、こんなに感謝したことはなかった。

〈二〇一一年三月一三日
相馬の義妹の実家・岡田宅にお世話になる。何もできない自分まで身を寄せさせてもらい、すまないこと限りなし〉
震災三日目になると病院の医薬品が底をつきだした。長期処方を止め、原則二週間の処方箋《せん》しか書かないことになった。しかし物流が完全に止まり、薬の供給の見通しがたたない中で、病院をこのまま続けることができるのだろうか。家族の様子を見に行ったきり、病院に帰れない職員も多い。家族の誰かが亡くなったに違いない。病院の中から職員が日に日に減っていく。残った職員とて、家族と連絡が取れないまま、何日も病院で働くことに限界がきている。だが、仕事はやってもやっても、なくならなかった。

唯一の光明は、ずっとつながらなかった電話が、ようやくこの日の午後からつながりやすくなってきたことだ。これで何とか万葉利用者と連絡が取り合え、万一容態が悪化した場合にも、駆けつけることができる。電話の復旧が、民子の気持ちを楽にした。きっと利用者の気持ちも同じだろう。ずっと連絡が取れず心配していた鳥崎の利用者は、本人も含め家族三人全員が亡くなったと知った。もし地震当日の午後に訪ねていたら、自分も流されていたかもしれない。悲しみよりも、人の生死が、紙一重のところにあると教えられ、震えた。

外来棟に寝泊まりする避難の人たちが増え、外来の応対もままならなくなってきた。酷かもしれないが、別の避難所への移動を職員みんなで頼み、動いてもらった。病院はようやく医療機関としての様相を取り戻した。この日の外来は五九人。入院患者は八一人だった。

〈二〇一一年三月一四日　　福島原発三号機一一時一分水素爆発起こす
大勢の避難の方々で身の置き所なし。お世話掛けるせめてものお礼にと、岡田宅の畑や庭の草むしりを手伝う。原発再び爆発。今度は三号機なり〉

津波被害にあった人々に加えて、避難指示の小高からやってきた新たな患者で、外来はさらに混雑した。にもかかわらず日に日に職員が減る状況に、応援医師も入らず、病院は全くの人手不足に陥っていった。病院長との話し合いで、万葉を一時休止にして、病院業務を優先することになった。民子は外来や病棟看護の合間に利用者宅を回り、訪問看護の一時休止を告げて歩いた。家族の顔には一様に不安の表情が浮かんだ。電話での相談対応は可能だからと、何とか納得してもらうしかなかった。

在宅酸素吸入をする利用者宅を訪れると、家族は全員避難したあとで誰もいなかった。利用者を一人にして立ち去るわけにもいかなくなった。鹿島厚生病院に入ってもらえればいいのだが、もう受け入れる余裕はない。入院先をあたってもらったが、どこの病院も受け入れは困難だった。家に書き残された電話番号に電話した。隣町に嫁に行った娘が出た。親が自宅に一人取り残されていることを告げると、ひどく驚きながらも、今から迎えに行きますとの返事があった。待ちあぐねた頃、ようやく娘が到着した。利用者を託すと、民子は急いで他の利用者のもとを回った。万葉利用者の全員が自宅か避難先で家族と一緒なのを確認し、民子は心の底からほっとした。病院に戻ると再び外来、入院患者の看護に追われた。この日鹿島厚生病院を訪れた患者は外来二五〇人だった。

〈二〇一一年三月一五日　福島原発四号機六時一四分水素爆発
原町は屋内退避で外出禁止に。相馬もおちおちしてられず、福島市の娘の佐知子宅へ逃げることに。お世話になったお礼に米、二斗《と》岡田宅に置く〉

前日の三号機爆発を受けて、政府の二〇キロから三〇キロ圏内の住民に対する屋内退避指示で、南相馬市原町区がすっぽりと対象区域に入った。原町から病院に通う職員は民子を含めて多数にのぼる。国の外出禁止令で、通勤もままならず、職員の確保は難しくなった。各部署の責任者が事務所本部に集められた。事務長から今後の病院の方針説明があった。

「病院は職員一人ひとりの人生を決められません。院長とも相談の上、病院に残る残らないの判断は、個々にお任せすることにしました。各科の総計を確認ください」

「個々に判断せよとは無責任じゃないですか？みんなが自主避難して、誰もが職場を放棄したらどうなるのです。この病院は成り立ちませんよ。全員が職場に残ることで、初めて病院は患者の役に立てるはずです。病院は医療放棄をしようというのですか」

熱くなった誰かが事務長の言葉に食ってかかった。病院長が意を決したように言った。

「安全、安心の医療の前提は、皆さんの生活の安定です。その生活が脅かされている今、このまま病院を続ければ、医療の安全は担保できなくなります。このままでは、医療事故が起きてしまう」

確かに病院長の言う通りだった。数少ない職員で、不眠不休の医療業務など長く続くものではない。院長と職員のやり取りを聞いていると、携帯が鳴った。

一二日に尿道カテーテルの交換に緊急訪問した利用者の夫からだった。再度カテーテルを交換して欲しいとの依頼で、駆けつけることになった。家族はみな自主避難し、共に八五歳を過ぎた利用者夫婦だけが残っていた。この二人だけで、これから先の在宅生活は困難だと判断した民子は、急遽入院を受け入れてくれる病院探しに追われた。ようやく受け入れ先を見つけ、ほっとした。これで万葉利用者で独居老人、高齢者の夫婦暮らしはいなくなった。二人を搬送車に託し、病院に帰ってみると、職員一人ひとりの勤務意志を各部署で確認し、夕刻までに集計のうえ、病院運営の最終判断を下すことになっていた。

その結果、一三〇人の職員のうち、勤務可能者は六一人となった。通常時の半分の職員でこの非常時を乗り越えなければならない。対応に苦慮した病院は、退院が可能な患者に協力を頼むことにした。ところが、福島原発避難騒ぎで周りがざわつく中、病院が一番の安心場所と考えるからだろう、退院の要請に応じる患者は九人にとどまった。入院患者六九人を残しての病院閉鎖はままならない。だが震災前の半分の職員でどう患者の安全を確保するのか。自分たち職員の頑張りしか選択肢はない。院長の言う通り医療事故が起こらないことを、民子はひたすら祈った。

〈二〇一一年三月一六日
大渋滞の中、へとへとになって福島の娘・佐知子宅へ着く。震災前日水につけ、発芽促進に腹巻の中に入れた南瓜の種は、忘れていたらみな腐り、捨ててしまう〉

日を追うごとに、万葉利用者家族からの電話問い合わせが多くなっていく。緊急の看護依頼よりも、避難生活、日常生活への不安から、万一に備えての問い合わせが主だ。こんな環境で、利用者を家庭で見守るのは、もう限界だとの声が多い。その都度、入院先を探すのだが、もはや受け入れてくれる病院は見つからない。

そうこうするうちに、避難先で利用者が亡くなったとの知らせが入った。民子が訪ねることもできない急変だった。訪問看護依頼を受けながら、何もできずに終わってしまった自分の無力さが、悔やんでも悔やみきれなかった。

物流が止まり、医薬・医療品の在庫は底をつきつつあった。交代勤務もままならぬくらい病院の職員数が減少している。誰もが不眠不休で働いている。もはや一人ひとりの職員が細心の注意を払って医療に当たることができる状況ではなかった。放射能への恐怖から、多数の患者の容態がいつ同時に重篤になっても不思議ではない。午後、病院幹部に緊急招集がかかった。院長は口惜しさからか、憤懣やるかたない表情で切り出した。

「地域に生きる医療人として、津波という天災の前では、私たちは万全を尽くしたでしょう。しかし、考えてもいなかった原発爆発という人災の前で、我われはあまりにも無力でした。双葉厚生病院と同じように、医療事故を起こさぬまま、原発の前から撤退することが、今や我われに残された道になりました。入院患者の受け入れ医療機関が見つかり次第、速やかに全患者を安全に避難させます」

福島県下にはJA厚生連の厚生病院が双葉、塙《はなわ》、白河、高田、坂下《ばんげ》、鹿島と六つあった。双葉厚生病院は福島原発からわずか約五キロしか離れていない地にある。三月一二日早朝、半径一〇キロ圏内の立ち入り禁止と避難指示区域指定と同時に、入院患者一三六人を転院避難させていた。それでも全患者が避難し終えるまで三日を要した。この混乱の中で、果たして鹿島厚生病院に入院する六九人の転移先が、すんなりと見つかるかどうかが一番の問題となった。

昨日のように「医療放棄をするのか」と院長に迫る職員はいなかった。外来も急患以外は、避難先での薬剤入手のための、処方箋の発行のみとして、病院は患者の移転先交渉にあらゆる伝手《つて》を頼って当たりだした。だが、入院患者の受け入れ先探しは難航した。

避難所に避難した利用者家族から、容態の悪化で入院を頼みたいと緊急連絡が入った。

民子は周辺の病院を手当たり次第に当たるが、どこも手いっぱいで断られ続けた。何とかしなくてはという思いだけがつのる中で、家族から電話が入った。

「たった今息を引き取りました」

民子は何と答えていいか分からず、携帯を握りしめて、黙って深々と頭を下げるしかなかった。

震災発生以来、自分の預かる万葉利用者では二番目の訃報だった。

避難所に駆けつけ、段ボールで仕切られた狭いスペースの中で、家族と一緒に死後の処置を施すことが、民子にできる唯一のことだった。

「お預かりさせていただいていたのに、何もできずにすみませんでした」

家族の方々に心からの弔意を述べると、病院に急ぎ帰った。入院患者六九人の受け入れ先は未だ決まらぬままだ。何もかもが底をつき、患者の対応をしようにも、どんどん手が回らなくなっていく現状に、民子の気だけが焦った。

〈二〇一一年三月一七日
三恵子宅の義父母、娘・佑紀の四人深夜一二時頃佐知子宅へ避難して来る。山木屋の徹氏の実家の両親、兄弟も泊まる。孝ちゃん連絡つかず〉

夜明けと共に民子は、避難所の万葉利用者の家族に、容態の変化がなかったか、問い合わせの電話をかけ続けた。寒い避難所の床で、誰もが無事新しい朝を迎えたことを知り、ほっとした。隣で家族と連絡をとっていたスタッフが、電話を切るなり教えてくれた。

「南相馬市が市内三カ所でガソリンを一人当たり二〇リットルまで配布するって」

民子は鹿島厚生病院前のガソリンスタンドに慌てて行った。確かに朝九時から開始するとの返事だ。病院近くに避難する、容態が思わしくない利用者家族にその情報を急いで伝えて、三階入院病棟の日勤についた。入院患者の申し送りが終わると、前夜の夜勤担当がすまなそうに言った。

「私の夜勤明けを待って、子どもと一緒にみんなで避難することになっています。こんな大事な時に、職務放棄するみたいで申し訳ありません」

政府が二〇キロから三〇キロ圏内の原町住民に屋内退避を命じる今、小学生を持つ親として、一五日一一時の発令以来、丸二日間、気が気でなかっただろう。にもかかわらず、離脱を恥じ入り、涙を流すスタッフに頭が下がった。民子は涙ぐみながら言った。

「ここは大丈夫だから、私たちに任せて。あなたはお母さんとして、今度はお子さんに寄り添ってあげて」

そして電話が鳴った。ガソリンの配布を教えた利用者の家族からだった。

「何とか二〇リットル手に入れることができました。遠刈田《とおがった》までは走れるでしょう。そちらの避難所で受け入れてくれるとのことなので、これから向かいます」

朗報に安心しながらも、この鹿島厚生病院の患者も何とか早く、外に避難させて欲しいと願った。しかし、交渉は長引いているようで、一向に受け入れ先は決まらなかった。

じりじり待ちながら、午後の看護業務を終えた夕刻に、朗報が病院中を駆け巡った。

明日入院患者六九人全員が転院できることになった。会津中央病院で五〇人、塙厚生病院で八人、坂下厚生病院で六人、高田厚生病院で五人を受け入れてくれることになった。そして併設されている介護老人施設厚寿苑の入所者五三人の受け入れ先が決まったのは、深夜を過ぎていた。

民子たち残された病院スタッフは総がかりで、搬送先の病院で何が起きても対処できるように、カルテを複写し、患者一人ひとりの医療申し送り書を徹夜で作り続けた。

〈二〇一一年三月一八日
佐知子宅は家族合わせて二〇人くらいになり大変賑やかなり。宮下のばあさんとひとつ布団に包《くる》まって寝る。夜中に起きるし、お互い冷たい足を重ねてなかなか眠られず〉

民子は、医療人として最後まで患者の容態を見られなかった悔しさに耐えながら、三階の入院患者から順番に、脈拍、血圧、体温など最後のバイタルを計り、用意された受け入れ先病院名が書かれたリストバンドを、一人ひとりの右手首に巻いていった。撤収の準備に取り掛かった病棟は奇妙なくらい静かだった。

ようやく二階の患者の手にもリストバンドを巻き終えると、もう昼が過ぎようとしていた。迎え入れ先までの搬送バスや、救急車が次々に到着して、再び病院は野戦病院のような慌ただしさに包まれ、辺りは映画のロケさながらの物々しさになった。

しかし、これがロケではなく、現実だと知るのは、日頃から訓練された自衛隊員の無駄のない動きにあった。演技でここまできびきびと動ける役者はいない。同時に彼らの対応はひとつひとつ優しさに満ちていた。搬送を手伝いながらも、感謝の念に打たれ、民子は思わず頭を下げ、礼を言わずにはいられなかった。

患者の乗り込みを終えたバスは、最後に看護師を乗せ、次々に出発して行く。看護師が同乗できたのも最初の何台かで、スタッフが手薄になるため、あとは看護師なしで送り出すしかない。搬送中に患者の容態が急変しないことだけを、民子は祈り続けた。

厚寿苑入所者の受け入れ先のひとつとして塙町の介護施設が決まったものの、先方スタッフの手が回らなくなるため、こちらから応援看護師を送ることになった。遠方に長期間行ける人がなく、病院として困り果てた。見かねた万葉のスタッフが手を上げた。そのため今後の万葉は、しばらくの間、民子一人の運営となった。

酸素吸入装置をつけたままの移送患者が二人いた。いったん隣の相馬市臨時ヘリポートへ救急車で運び込み、そこからヘリで搬送することになった。ところが、用意された二台のヘリのうち一台が不調で飛べず、明日の飛行となったため、一人が再び鹿島厚生病院に戻った。

最後の警察車両バスに、寝たきり患者と、車椅子の患者を運び込み、会津中央病院へ送り出したのが、一七時だった。警察車両を見送り、後片づけをして回った。ヘリの不調で搬送できなかった呼吸器装着患者一人が病室に取り残されていたが、民子は震災以来の自分の役目は果たし終えたと思った。

毎日鎮痛剤を倍以上服用して、何とかごまかしながら、寝ずに頑張ってきた。体は、もはや限界を超えていた。ここは自分自身を一度休ませる番だった。民子は万葉の事務所に散らばる、身の回りの品々を整理した。

二二時、夫・智正の運転で福島市の義姉宅に向かった。佐知子の家には零時を回って到着した。玄関を入ったところで、座り込んでしまった。体の全身から痛みが走った。しばらく動けずに痛みに耐えた。その夜は、疲れ果てているのに、民子は一睡もできなかった。

〈二〇一一年三月一九日

民子、昨夜遅く来る。五月で一〇〇歳になる天野の義母避難先で具合が悪くなったとかで、弟夫婦急いで帰る〉

病院が閉鎖し、民子が福島に避難しても、具合が悪くなった万葉利用者からは、電話が次々にかかってきた。民子にとって、頼みの綱は利用者と自分をつなぐ訪問看護専用携帯だった。佐知子宅で受けた利用者からの電話は、一九日八件、二〇日七件、二一日七件……。その場だけで終わる場合もあれば、ケアマネジャーにつなぎ、動いてもらうこともあった。遠方に避難した利用者には、避難先周辺の医療機関への紹介状や処方箋を書いた。民子は佐知子の家の廊下に立ち、ファックス送信に追われた。

実家の父・泰男より連絡があり、祖母、両親ともどもみんな無事で新潟に避難していることが分かった。ようやく安心すると、居ても立ってもおられず顔を見たくなった。翌日、智正と共に新潟へ向かい、お互いの無事を喜び合うと、しらず涙がこぼれ落ちた。
その間も利用者とは電話で話し合うのだが、遠隔地対応もすぐに限界がきた。万葉は訪問看護二四時間サービスを謳っていた。民子の長期にわたる不在は、避難をしていない利用者にとって、自分の健康不安を煽る材料になった。十分とは言えないが、疲れもとれ、福島原発と戦う気力も戻った。民子は訪問介護ステーション万葉を鹿島厚生病院で最初の再開部署にするために、三月三一日、鹿島に戻ることにした。
〈二〇一一年三月二六日
雪が少し積もっておる。民子、新潟に避難した実家の祖母、父母に会いに智正と出かける。二人そのまま泊まる〉
〈二〇一一年三月三一日
民子、鹿島の病院に戻る。北海道の姪・邦子さんより多くの贈り物戴く。感謝あるのみ〉

塙の介護施設に付き添いで行ったスタッフが万葉に戻るのは、四月の中旬になった。家族を失ったもう一人の復帰は四月下旬だった。その間民子は地震発生から一カ月、専用携帯を片手にたった一人で、万葉の二四時間対応を続けた。

鹿島厚生病院は、震災より一カ月目の四月一一日、福島原発騒ぎの鎮静、職員の復帰、薬剤物流の復活を見て、まずは外来を再開した。多くの患者が外来受付に列を作った。四月二七日、病棟が再開され、病院はいつもの慌ただしい毎日を取り戻した。

だがヨシに震災前の毎日が戻ることはなかった。相馬の義妹宅、福島の次女・佐知子宅、原町市内の長女・由起子宅を転々として自主避難生活を続けた。避難生活が長引くにつれて、ヨシの日記も暗くなった。たまに馬場の自宅に様子を見に帰るのだが、手入れのできない畑は次第に荒れ果て、ヨシの心をより悩ませた。

〈二〇一一年四月一一日　曇り
今日で地震発生より一カ月が過ぎた。夕方震度五くらいの強いのが来る。その後何回も小さいのが来る。本当に怖い。私にできるのは炊事だけ〉

〈二〇一一年五月二七日
今日より原町由起子宅に厄介になることになり、七時佐知子宅でご飯食べ宮下のばあさんと共に出発。混んでいて一〇時半に着く。午前中のんびりおしゃべり。昼食パンを食べ、久しぶりに詩吟へ〉

〈二〇一一年六月一日　雨
久々に自宅馬場の畑に立つ。野放図に伸びた草や蔦に心底驚く。雨の中、草刈始めたらこれまでの大変だったことみな忘れる。放射能危ないと、民ちゃんにひどく怒られる。悲しいことじゃ〉

〈二〇一一年六月一六日　晴　（由起子宅にて）
馬場の家へ行ってみたくなるも、仕方ない。我慢するしかない。手紙書くのも好きだったが、書きたくない。テレビも思うように見れず、耳鳴りもひどい。本当に人生最後の土壇場になり、何も楽しみなし。淋しい限り〉

〈二〇一一年六月一七日　晴
　昨日は弱音を吐いた。午後から泉の鈴木宅へ。途中鹿島地区大内近辺の瓦礫の山々に胸が痛む。大変な人たちがおる。自分は恵まれておる。しっかりしなくてはと思う〉
〈二〇一一年六月一八日　曇り午後雨
　小雨降ってきてなぜか淋しくなり涙がでて止まらず。過去の生活が急に思い出され早く原発の収束を願うばかりなり。ヨシしっかりしろと、自分に言い聞かせ休む〉
　福島原発事故から三カ月が過ぎ、原町市街の放射能値は安定してきた。しかし羽根田家がある原町馬場川久保は、「計画的避難区域」の指定で全村が避難した飯舘村に抜ける阿武隈山地の麓にあった。浜から谷に吹く風の通り道に位置し、あいかわらず高い放射能値が続いた。帰還は許されなかった。だが、いつまでも長女の嫁ぎ先に居候しているわけにもいかない。かといって最近ようやく市が建て始めた仮設住宅はとても狭く、親子三人が暮らせるものではない。それに名前が示す通り、隣のテレビの音も筒抜けの安普請だ。仮に住んだとして、いつそこを追い立てられないとも限らない。
　だが他に市が避難先を世話してくれるわけでもなく、智正は休みになると避難先のアパートを探しに町を歩いた。時には次男の通う大学がある山形にまで足を伸ばした。しかし、探しても探しても、歩いても歩いても避難先は見つからなかった。やがて休みになるたびに智正の表情が険しくなった。
　その日も智正は雨の中を探し歩いた。だが物件はなく、探し疲れて職場近くに戻った。どうしたものかと思案に暮れて、ふと見上げた先にアパートが建っていた。
灯台下暗《もと》しとはこのことだった。智正夫婦が勤める職場から近い三DKで、しかも三女・三恵子の嫁ぎ宅とは目と鼻の先だった。近所には自由に野菜作りができるボランティアのビニールハウスもあった。ヨシにとっても、智正夫婦にとっても、これ以上理想に近い避難先物件はなかった。
鹿島グリーンコーポ。幸運の緑の館だった。
福島原発事故から一二〇日間、避難先を転々としたヨシは、八一歳にして初めてアパート暮らしをすることになった。引っ越しは震災から四カ月目の七月四日になった。
〈二〇一一年七月五日　晴
鹿島区西町の初めてのアパートで五時起きる。早すぎると民子に諭される。三女の家近くまで散歩。昔の養蚕教師と出会う〉
〈二〇一一年七月八日
朝智正に送られて久しぶりに馬場に帰宅。一一時半孝ちゃん来て昼食一緒に食べたあと、公民館で詩吟の練習。今夜は孝ちゃんに泊まって戴く〉
〈二〇一一年七月九日
朝孝ちゃんと一緒に運動やる。朝食後孝ちゃん帰る。立ち入り禁止が続く浪江で持ち出し許可出たので弟・史朗夫妻と佐知子夫妻と共に、天野史朗宅へ行く。初めて浪江町に入るが、三月以来の立ち入り禁止で道路には犬がうろうろしておりただ不気味な町なり。台所も急いで避難したため、すべてそのまま。四カ月の間にすべてのものが腐り、大変な悪臭の中、片づけする。緊急のもの持ち出し、公民館で線量検査を受け、車に荷物積み込み史朗夫妻嬉しそうなり。津島の実家はここより三〇キロも離れているにもかかわらず線量高く未だ一日の帰還も許されず、顔出すこともならず。淋しいことなり。智正の迎い受け帰宅する。弟夫婦も大変なり〉

〈二〇一一年七月二三日　曇り
　鹿島にいてもやることなし。馬場の自宅見に行く。朝涼しかったので畑、納屋の前の草取り。放射線を取るためと一生懸命やったのに、やってはいけないと民ちゃんに注意される。情けないことじゃ。悲しくなり、思う存分泣く〉

　土に触れられないストレスからだろうか、ヨシは急激に衰えていった。震災の前日までは杖もなく歩いていたというのに、急に腰が曲がり、杖どころか押し車なしでは歩行もおぼつかなくなった。老人の衰え過程を熟知する民子をさえ驚かせる、老化の早さだった。
　人はこんなに急激に衰えるものか。民子は衝撃を受けた。

〈二〇一一年九月九日　晴
　接骨院の後、押し車を見に行く、丁度いいのがなく歩いて帰る。杖がなく大変なり。智正が見つけてくれた押し車カワチにて一万五〇〇〇円で買う〉

〈二〇一一年一二月二日　曇り
　起きるとすぐ帰宅す。午前納屋の前の畑、草削り。菜種蒔く。午後詩吟。来年四月に朗詠するので特訓する。夜は一人で馬場に泊まる。寒くても、放射線高くも、我が家は最高なり〉

〈二〇一二年年頭所感　昨年は東日本大震災と東京電力の放射能という考えもしない被害に、佐知子宅七〇日、由起子宅一カ月、そして七月四日からは現在の賃貸アパートでの息子夫婦と三人の生活となる。近くに接骨院あり、部屋も三ＤＫと恵まれての生活なるも、体調は今までのようなわけにいかず、腰を伸ばして歩くのも大変なり。ずいぶん頑張って歩いておるが情けない。でも今年は負けずに前向きに、若夫婦に迷惑にならないよう進む〉

だが年頭に書いた誓いとは裏腹に、いつまでたってもヨシの気持ちは晴れることがない。中でも前年末に患った親指のケガが思わしくなく、接骨院に通う毎日で、たまに帰る馬場の自宅の草取りも煩わしくなり、ヨシの老いは進んだ。震災二年目の日記も陰々滅々となった。

〈二〇一二年三月一一日　晴

原町労働会館にて九時より詩吟の勉強会あり。うまく謡えず。午後二時頃終了。去年の大地震の日も詩吟教室だったのを思い出す。孝ちゃんの車で自宅へ。台所の食器が壊れ放題だったのを思い出しながら、台所の片づけ。夕方四時半鹿島に戻る〉

震災一年を経て相馬地区（相馬市、南相馬市、新地町、飯舘村）の医療体制は改善するどころか、悪化の一途をたどった。震災前総計八一人だった常勤医は五六人に、七九一人の看護職員は五七二人にまで減少した。きわめて厳しい医療従事者不足に、一部の病院では未だ再開がままならない。また再開したとしても、多くの病院が一部稼働にとどまった。この脆弱な医療体制を少しでも改善するため、日本救急医学会、被災者健康支援協議会から、応援医師の派遣や当直応援支援がとられた。鹿島厚生病院は救急医学会から、一カ月単位で応援医師の派遣を受け、しのいだ。

昨年九月末の「緊急時避難準備区域」指定解除以来、原町市内の人口還流は進むが、六五歳以上の高齢者が多く、民子の仕事はますます忙しくなった。

民子の気がかりはひとえにヨシの健康にあった。中でも生きる意欲を失いつつある心の衰えが気になった。ここでヨシに何かあったら、それは訪問看護ステーション万葉の崩壊、ひいては鹿島厚生病院の入院治療体制の危機に直結した。

足を引きずり、杖をつこうとも、三度の食事の用意をヨシに引き受けてもらわなければ、民子は宿直もできなかった。ひたすらヨシの生きる意欲の回復を願いながら、民子の二〇一二年は暮れた。

久しぶりに馬場の自宅に戻ったヨシは、紅白歌合戦を見終わり、除夜の鐘を聞くと、二〇一三年の日記の最初の年頭所感欄を開き、思いつくままに、筆を走らせた。

〈震災二年目の正月となるも何も変わっていない、そのままの状況なり。早く除染を望むも仮置き場も決まらず、誠に残念なり。しかしながらどうすることもできず。自分の体調を良くして、心身共に若い人たちに迷惑をかけないよう、また認知症にならないよう、常に心して書くこと、読むこと、何事にも挑戦して今年も前向きに頑張ることを誓いましょう〉

いったん布団に入ったヨシは、再び起きだし年頭所感欄の最後に今度は赤ペンで一行書き足した。

〈**昨年はハウスで野菜作り頑張った。えらいぞ。今年は何で頑張る？ヨシさん**〉（以下、赤字部分は本書ではゴシック体で表記）

新しい年、二〇一三年が明けた。ヨシ、智正、民子は三人そろって裏山に祀ってあるお不動さんにお参りした。民子は心の底で何度も願いごとを唱えながら、手を合わせた。

「どうぞ、ばあちゃんに新しい生きる意欲をお与えください」

そのあとはこたつでテレビに見入った。正月のテレビ番組に飽きたヨシは、テレビのスイッチを消すと、JA発行の雑誌『家の光』一月号のページを開いた。年末は何かと忙しくゆっくりと読むこともなかった。やがてページを捲《めく》るヨシの手が止まった。

〈幸せ発見ほめ日記〉

五〇年以上日記を書き続けてきたヨシだったが、それは初めて知る言葉だった。その記事を監修した手塚千砂子《てづかちさこ》はこんなふうにほめ日記のことを解説していた。

〈「ほめ日記」は、ほかでもなく「自分をほめる」日記です。たとえば『今日、〇〇とデパートに買い物に行った』と書くだけでは「ほめ日記」にはなりません。続けて「嫁と仲よく出かけたわたし、いい姑だね」と書くのです。自分をほめる言葉は脳が喜ぶ刺激となり、快感ホルモンの分泌を促して脳をイキイキさせます。そのため不安が減って気持ちが前向きになり、やる気や自信が出てくると考えられます。心と体はつながっていますから、体もはつらつと、軽快になってくるはずです。（略）言葉には力があります。「ほめ日記」を書くと「ほめ回路」ができてきて、ものの見方、考え方がプラス志向に。回路が太くなれば、自分を否定する気持ちが薄れ、ごく自然に自分をほめることができるようになるでしょう〉

ヨシはなんだかこれなら自分でもやれそうだと思った。南瓜の収穫の時には周りの人から笑われるのも気にせず「おいしそうな南瓜になってくれてありがとう。ヨシさん南瓜作りうまいね」と南瓜にも自分にも声をかけてきたのだ。ほめ日記を提唱する手塚先生が言うように、自分で自分をほめるとやる気が出てくると、ヨシは前から実感していた。手塚千砂子とはどんな人だろうと監修者の紹介欄を見た。「NPO法人『自己尊重プラクティス協会』代表理事。長年の実証研究を経て、独自のプログラムを開発。全国各地で数千回に及ぶ講演・講座を開催。著書に『ほめ日記自分新発見』『「ほめ日記」をつけると幸せになる！』がある」とあって、次ページには実際の日記の紹介があった。末尾の文が赤文字で記されていた。

〈**新年の今日からほめ日記を始めることにした。なんだか心改まる気がする。年をとってもチャレンジしてるね、エライゾー**〉

その参考事例を見て、待てよと思う。これに似たことを自分はしていないか？しかも最近に。ヨシは急いで年頭所感のページを開いてみた。所感の最後にヨシは赤字で書いていた。

〈**昨年はハウスで野菜作り頑張った。えらいぞ。今年は何で頑張る？ヨシさん**〉

何のことはない、自分は知らないうちにほめ日記を書いていた。同時に、ここのところの、何ともだらしのない自分には、これが効くかもしれないと思う。

震災以来体がだるく、何もやる気が起こらない日が、何日も続くことがあった。自分でもずいぶん駄目になったなと思いながらも、そんな時は家でぐずぐず、だらだらとしていたのだ。日記で自分をほめると決めたら、やる気のない日にも、ほめ言葉を書くために、何かせざるをえない。きっとぐずぐず癖が治って、体を動かすだろう。ほめ回路ができれば、ものの見方、考え方がプラス志向になるという手塚先生の考え方は、きっとそういうことだ。よし、今年はほめ回路を自分の中に作ろう。きっと年末の日記には、〈**この一年頑張って、ヨシさん太いほめ回路ができたね。エライゾー**〉と日記に赤ペンで書くのだ。今年はほめ日記に挑戦だ。

〈二〇一三年一月一日　晴

朝六時半、智正、民子と三人でお不動さん参拝する。やっと登って行く。来年は来られるだろうか？きっとくる。神に誓う。帰ってから何もせずテレビ見る。『家の光』一月号ほめ日記。びっくりする。驚く。年頭所感に書いたことが書いてある。新年は今日からほめ日記を始めることにした。なんだか心改まる気がする〉

そしてヨシは、日記の末尾に『家の光』の実例と同じ言葉を書き入れた。

〈**年をとってもチャレンジしてるね、エライゾー**〉

年明け以来、鹿島にも雪時雨《ゆきしぐれ》の日が続く。正月以来行っていない馬場の我が家が気になった。しかし人気のない大きな家に一人泊まるのも、寒くて少しおっくうで、自然と足が遠のいた。いや、ほめ日記を書くには最高の題材だと、意を決し、ヨシは馬場に向かった。あれこれ家の周りを片付けたのちに、文机に向かった。寒いので日記は短くなった。末尾を赤ペンで記した。

〈二〇一三年一月一一日　晴、風強く寒い

被災生活今日で一年一〇カ月近くになる。留守の我が家に帰り、除草をし、一泊して帰る。**よく頑張っておるね。体に気をつけ、くじけず頑張ろうね**〉

『家の光』では「あなたのほめ日記」を募集していた。ヨシはその日の日記をはがきに書いて応募した。そしてヨシは震災から二年の三・一一を迎えた。

〈二〇一三年三月一一日　強風

　昨夜から強風なり。ＪＡ往復寒くて大変だった。帰宅後寒くてこたつに入り詩吟の勉強。昼食後疲れて昼寝をしてしまう。風強く、ハウスも行けず。ほめ日記の材料ないため、衣類の整理、喪服の整理、手紙の整理する。夕方サラダ作る。東日本大震災より丸二年たつが、馬場地区の除染は進まず、二年前と全く同じ。自分の体はだんだん悪化し、頑張っておるが歩行大変。頭だけはと毎日ていねいに字を書くこと。漢字は調べて書くことをモットーに。**外に出られない日に家の内の整理よくヤッタ。字ていねいでキレイだね。漢字忘れずに**〉

『家の光』が募集した「あなたのほめ日記」にはたくさんの応募があった。同誌八月号に「わたしの『ほめ日記』」として読者から寄せられた日記の実例を掲載するために、手塚千砂子のもとに、編集部からたくさんの応募はがきが持ち込まれたのは六月も終わりのことだった。手塚は応募はがきの一枚一枚を読みながら、あるはがきに衝撃を受けた。

〈被災生活今日で一年一〇カ月近くになる。留守の我が家に帰り、除草をし、一泊して帰る。**よく頑張っておるね。体に気をつけ、くじけず頑張ろうね**〉

差出人を見ると「南相馬市鹿島区　羽根田ヨシ　八三歳」とあった。

想像を絶するような大変な毎日の中で、くじけず自分をほめている。きっと頭も心も柔らかい人なのだろう。老女は自分を労わり、励ますほめ言葉を綴ることで、この困難な状況下を、何とか生き抜こうとしていた。同時にその意欲は、ほめ言葉によって倍増されているのが分かった。

そうこれが、私が提唱し続けてきた、生きる力なのだ。

手塚は、ヨシの日記の他一〇余りの日記に、付箋をつけた。選出した読者のはがきを並べると、生きる希求に満ちたヨシの日記の強靭さが、突出していた。

震災以来手塚は、甚大な被害の映像を見るたびに、この国に突然降りかかった困難に、何とか支援の手を差し伸べられないかと、被災地を回り、ほめ日記を薦めてきた。しかしその効果が幾ばくか、はかりかねてもいたのだ。ようやく応募はがきのなかに、この困難な日々を、ほめ日記で何とか乗り越え、必死に生きる人を見つけた。自分のささやかな普及活動も間違いでなかったと知り、手塚は嬉しかった。

同時に反省もした。自分は津波被害の衝撃的な映像に惑わされ、岩手・宮城の三陸を重点に被災地を回ってきた。だが、一見すると被害が少なく見える福島浜通りの人々の、目に見えぬ放射線に怯える毎日に目がいかなかったと痛感した。手塚はその素直な気持ちをありのまま手紙にしたため、ヨシに送った。

ヨシは、突然届いた手塚千砂子からの手紙を、何度も読み返した。東京の偉い先生が自分の日記のことを激賛しているのが信じられなかった。しかも末尾には「ヨシさんのもとを一度ぜひおたずねしたい」とさえあった。ヨシは恐縮しながら、ペンを執った。

「初めてのお便り失礼します。此の度は手塚先生ご自身からのお手紙に接し、夢のようで感動と嬉しさの喜びに浸りました。私のほめ日記は私なりに、先生の教えに沿って、今も書いております。さて私のもとにおたずねいただくというありがたいお言葉ですが、残念ながらまだ放射線量が高く、先生のお体を考えるとお招きするわけにはいきません。

私が住む馬場というところは三〇〇戸くらいの集落です。この一軒一軒をやるわけですから、除染作業は難航し、遅々として進みません。国も大変なことです。先日ようやく我が家の除染が始まりました。周囲の杉林、竹林だけで一〇人がかりで二週間はかかったでしょう。その後、屋根の除染に二日がかり、一番最後に本家の除染に取り掛かり、足場組み、除染、足場外しと六人掛かりで三日かけようやく終わったところで、先生に手紙書いております。

我が家は農家ですので昔から柿の大木が一〇本ほどあります。除染作業の間に、今年もその柿がたくさんの実をつけました。でも放射線で、秋にその柿を食べるわけにはいきません。この先も毎年、毎年たくさんの柿がなるのに、それを食べるわけにはいかないのです。何年先に我が家の柿を食べられるだろうと考えると、柿を生かしておくことの方が残酷に思えました。息子と相談の上、仏前には『すまないが切らせて戴きます』と断って、プロの人を頼んで、二日間掛かりで切ってしまったところです。悲しくも感無量の二日間でした。この間頼まれ、私は一人で留守番係として泊まっておりますが、来月には庭の除染が始まります。一カ月近くかかるといわれています。それまで畑には出ることができなくなりましたが、それはここに嫁に来て以来、六三年、作っては出荷し、また作っては出荷する忙しい毎日に、十分働いたのだから、今度は休んで良い人生を送るようにとの神様からの私へのプレゼントと考えております。ありがたい事です」

手塚はそこまで読んで本当に驚いてしまった。震災と福島原発被害を神からのプレゼントと考える人がいるとは。どこまで強い人なのだろう。ヨシの手紙を読む手塚の目は、涙で滲み、その先が読みづらくなった。

「これから先、長くはない人生を有意義に過ごしたい。若夫婦の負担にならないように、頑張って生きなくちゃ。何事にも挑戦して少しでも脳の活性化を助けてボケないようにといつも考えております。その時に夢が叶ったら先生にお会いしたいです。『ひとつの夢を目指して』頑張ります。くだらないことだらだらと書き綴りました。お体をお大事に。ご健康をお祈りします。羽根田ヨシ」

手塚の目には、手紙の欄外にヨシの字で書かれた赤い文字が滲んだ。

〈**頑張るんだぞー、ヨシさん。何でも挑戦してエライゾー**〉

手塚はこの人のもとをいつか必ず訪れ、生きる力をもらおうと、決心した。

そして、『家の光』八月号の「わたしのほめ日記」特集ページに、ヨシの日記が掲載された。

嬉しそうに掲載誌を差し出すヨシの笑顔を見て、民子は長い間医療に携わってきた経験者として、一瞬でほめ日記の持つ効用を見抜いた。

「この日記はヨシの生きる意欲に活力を与えてくれる。それはまた、二四時間仕事に向かわざるを得ない自分を、ヨシが元気に家にいるという安心感で支えてくれる」

民子は多くの万葉利用者宅を訪ねる中で、病よりも、震災の痛手から立ち直れず老いて朽ちていく高齢者を何人も見てきた。ヨシがその一人にならないことを、ひたすら願い続けてきたのだ。

震災以来続く慢性的な人手不足で、携帯電話に二四時間縛られる毎日だ。夜中の二時にベルが鳴れば、利用者宅に向かう。病院とアパートは目と鼻の先なのに、帰れぬ日々も多い。ここでヨシに倒れられたらすべてがお手上げだった。民子はヨシがほめ日記を書き続けることで、元気になることをひたすら祈った。

〈二〇一三年九月一二日　晴

今日より除染作業入る。作業員の人たちに交じって木の苔削り取り、松の枝の整理する。除染を手伝ってくれる人々の出身地、名前を訊くも、日記に書こうとしたらもう忘れておる。**ヨシさん物忘れ激しくなったが、除染よく頑張った。これからも頑張れよ**〉

〈二〇一三年九月一三日　晴

除染作業員一二人。雨の中始まる。みんなにおいしいもの食べてもらおうと、大鍋に自家製の人参、茄子、豆を入れ、鮭の切り身で出汁を取る。案外おいしく全員完食。**大きな鍋に具たくさんで大変だったね。よくやった**〉

〈二〇一三年一〇月七日　晴

約一カ月近くかかって今日で除染終わる。午後一二人の方々と写真を撮る。みんなよい人たちだった。この一カ月食事作りも大変だったけれど、みんなに喜んでもらえた。**ヨシもこの一カ月料理大変だったけどよく頑張ったね。みんなにおいしいとほめられて良かったね**〉

除染は終わったが、放射線量はあいかわらず高く我が家に帰れるわけではない。こんな地に本当に手塚先生は来てくれるだろうか？だがヨシに生きる力を与えてくれた先生に、心からのお礼を言いたく、ヨシは我が家への招待の手紙を送った。

〈二〇一三年一一月九日　晴

手塚先生より来月九日に来宅決定の電話あり。偉い先生の訪問、嬉しいやら心配やら。**頑張るんだぞ、ヨシ**〉

〈二〇一三年一二月八日　晴

今朝も早く起きる。手塚先生おいでになるのもあと一日。きれいに家の周りを掃き掃除する。昨日に続き菊の苗植え替えする。竹藪の中に先生来訪の看板を記念として書く。先生びっくりするかしら？一応内外きれいになり安心する。**先生を迎えるワクワクの気持ち。脳を刺激する老化防止でヨカッタネ**〉

東京から常磐自動車道を北上した手塚は、福島原発に近い広野・常磐富岡間の通行禁止に伴い、広野インターチェンジで高速を降りると戸惑った。国道六号線も封鎖されていた。旧六号線を走るようにと言われるのだが、その抜け道をカーナビが示せない。走ったと思うと立ち入り禁止の検問ガードに出くわし、また走っては検問ガードに阻止される。物々しい防御服に身を包み、迂回路を指示するガードマンの姿に、福島原発近くに住む困難さを、改めて手塚は思い知らされた。

ヨシ宅への到着は、約束の時間よりすっかり遅れてしまった。

自著『ほめ日記自分新発見』（三五館）『親も子もラクになる魔法の〝ほめ〟セラピー』（学陽書房）を手渡し、福島県林業コンクールで知事賞を得たという、ヨシが育てた広大なヒノキ林を見て回った。林の前の太い竹には、ヨシの字で歓迎の大きな文字が書かれていた。

「手塚千砂子先生訪問来宅記念」

その竹を横にして、二人は記念写真に収まった。手塚は、ヨシが書き継いできた震災以来の日記帳を見せてもらった。ていねいな小さい文字で、日々のことが綴られている。福島原発事故から逃げる流浪の日々を飛ばし読みする。暗い言葉が続いた。

「何も楽しみなし」「淋しい限り」「思う存分泣く」「情けないことじゃ」

だが震災から二年後の二〇一三年の日記を開くと、目に赤いペン字が飛び込んできた。

〈年をとってもチャレンジしてるね、ヨシ、エライゾー〉

〈よく頑張っておるね。体に気をつけ、くじけず頑張ろうね〉

〈八三の腰曲がり婆さんだけどよく頑張っておるな。偉いぞ〉

〈ヨシレストランの三時のおやつはおしゃれでおいしいねぇ〉

日記の調子が突然明るくなるのが、手塚には殊の外嬉しかった。

「ヨシさん大変でしょうが、ほめ日記で生き抜いてください」

手塚は手を取り、言葉をかけた。なかなか立ち去りがたかったが、不慣れな旧六号線の帰路を考えると、長居もできなかった。

〈二〇一三年一二月九日　晴、最高の天気
手塚千砂子先生来宅。途中迷ったようで約束の時間より三時間遅れる。菓子折り、本六冊戴く。記念写真も撮りただ感激なり。帰りも大変だったでしょう。お土産二人分、食事代一万智正に渡す。感激でほめ言葉浮かばず。**ヨシさん手塚先生に会えてヨカッタネ**〉

ヨシは感激に浸りながら、贈ってもらった本を、むさぼるように読んだ。その日の日記を書き終わると、筆を執った。

「前略、御免くださいませ。この度は遠路お運びいただきまして、その上、貴重なる本を賜り、全くもって感謝感激といいましょうか、一気に読ませて戴きました。本当にご立派な先生にこのように心にとめて下さいました事、ただただ頭の下がる思いです。奇跡のような出会いができましたのも、震災と原発があったからこそと、天に地に感謝し、目標を持って頑張りますので今後ともよろしくお願い申し上げます。まずは御礼まで。羽根田ヨシ」

礼状と一緒に入っていた、ヒノキ林での二人の写真を見ながら、手塚の手が細かく震えた。何と強い人なのだ。恨み言を幾つ言っても尽きないはずの福島原発事故にさえ、感謝をしている。手塚にとってヨシこそ生きる手本だった。

それからも手塚千砂子はモチベーションアップとほめ日記の普及のために、全国各地を慌ただしく回った。どの会場でも終わることのない福島原発被害の実情を訴えると同時に、「ほめ回路」を太くして生きるヨシのことを話した。講演の最後はヨシのほめ日記の赤ペンの部分を次々に読んだ。やがて手塚の声は震え、そして会場中にすすり泣く声が響いた。

〈二〇一三年一二月三一日
朝仕事納めに畑に焼き糠《ぬか》入れる。力を振り絞り納屋の前の畑に一輪車で焼カス運び、今年も一年色々あったなと思いながら、耕してあるところに大体入れる。夕食は孫・浩伸も帰ってきたので、すき焼きとなる。材料切ったりと準備も大変なり。民ちゃん帰宅するのを待って夕食八時半より開始。お歳暮の上等のお肉だったので、最高の味なり。今年は手塚先生とほめ日記に出会い、

感謝。**ヨシほめ日記一生懸命書いて偉かったぞ。来年も頑張れよ**〉

震災以来のヨシの日記は訃報を綴る日記ともなった。中でも二〇一四年という年は、その数が多くなった。ヨシは悲しみを跳ね返すように、ほめ日記に励んだ。

〈二〇一四年三月一一日　晴

六時半にハウスに行き外の畑耕起す。朝食後もまた行く。杉哲子ちゃん、仮設近くの医者に来たとかで、しばらくぶりに訪ねて来る。大震災の日に小高の同窓生に会うも感慨一入《ひとしお》。哲ちゃんに、ハウスで採れた野菜くれてやる。新聞に詩吟小野先生の母親一〇〇歳の賀寿記事。すてきな母親に感動。夕食にコロッケ大量に作る。西村さんと三女宅にも配る。夜、小野先生に手紙。**小野先生の母親に負けないくらい長生きしろよヨシさん**〉

〈二〇一四年七月一五日

朝仕事に馬鈴薯《ばれいしょ》掘る。土が固いものだから育ち悪く、がっかりする。西村さんと昨日亡くなったアパート向かいの大井恒雄氏八二歳のところへ行って来る。子どもは一人で、孫はないという。震災避難で一人暮らしの淋しい仏様の姿、何とも残念なり〉

〈二〇一四年七月二三日

六時智正と川久保の自宅へ。喪服を北洋舎より受け取り、廊下に吊るしたあと、志賀嘉代子さんの家に顔を出す。昨日の朝急に倒れ、救急車で運ばれたがそのまま死亡とか。息子さんの裕司さんいるが急な亡くなり方に信じられない様子なり。仏様を拝ませて戴くが、きれいな死に顔であった。帰宅後、六角ハウスに行く〉

〈二〇一四年七月二五日
孝ちゃんの迎え受け、原町斎苑の愛月記へ。志賀嘉代子さんの告別式なり。永井先生も来館。全員で合吟し、嘉代子さんを送る。温厚な立派な手本となる先輩であった。詩吟勉強時にはいつもすぐ隣で吟じ合い、お互い切磋琢磨してきただけに、涙つきず。また淋しくなってしまった。孝ちゃんに送ってもらうが、炊事をやる気も失せ、塩むすびなど二人で食べゆっくり話す。**仏様、詩吟で送れてヨカッタネ**〉
〈二〇一四年九月四日
七時頃三女・三恵子の夫・正登が家の前で倒れておったとか。いつ倒れたか意識なしの様なり。その後病院で死亡。あまりにも悲しい出来事に絶句〉
〈二〇一四年九月八日
朝四時起床。朝食の準備する。八時半相馬JA葬祭センターに着く。早すぎ待つこと大変。盛大なる告別式。昨夜書いた弔辞を読み、捧げる。三恵子も今後一人で大変なことと、胸痛む。親戚みんな来てくれて感謝す。あまりにも突然の死、やりきれない思いにて、弔辞、正登君に捧げる。**心の籠《こも》った弔辞、正登も喜んでおるぞ**〉
〈二〇一四年九月一二日
突然の正登君の死に、声を出す気になれないが、智正に送られて、詩吟へ。最初は声に出さずに心の中で吟じていたが、最後は少し声を出す。嘉代子さんの息子夫婦久しぶりにお茶菓子もってお見えになる。キヨちゃんの死去にて淋しいだろうが、私も淋しい。**頑張れー、もっと声出せ、**

元気出せ、負けるな〉

〈二〇一四年一一月二六日

浪江町津島の本家廣重より白岩忠雄の長男が五六歳で死亡との連絡あり。親よりも子どもが先に逝き、さぞかし心痛むことと察する。廣重にお悔やみ一万包むの頼む。外は小雨で一日寒く、こたつの中で手紙の整理、日記帳の整理などして過ごす。今日は寒いのでけんちん汁と野菜入れてスパゲティー作る。**立ち入り禁止の津島もみんな頑張っておる、ヨシも頑張れ**〉

二〇一五年の新たな年が始まった。今年こそいい年になって欲しいと念じながら、ヨシは敷地内の氏神様にお祈りして歩いた。その途中で畑のブロッコリーが猿に食べられ全滅しているのを発見する。人が住んでいる間、彼らは決して侵入してこなかったというのに、家を空けて四年近くがたつうちに、イノシシ、猿が畑を我が物のように往来するようになったのだ。六〇年の長い歳月のなかでヨシが手塩にかけて作り上げてきた畑も、山林も、急激な速さで自然に還っている。線量が収まった時には、畑も山林も潰えているのではないか。何とかその前に、我が家に帰りたいと氏神様に願った。

〈二〇一五年三月一一日　晴

震災より丸四年目の日は風もなく穏やかな日だった。夫二三男の姉、ヨシイの告別式。最後の骨拾いまで参加。自分も行く道だが、震災の思い出と重なり淋しい限りなり。夜は戴いたヨシイおばさんのお膳にて民子と食事する。**おとなしいヨシイおばさんは家に来る時は、必ず私のものを持参してくれて嬉しかった。感謝**〉

震災四年が過ぎ、震災前に七万人強を数えた南相馬市の人口は、福島原発事故による避難指示、屋内退避で一時は八〇〇〇人まで落ち込んだものの、放射能値の安定に伴い帰還する人々と、住居を許されなくなった「警戒区域」からの人口流入で、約二二パーセント減の五万五〇〇〇人まで持ち直した。だが戻った住民の多くが高齢者のため、震災前の高齢者世帯数四〇六八世帯(二〇一〇年一月)は、五一五一世帯(二〇一五年一月)に増え、急速に高齢化が進んだ。

それは高齢者医療の崩壊を意味した。介護老人保健施設はわずかに増床したものの、職員不足で約四〇〇人待ちの状態が続き、在宅でも家族の介護力が低下しているため、病院は退院できない患者ですでに満床になっている。加えて深刻なのは看護師不足で、新たな患者を入院受け入れできない状態が加速化した。対応策として緊急処置を終えて退院治療できる患者を増やすと同時に、入院できない患者を在宅治療で対応するため、民子たち訪問看護師一人当たりの担当患者数が急激に増加した。医療行政には、何の戦略も、何の代替案もなく、最終現場で働く民子たち訪問看護師の体力と精神力で乗り切るしかない。だから民子は倒れることはできなかった。二四時間職場に立てこもるしかなかった。職場と避難先のアパートが近いからといって、そのアパートに帰れる日は多くなかった。ヨシの日記の末尾に〈民子遅し〉〈民ちゃん夜遅く帰宅〉〈民子深夜出かける〉〈民ちゃん帰らず〉〈民子二日連続帰らず〉の文字が増えていった。

それは智正とて同じだった。一瞬にして失った管轄内の総計四三二一ヘクタールの水田から、次年度に少しでも多くの復興米が収穫できるよう、津波塩害の除塩や、除染による土壌回復に、広い管轄内を日々駆けずり回っていた。

民子にはヨシの健康だけが頼りだった。幸いほめ日記と出会い、自分から生きる力を手にしてヨシはたくましく生きてきた。一時は押し車なしでは歩けなかった足腰も、自ら始めた毎朝一〇〇回のスクワットのおかげで、今は杖さえあれば、どこにでも行けるほどの回復ぶりだ。義母の強靭さにこのうえなく感心しながらも、ヨシがもうひとつ新たな活力源を手にすることを民子は心から願った。その出現は羽根田家を救い、ひいては崩壊寸前の南相馬の医療現場を救う。

「やったぁ。ついに載った、万歳」

朝早くヨシの部屋から大きな声が上がった。何事だろうと、智正と民子が目を覚ましたのは、三月二五日のことだった。慌てて起きだした二人の前にヨシはとても嬉しそうに、また少し照れくさそうに「福島民友新聞」を差し出した。読者の投稿欄「窓」を開くと、ヨシの名前があった。

「一〇〇歳パワー尊敬　　南相馬市　羽根田ヨシ　八四

月日の過ぎるのは早きもの。高齢の身となり、つくづく感じさせられるこのごろです。

朝一番の楽しみは新聞で『読者の窓』が好きです。特に高齢の方の文を読むと感動し、自分も書いてみようと思いながら過ごしてまいりました。

先日は私より高齢ながら精神力、行動力抜群の磯部様の投稿を読み、感動させられると同時に『自分は若いのだからしっかりせい』と叱咤激励、諭されているようでした。

どうしようもない自分の体に焦りを覚えつつも『まあずいぶん働いてきたのだからご苦労さん』と慰めながら、気持ちだけはしっかり頑張らなくちゃ、と考えています。

一〇〇歳にして現役、すごいパワーの持ち主、尊敬いたします。私もパワーをいっぱいいただ

き、頑張ります」（「福島民友新聞」二〇一五年三月二五日「窓」欄）

急いで読み終わった智正が驚きの声を上げながら言った。

「ばあちゃん、すごいじゃないか。でも知らながったなぁ、読者欄に投稿してただなんて」

「選ばんにがったら恥ずかしいがら黙ってだ」

民子は、幾つになっても衰えることのない姑の向上心に感心しながら、二人のやり取りを聞いた。そして、この掲載は今後、ヨシだけでなく、民子自身をも救ってくれると、確信した。

「お母さん今度はほめ日記のこと書いて出したら。きっとまた載るよ」

「載っか分かんないけど、それならもう書いで出したよ」

「すごいね。早く載っといいね。そうだ今度は私のこども書いで。とってもいい嫁ですって」

「そうだね、今度民ちゃんのこども書いでみっから」

避難先のアパートに閉じこもりがちだったヨシは、見違えるように行動的になってきた。詩吟だけでなくデイサービスに通い、鹿島の仮設住宅に小高から避難してきた高校時代の同窓生とも憩いの家でこまめに同窓会を開いた。相馬に手塚千佐子がやってくると知ると、ヨシはその講演の日を楽しみに待った。

〈二〇一五年七月一二日

手塚先生相馬市内に来て講演する。小さなホールだったが、いいお話だった〉

手塚はほめ日記で被災地の人々に少しでも元気になってもらいたいと、その普及活動のために、東北各県を精力的に回る日々を送っていた。自分を励ますことでいかに人は変わり、自分を取り戻すことができるかを、決まってヨシのほめ日記を引いて講演してきた。相馬市の講演ではヨシが一番前の席で手塚の話を聴いてくれていた。自分が話すよりも、実際どんな風に元気を取り戻したのか本人に話してもらおうと、手塚はヨシを壇上に招いた。事前打ち合わせがないにもかかわらず、ヨシは自分のほめ日記体験談を分かりやすく具体的に話し続けた。聴衆から笑い声が起き、誰もが興味深げにヨシの話に耳を傾けた。手塚はヨシのスピーチの才能に驚きながら、とうとう切り出さざるをえなかった。

「ヨシさん、もう講演時間も残り少なくなりました。私にもちょっと話させてください」

ヨシは帰るとさっそくその日のことを「窓」欄に投稿した。

「日記最後の一行自分褒めてみて　　南相馬市　羽根田ヨシ　八五

家の光協会の手塚千砂子先生の講演会に行ってきました。手塚先生は、日記の最後に何でもいいから一行分だけ、自分を褒めることを提唱しています。

自分を褒めることに私は戸惑いを感じていました。しかし脳の活性化、喜びや意欲が湧いて来るというお話をあらためて聞き感動いたしました。

二度目の講演でした。どんな小さなことでも一日を振り返り、一行だけ自分を褒める言葉を記すと、嫌なことでも我慢でき、褒め言葉も湧いてきます。皆さんもいかがでしょうか。前向きな意欲が湧いてきますよ」（「福島民友新聞」二〇一五年八月六日「窓」欄）

老人には精神的に厳しい震災後の急坂を、ヨシはほめ日記と投稿という二本の杖に支えられながら、登り続けた。

〈二〇一六年三月一一日　晴、のち曇り
　民ちゃんに送られて孝ちゃん宅へ。弟さんが震災の慰霊祭にきていて、何年振りかで会い、お互いの震災の日のこと話す。何年たっても忘れられない思い出なり。孝ちゃんと詩吟へ行く。五年前の震災の時も謡っている時だった。詩吟から送ってくれた孝ちゃんとこの五年の事いろいろ雑談、孝ちゃん遅く帰る。風呂焚き、夕食を八時二〇分から。やっと落ち着き書き物する。**送迎して詩吟に連れて行ってくれる孝ちゃんや民ちゃんに感謝忘れずにね**〉
〈二〇一七年三月一一日　晴
氏神様の近辺のジャーマンアイリス、イノシシの堀跡すごい。根を掘り起こしきれいにする。**イノシシなんかに負けるでないぞ、畑頑張れ、ヨシ**〉
　ようやく原町馬場地区の線量も落ち着き、ヨシと智正夫婦は五年八カ月も住み続けた鹿島西町のアパートを出て自宅へ戻ることになった。震災の翌日、我が家の向こう岸の道路を浪江町方面から相馬の方へ逃げ延びる数珠つなぎの車の列を見て、着の身着のまま車に飛び乗り、相馬、福島、原町市街、鹿島と、六年強の日々を転々とし続けての帰還だった。この間は、まさに「自主避難」の六年となった。
〈二〇一七年三月二三日　晴
　いよいよ馬場に帰れることになり、部屋の片づけを始める。ずいぶんと荷物あるものなり。**頑張れヨシさん、よくアパート生活頑張った。あと、少しだ**〉
　五月二一日、ヨシは久しぶりの我が家で、数えで八八、米寿の誕生日を迎えた。

何よりの喜びは一族みんなが集まって、米寿の祝いを開いてくれたことだ。義父の体調が思わしくない三女・三恵子は、残念ながら欠席となったが、総勢一九人が飯坂温泉に会した。「福島民友新聞」もヨシの帰還、米寿を祝うように、投稿を次々に採用してくれ、デイサービスでも話題になった。

〈二〇一七年六月一〇日

午後一時半家を出て飯坂温泉三時一五分着。六時半より宴会夕食となる。食後は佐っちゃんを中心に、自分を慰めようと、いろいろ考えながら宴会を盛り立ててくれる心遣いに感謝。自分の子どもたちの、芸なるもの初めて面白く見る。米寿の祝い盛大にやっていただく。三恵子は義父弱って欠席。曾孫喜んで走り回り、孫たちの歌や踊りも素晴らしく、これからも頑張って、みんなに心配かけずに生きると誓う。**最高の米寿のお祝い盛大であった。子ども、孫一同に感謝。本当に幸せ者だね、ヨシは**〉

「米寿のお祝いで、温かい思い実感　　南相馬市　羽根田ヨシ　八七

先日、福島の飯坂温泉で米寿のお祝いを子どもたちや孫たちにしてもらいました。計画を立て、役割を決めていたそうで、隠し芸など驚きの連続でした。私は今まで子どもの芸など見たことがありません。見事な芸でした。面白い。また四、五歳のひ孫たちがマイクを持ってお遊戯をしたり、歌ってくれました。その楽しそうな姿に感動しました。お祝いに当たり、我が家の若夫婦も何かとうたげを盛り上げるため準備をしてくれたようで、参加してくれた家族それぞれの温かい思いを感じた一日でした。今後も老体ながらも家族の一員として、頼られる老人になりたいと考

えました。本当に楽しませていただいた米寿の祝い、私の頭にしっかりと消えることなく残っていることでしょう」（「福島民友新聞」二〇一七年六月二〇日「窓」欄）

「残された人生を有意義にしたい　　　　　　　　南相馬市　羽根田ヨシ　八七

震災という予想もつかなかった事態に直面し、我が家を後にしてアパート生活となり、やっと古里に帰宅した。

いつしか杖や押し車の世話になりながら、我が家に帰って初めての夏となった。涼しい風が入ってきてクーラーは不要。自分で手入れした花を眺めながら、幸せを実感している。なんて幸せな老後でしょう。自分の体はいつしか思うように動かず、腰や足は痛い。しかしながら、『足さん頑張っているね。今少し頑張ってね』と、足をなでてあげる。『頭さんしっかりしてよ。頼りにしているのだから』と問いかける。暑い一日はすごく長く感じられるが、残された人生を有意義に過ごしていきたいと願っている」（「福島民友新聞」二〇一七年七月一九日「窓」欄）

私は何回か通う原町の取材中にふとしたことから、ほめ日記と投稿で、震災の心の痛手から立ち直った女性がいることを知った。ほめ日記という、何とも直截的だが分かりやすいネーミングに、その効用の大きさをすぐに悟った。ヨシのほめ日記を一度ぜひ読ませてもらいたいと願った。二〇一七年末に羽根田ヨシのもとを訪ねた。取材には息子夫婦の智正、民子が立ち会ってくれた。三人の話を聞きながら、柔らかく温かい時間が流れた。少し耳の遠いヨシだが、事前にきちんと整理した資料の数々を差し出しながら、震災以来の生活を話してくれた。その穏やかな言葉の一言ひとことにヨシの人柄が滲み出ていた。
私は東京に帰ると、預かってきたヨシのほめ日記を、むさぼるように読んだ。
そこには福島原発で突然余儀なくされた悲惨な日々が、怒りの声を上げることなく、淡々と記されていた。そして強靭な精神で自分をほめ、慰め、励まし、力強く生きて行こうとするヨシの思いが、細かく小さな字でていねいに綴られていた。
私は、サトウハチロー作詞、古関裕而作曲で、藤山一郎が歌った「長崎の鐘」を思い出しながらヨシのほめ日記を読んだ。
〽なぐさめ はげまし 長崎の ああ 長崎の鐘が鳴る〽
それは被爆地長崎だけでなく、戦争で荒廃した戦後日本の、辛いけれど、明るい希望の鐘の音でもあった。この歌を歌いながら、いつも掃除をしていた私の母と、ヨシの姿がダブった。
私は総合雑誌『潮』五月号の三・一一特集に、「羽根田ヨシさんのほめ日記」というルポルタージュを書いた。
〈二〇一八年四月七日　曇り
起床六時　ハウスに行き人参間引きし馬鈴薯の土寄せなど。昼頃馬場マコト氏よりヨシのこと載る『潮』五月号の本送って戴く。感激なり。今までの人生において最高のプレゼントなり。智正からも掲載誌四冊プレゼントあり。**自分のほめ日記が記事になり嬉しい限りなり。ヨシ最高の幸せだね。手塚先生に感謝だね**〉
〈二〇一八年四月八日

自分の載った記事を何度も何度も読む。午前中こたつの中で『潮』五月号を兄弟たちに送る準備する。**自分が本に載り人生最大の喜びなり。ほめ日記に感謝だね。これからも書き続けるのだよ**〉

私のもとへも、心から掲載を喜ぶ、ヨシの礼状が送られてきた。

「新緑の候となり春一番の良い季節となって参りました。お陰様にて元気に過ごしております。此の度は私のほめ日記を取り上げて戴き、私の人生の中で、一番の身に沁みる幸せ嬉しさを味わいさせて戴きました。何とお礼を申し上げてよいやら、ただただ感謝のみでございます。記事と共に、あんなに大きく私の写真が全国に載るなど人生の中で考えてもみなかった事で、夢の様です。（略）耳も遠く、足腰もままならずになりましたが、ボケ防止にこうしてお便りできる幸せを感じながら全力投球で頑張っております。馬場さんには本当に感謝です。今後共何卒よろしくお世話下さいます様お願い致します。かしこ。羽根田ヨシ」

私の書いたルポは思わぬ反響を起こした。巻末につけられた読者はがきが次々に編集部に寄せられたのだ。その戻り数は雑誌始まって以来だという。

「震災をバネに強き命の色。心に触れる感謝の鏡。老後の花。躰の擬人化。素晴らしい」（青森県・男性・六三歳）、「人生の応援歌を歌い上げるヨシさんに、生きる勇気を戴きたいへんありがとうございました」（兵庫県・女性・七二歳）と読者からは好評のようだ。そして何よりも多くの方々がほめ日記を書き始めたのだ。

「五年日記をつけ始めて二八年目に入ります。羽根田さんの体験を読み、今日から自分をほめよ

う と決めました」（神奈川県・男性・七三歳）、「私はここ二、三年楽しくない日々が……。三回繰り返し読み、私も何とか実践しようと思いました」（福岡県・女性・八六歳）、「両親の介護生活も四年目に入ります。何でもござれの雑記帳をつけています。グチるよりもほめる言葉を多く書きたいと考え直しました」（広島県・女性・六八歳）。読者の反響の大きさに注目した編集部から私に、翌年の東日本大震災八周年本として新書化の申し入れがあった。ヨシのためにも私は喜んでその提案を受けることにした。

〈二〇一八年八月二七日

午前中から森の湯にて馬場マコトさんから取材受ける。今までの人生、頭の中で大体整理し、メモも書いていたので、あまり緊張感もなく、答えられる。この年になり取材を受け、自分の事が本になるなど、本当にありがたき幸せ。手塚先生のほめ日記のおかげと感謝。三時智正の迎えでときわ外科で腰と足に注射して来る〉

『羽根田ヨシさんの震災・原発・ほめ日記』の刊行は、震災八周年の前月二〇一九年二月五日に決まった。最終入稿は御用始めの一月七日である。原稿は書きあがったが、私は日記ノンフィクションとして、震災八周年を迎える直前の年末と年始を入れることで、ヨシと羽根田家がたどった八年の軌跡の区切りにしたいと考えた。一月三日に、ヨシが書き綴った年末年始の日記を、民子の携帯で撮ってもらい、メールで送ってもらうことにした。

果たして本の結末には少しの希望があるのだろうか？それとも何かを予兆させる厳しい現実が突きつけられるのだろうか？コントロールの利かない同時ノンフィクションとなった。

〈二〇一八年一二月三一日
ハウスにしばらくぶりに行く。野菜、水欲しくて「ばあさんどうしたの？」とささやいてくる様子に、いっぱい水をやり満足する。午後浩伸夫婦、今月の五日に生まれたばかりの曾孫の悠杜《ゆうと》を連れて帰る。**ヨシさん八人目の曾孫その手に抱けてヨカッタネ。震災以来頑張ったご褒美だ**〉

〈二〇一九年一月一日　晴
智正と真克、実保とお不動様に参拝。石段有りて大変なるが、孫たちに支えられながら参拝でき感動の一日なり。**今年もご先祖様に一年お守りくださいとお願いでき、膝に感謝だね**〉

〈二〇一九年一月二日
今日は朝から良い天気なり。いつもながらの正月の我が家の全員集まりの行事は総勢三〇人になりぬ。みんなの手作り料理の他、色々と買い求めし美味しいものテーブル二卓一杯に並ぶ。ビンゴゲームで賑やかにみんなで楽しく過ごし、最後に全員集合の記念写真玄関前で撮る。大人も子どももみんな喜ぶ充実の一日なり。支えてくれた若夫婦に感謝する。**皆さん今年もみんなで支え合って一年頑張りましょう。八八歳七カ月の老婆も悔いなくみんなの後ついて行く事誓います**〉

メールには日記の他に、羽根田家の前で一族みんな三〇人に囲まれて、笑顔で中央に座るヨシの写真が添えられていた。右端にはヨシの八人目の曾孫に当たる、生まれたばかりの悠杜が孫の浩伸の嫁の手に抱かれていた。震災以来の日々を、ヨシを中心に羽根田家全員が一体となって、支え合ってきたことを如実に語る、一葉だった（二六九頁章末写真参照）。

ヨシの年末年始の日記と羽根田家の新年会の集合写真を入稿して、私は本の完成を待った。一月一八日納品の見本一〇冊が私の手元に届いた。私はその束から五冊を抜き出すと、ヨシのもとに宅配便で送った。

〈二〇一九年一月二一日

七時起床、雪もだいぶん溶けてきたようなり。食事後縁側にて馬場さんより送って戴いた本を読む。誠に感動の至りなり。これまで支えて来てくださった方々に先ずはお礼申します。自分の頭も老化してきており、智正にからかわれるヨシなれど、自分の本が出る二月五日を目標として、何時もしっかりしてよと頭にささやきながら生きている。本に出して戴いた以上はこれまで以上に心を引き締めしっかりしなくてはと心に誓う。**ヨシさんこんな立派な本できてヨカッタな。頑張った、ご褒美だ**〉

一月二五日、私のもとにヨシからの礼状が届いた。

「寒さも一層厳しさを増して参りました。お陰様にて元気に過ごしております。この度は大変なるお骨折りを戴き夢のような本ができ上がりました事、心より感謝申し上げます。

今日はこたつに入りじっくりと読ませて戴きました。自分でも感動するところ多々あり、この様に本にして戴き最高のプレゼントを頂戴いたしました。現在八八歳七カ月となり歩くのもままならずになってまいりましたが、家族に支えられ幸せな老後を、『しっかりしなくちゃ』と自分に言い聞かせながら、二度とない人生を有意義にと心してまた皆様に支えられる『幸せ』を感じながら生活しております。本当にお世話になりました。喜びのババァより」

ほめ日記創始者の手塚千砂子は本の帯にメッセージを寄せ、出版を祝った。
「一瞬にして奪われた平和な暮らし。それさえも『希望』に変えようとするヨシさんの命の力に、何度も胸を揺さぶられました」
本の発売と共にヨシの周りでは大変な騒ぎになった。ヨシが通う詩吟クラブでも、デイサービス施設、そして馬場の集落でも話題となった。
〈二〇一九年二月六日
午前中デイサービスに行ってくる。今日は会の皆さんの歌のサービスと豆まきの行事。お菓子やら小物入れなど拾い楽しく過ごす。午後但野政子さん来て出版祝い五〇〇〇円戴く。本一冊政子さんに、稲村さん一冊。お話いろいろして帰る〉
〈二〇一九年二月一五日
今日の詩吟の先生は永井先生だった。詩吟の会の皆さんに一冊ずつ自分の作った本を上げたところ、会長さんよりお祝いの図書券五〇〇〇円戴く。有難し。孝ちゃんに送られて来てお茶飲みして帰る。夕方は風呂焚き。**詩吟の会一同より出版記念祝いの商品券戴く、今まで頑張ったお陰だよ、有難い事だねヨシさん**〉
「窓」欄投稿の常連、羽根田ヨシのほめ日記の出版を、「福島民友新聞」も見逃しはしなかった。記者からの取材に新書を掲げ写真に納まった。テレビユー福島から震災八周年の特別番組でヨシの特集を組みたいと申し入れがあり、ハウスの中で詩吟を詠う姿まで撮られた。
〈二〇一九年二月二四日

午前中は縁側にて本を読み過ごす。午後二時半テレビユー福島より取材の方男女二人おいでになる。三月七日金曜六時半より放送という。取材終了後、ゆっくりとお茶飲み帰る。**お茶菓子などおいしいもの買って用意してくれた若夫婦に感謝。おかげでゆっくりと話して帰って戴く、満足の接待に心から感謝する**〉

二月二八日新聞が届きいつものように「窓」欄から見たが、今月投稿したものは今日も出ておらず、ヨシは少しがっかりして「ひと」欄を開いた。そこにこたつの前で出版されたばかりの本を手にする自分の顔がでかでかと出ていて、「生きる希望語り続け　羽根田さん（南相馬）『ほめ日記』発刊」の見出しがあって驚く。ヨシはむさぼるように本文を読んだ。

「東日本大震災と東京電力福島第一原発事故に伴う避難中、自分の行いを褒めるほめ日記を書き始め、本紙読者のページ『窓』にも投稿を続ける南相馬市原町区の羽根田ヨシさん（八八）の話が本になり、話題となっている。羽根田さんは『認知症予防のために続けている日記のことが本になるとは夢にも思わなかった』と笑みを浮かべる」

認知症予防のためなんて言ったかなぁと思う。取材なんて初めてなだけに、やはり上がっていて、自分でも何をしゃべったか分からなかったなと思いながら、ヨシは先を読み進んだ。

「約五〇年前から、その日あった出来事を日記に書き留めている。震災と原発事故に伴う避難で県内各地を転々とし、体力と気力に衰えを感じていた二〇一三（平成二五）年頃、避難先の同市鹿島区のアパートにあった雑誌に『幸せ発見ほめ日記』との特集記事を見つけた。それは日記の最後に一言だけ赤ペンで自分を褒めるものだった。

以来『偉いぞヨシ』『くじけず頑張ろうね』など日記の最後に綴り福島原発事故による困難をものともせず、生きる希望を自分に語り続けてきた。ほめ日記を始めてから、自分を見つめなおす時間が増えた。毎朝、洗面所の鏡に映る自分に『ヨシさん、おはようございます。しっかりしなさいよ！』と語り掛け、自ら『はい、分かりました！』と応じるのが日課だ」

記事の書く通りだ。ほめ日記と出会わなければ、きっとあそこで自分の灯は消え去っていたのかもしれないと、ヨシは震災以来の日々をしみじみと振り返った。

「民友読んだよ、ヨシさんすごいした」

詩吟仲間の孝ちゃんの電話に、思わず笑みがこぼれるヨシだった。

そして、三月七日が近づきヨシは落ち着かなくなった。まさか自分の周りの人間がテレビに出る日が来るなんて考えたこともなかった。それもヨシ本人がテレビに取り上げられるのだ。先日取材にきたテレビユー福島のスタッフは、収録した映像は震災八周年のニュース特集の中で放映すると言っていた。

一八時半を過ぎた。テレビ画面に「震災八年をほめ日記で乗り越えた羽根田ヨシさん」のタイトルが映し出された。番組が終わるなり、家の電話もヨシの携帯もなり続けた。原町の長女・由起子も、福島に住む次女・佐知子も興奮して電話をしてくる。テレビの威力は偉大だった。出版の時以上にヨシの周囲で興奮の渦は高まり、広がった。

〈二〇一九年三月七日

午前中コタツに入って本を読み過ごす。午後も同様。夕方六時四〇分よりヨシ、テレビ出演の

番組始まる。初めてテレビに映る自分の画像に感激なり。感無量なり。**支えていただいた多くの人たちに感謝のみ**〉

〈二〇一九年三月一一日

震災後早くも八年の月日が流れる。畦の原の下り坂車の行列に驚き、相馬の義妹・孝ちゃん宅へお世話になった事思い出される。夕食は実保ちゃんと二人。なんでもおいしく食べられた。若夫婦二人とも現在帰宅せず。**地震後八年、月日の過ぎ行く早さを実感。ここまで過ごさせていただいたすべての人、特にほめ日記の手塚先生との出会いに感謝あるのみ**〉

「家族への感謝忘れずに過ごす　　南相馬市　羽根田ヨシ　八八

あっという間に時の過ぎゆくのが早く感じられる。年のせいか?若い時は何も考えずにがむしゃらに働き、振り返る余裕さえなかった。目指す卒寿の坂は険しいが、まず元気で過ごすことができるのは両親のおかげと感謝する。そして『家族への感謝を忘れずに』を目標に過ごしたい。

体のあちこちが痛みだしているが、風呂に入った時、足をさすりながら『よく頑張ったね』といたわる。二度とない人生、もっともっと頑張ってみよう。生きがいを見つけて頑張る老婆に体からは『陰ながら応援するよ』の声が聞こえる」(「福島民友新聞」二〇一九年三月二六日「窓」欄)

いつか新聞紙上で家族への感謝の念を伝えたいと願い続けてきたヨシだった。ようやくそれが果たせて、ヨシはほっとした。

一〇月一一日、台風一九号の上陸で日本列島は、ひとつの台風としては記録のある一九八二年以降で最多の、八八四件の土砂災害を引き起こし、死者は九〇人に及んだ。東日本大震災から八年を経て、この春ようやく全線開通した盛・久慈間を走る三陸リアス線は盛《も》り土の流出で線路がむき出しになり、トンネルは土砂でふさがれるなど七七カ所で被害が及び、復旧からわずか半年で再び不通となった。
阿武隈川流域が氾濫した福島県下の被害はひどく、死者三三人を数えた。「警戒区域」からの退去を余儀なくされ、小高区や浪江町から郡山市や本宮市へ住居を移した人たちの多くが、転居先で今度は床上・床下浸水の被害に再びあった。震災の津波被害で壊滅し、八年をかけてようやくこの夏に復興した相馬港や松川浦は、沿岸全域にわたり再び冠水、いちご園などが壊滅するなどひどい被害となった。
原町を流れる阿武隈川の支流である新田川《にいだがわ》では堤防が決壊し氾濫。ヨシの家の前を流れる太田川の下流は一部決壊し、住民は避難を余儀なくされた。福島市の次女・佐知子のもとへ遊びに行っていたヨシの帰宅を、台風一九号が襲った。
〈二〇一九年一〇月一一日
福島佐知子宅にて、弟・史朗を病院にたずねるが歩く事まだならず色々と大変なり。福島原発事故で一緒に逃げた弟も年をとってしもうた〉
〈二〇一九年一〇月一二日
智正福島に用事ありその車に乗って帰宅するも、台風で避難しなければならず、夕方由起子の家に行き世話になる。前の橋の上まで水は上がった様なり。大きな台風〉
〈二〇一九年一〇月一三日

由起子宅にて朝食を戴き帰宅する。台風で石神の文化祭も中止となる。原発事故以来の避難騒ぎに、あんなことはもう二度とごめんだと思っておったのに、また起きるとは。台風去って良い天気になる縁側で本を読む。孫・浩伸夫妻来宅。悠杜君に二〇〇〇円。曾孫は可愛い。**ヨシさん被害がなくてよかったね**〉

〈二〇一九年一〇月一四日

台風去ってほっとする。我が家では特に被害がなかったが、前の橋の上まで水が流れておった。何もできず本読みで過ごす〉

だがヨシがほっとしたのも束の間だった。台風一九号上陸から二週間後の日本列島は、再び集中豪雨に襲われ、一三都県で死者八八人、行方不明八人、福島県ではいわき市の夏井川など三河川が氾濫、南相馬市では横川ダムの緊急放流で、ヨシの隣家の旅館も床上浸水を免れなかった。相馬市では市内の四分一に当たる三七〇〇戸余りの家屋が浸水被害を受けた。気候変動に伴う異常豪雨の増加で、ダムの計画的放水という従来の日本の治水対策は、もはや無力になった。二週連続の大豪雨は、洪水ハザードマップが予測する通りの状況となって、ヨシのもとにも迫りきた。

〈二〇一九年一〇月二五日

今日は朝から大豪雨なり。明日の詩吟の発表会のために一生懸命練習するも、雨激しく明日のお祭り中止となり練習台無しは残念なり〉

〈二〇一九年一〇月二六日

昨日の大雨のため隣家の抱月荘は床上浸水で泊り客は避難で大騒動だと聞く。練習しておった

のに詩吟大会中止で残念なり。ＪＡ祭りも中止の様子なり。甘柿縁側で磨く。今年は豊作なれど粒は小さし〉

降り続いた豪雨が上がり、ようやく家の周りの荒れ果てた畑の手入れをしようとしているところに民子の父・宮澤泰男の訃報が届き、畑の手入れは捨て置かれた。

六月から仙台の病院に入退院を繰り返していた泰男だったが、自宅で容態が急変した。大雨の中、鹿島厚生病院に運ばれたが、そのまま帰らぬ人となった。民子にとってせめての救いは、自分が勤める病院で、この道に入ることを許してくれた父を、自分の手で看取れたことだった。宮澤泰男、享年八〇だった。

〈二〇一九年一〇月二九日

デイサービスで席を移してもらう。前の隣の人は大変なおしゃべりであった。民ちゃんの車にて高平の宮澤さん宅へ。賢吾君というしっかりものの息子さん夫婦がおり頼もしい。九時半頃帰宅す。**民ちゃんも淋しい事だろう。親との別れ程辛いものはなし。合掌**〉

〈二〇一九年一一月四日

午前中は本読み、午後宮澤泰男氏の通夜のため三時家出る。六時より通夜の儀、最後までおって帰宅八時半、今晩は若夫婦泊まり〉

〈二〇一九年一一月五日

宮澤泰男様の告別式なり。弔辞を昨夜書いて臨む。大勢の人で帰宅は六時半となる。いわきの智子も来てくれた。**ヨシさん立派な弔辞だったぞ、年とっても頑張っておるな**〉

慌ただしかった実父の葬儀後の諸々が終わり、民子はようやく再び訪問看護の現場に戻った。今日も二四時間手放すことのない、訪問看護の携帯を助手席に置いて、車を利用者宅に向けて走らせる。この携帯が民子と万葉利用者をつなぐ命の綱なのだ。

この町の医療・福祉は、震災の日から一向に改善しそうにない。いや、問題は毎年深刻化しているといっていい。

南相馬市の人口はついに、五万五〇〇〇人を割り込み、五万四七〇〇人に、一方、老年人口は一万九六〇〇人を超え、全体の三五パーセントに達した（二〇一九年一二月三一日現在）。

避難指示の解除に伴い楢葉、葛尾、小高などでは二〇一六年から住民の帰還が始まったが、実際帰還した住民は震災前人口の二八パーセントにしかすぎない。そしてその多くが高齢者なのだ。その比率は五五パーセントにもなる。

どの町も村もこの八年間で一気に高齢者比率が高まった。ますます民子たち訪問看護職員の出番が増えるようになった。

もともと福島県は全国的に見ても、医師、看護師の不足する県だったが、二〇一九年二月の厚労省の「医療従事者の需給に関する検討会」では、福島県は四四位、相双地区は三五五地区中三二三位と医療従事者不足を裏付ける報告になった。

南相馬市が復興に向けた課題としてその第一に医療対策を上げるように、医療機関、医療スタッフが毎年減少し、行政が住民に安心の医療を提供できないことが一番の問題だった。

医療機関は震災前の八施設が五施設に減少、一般・療養あわせて九七一床あった病床は五〇六床とほぼ半減した。市内三区で震災前に三九あった診療所も現在稼働のものは三〇施設だ（二〇一九年一二月末現在）。

震災前に比べ、医師は八・六パーセント、看護師は二三・二パーセント、医療スタッフは二八パーセント減ったまま、一向に回復の様子はない（二〇一九年一二月末現在）。

中でも看護師不足は深刻で震災前の約七〇〇人から、今では五四〇人になってしまった。子どもを抱えて家族と共にこの地を去っていった一六〇人が、再びこの地に戻ることはほとんどないだろう。戻ったとしても保育士の減少で、仕事に出られずやめていく若い看護師が多いのも民子たちの悩みの種だ。

ハローワークに看護師の求人をするものの、毎回応募ゼロがどの病院でも続く。鹿島厚生病院でも南相馬市の後押しを得て、毎年、鹿島中学校の二年生を対象に「看護師の仕事を学ぶ学習会」、原町高生を対象に「高校生の一日看護体験」を開催する他、地域人材確保事業団主催の「高校生仕事メッセ」のブースに出展し、採血や低周波治療体験を通して、看護師志望者の拡大に取り組んでいる。二〇一九年六月には二日にわたり地元医療機関が合同で、東京・四ツ谷、中野、吉祥寺、御茶ノ水、東京スカイツリー駅前で、看護師募集のチラシも配布した。最終日には、看護学校を回って、震災から福島原発事故の混乱の一カ月に、どんなことが起こっていたかを、各病院の担当者が話した。看護師が講師として、自分の若い日の思いを中高生に語りかけるのだが、次に続く若者がなかなか現れないのが実情だ。

そのためこの地域では高齢化した看護職員が、高齢化する帰還者の看護をするという老々看護が続く。結果、入院患者は早期退院を迫られる。民子たち訪問看護師の出番が多くなり、二四時間看護の負担はその肩にかかっていた。

また老年人口の増大で、震災前二七六一人だった要支援・要介護認定者は、九〇〇人増の三六五六人に急増しているが、震災前七〇カ所の介護施設は七三カ所に増えただけで、福祉関係も立ち遅れたままだ（二〇一九年一二月末現在）。

では、この町の医療に、明日はないのだろうか？希望はないのだろうか？いや、民子にはみっつの明かりが見える。

ひとつは苦境に立つ医療機関同士での協同連携の工夫だ。

南相馬市には市立総合病院と鹿島厚生病院の他に、官民五つの病院がある。それぞれの病院が看護師や看護能力不足を嘆いていても問題は解決しないと、官民の枠を超えて「看看連携」ともいうべき新しい動きがでてきた。看護技術の相互向上を目指し、科別のベテラン看護師が病院の枠を超えて、別の病院の看護師の指導に当たったり、緊急患者の増加で看護師不足の病院には、相互に人的支援を行ったりする取り組みだ。苦難の中から新しい形は生まれる。きっと南相馬の動きが、日本の看護医療の将来のモデルになるだろう。

そしてもうひとつは震災から一〇年が経ち、当時地元の中・高生で医学部、看護学部に進んだ学生が卒業を迎える時期になったことだ。そのうちの何人かの若者が、医療危機に陥る自分の育った町で働きたいと、手を挙げてくれている。

最後のひとつは、震災九年を過ぎた今も、看護師不足の声に応えて、全国からボランティアの若い看護師が駆けつけてくれることだ。遊びたい盛りの彼女たちが、自分の休暇を返上し、めいっぱい働き、再び自分の医療現場に帰って行く。その後ろ姿に向かって、感謝の礼をする時、民子はいつも「この町はまだ忘れられていない、この国にはまだ希望がある」と実感できた。

五〇代半ば近くで激務の毎日に、民子の体も決して本調子とはいえない。しかし二四時間携帯を手放せないのは、避難先や仮設住宅から戻り、生まれたこの地で再び暮らし始めた人たちの、せっかくの生活を守りたいからだ。少しでも困難を乗り越えた彼らの安心の灯でありたい。それが一〇代の時に看護師に憧れ、医療の世界に入った民子の矜持であり、願いだった。

民子は不意の携帯の呼び出し音に車を止めた。今日も帰りは遅くなる。

義父・泰男の忌引きが明けた智正の最初の仕事は、震災九年目の農業復興の足掛かりとなる、秋の収穫が終わった今年の福島県の農業の総括から始まった。

震災時JAそうま（現JAふくしま未来）の営農部長として、津波被害に見舞われ水没した水田をいち早く見まわった智正だった。津波に無残に破壊された排水機とどこまでも続く浸水した水田を呆然と見渡し、果たしてこの水田から再び米の収穫があるだろうかと智正は絶望にかられた。そこへ福島原発事故で目に見えない放射能が水田に降り注いだ時、その絶望はさらに激しくなった。

瓦礫を除去したヘドロはどう処理すればいいのか？塩に浸かった水田の復活は可能なのか？放射能に侵された水田に再び苗は植えられるのか？すべてが初めてで、分からぬことばかりだった。

日本の長い農業史の中で除塩対策は幾つかの事例があり、研究も進められてきた。

明治期の三陸津波被害の村の報告書を調べ上げた。塩を含みヘドロ化した水田は干からびるのを待ち、耕すだけで塩が抜けるとあった。確かに江戸期以来、日本の農業は百姓たちの毎日の黙々とした根気強い鍬《くわ》入れで豊かな大地に変えられてきた。

相馬市岩子《いわのこ》の水田で相馬市と東京農業大学、JAとの協働で二〇一二年四月から一年がかりの実験水田プロジェクトが始まった。土中には排水性を高めるために、弾丸暗渠《だんがんあんきょ》と呼ばれる下水管を埋め込んだ。除塩効果を高めるために、産業廃棄物の転炉スラグを加えるという現代の知恵を加えて、トラクターでヘドロと田んぼの土を耕し続けた。震災から二年目の水田に実験米の苗を植えた。実りの九月、岩子の実験田は金色の世界に染まった。一〇月、東京農大キャンパスでの収穫祭に「そうま復興米」が売り出され、二〇一三年の相馬地方の水田復興計画は本格化した。

問題は放射能汚染に見舞われた小高、原町の水田復興にあった。しかし、原発の安全神話に守られ、まして原子炉の爆発など一度も経験したことのない日本の農業社会には、放射能汚染水田の復興情報など一切なかった。果たして大地の復活はあるのか？

放射能汚染物質、中でもセシウムと農作物に関して、東大農学部や東京農業大学の研究で、意外なことが分かってきた。

セシウムは土壌に吸着、固定されやすい性質を持ち、固定されると根からの吸収が低減するのだ。セシウムの固定した農土を除去し、新たな農土を加えることで、水田は甦ることが分かった。ここでも除塩作業同様、汚染した大地は自浄能力で甦ったのだ。偉大なる大地の力だった。

南相馬市では福島原発から三〇キロ圏内の五〇〇〇ヘクタールに及ぶ水田を閉田し、セシウムに汚染された水田の固定化を待った。震災から三年後には実証栽培をし、細々とではあるが水田復興を少しずつ進めてきた。そして震災四年目には作付けを再開した。

南相馬市で津波被害を受けた水田は二七〇〇ヘクタール、福島原発被害を受けた水田は五〇〇〇ヘクタールになる。

震災から九年目、津波被害の五六パーセントに当たる一五〇〇ヘクタールの水田が、福島原発被害の五四パーセントに当たる二七〇〇ヘクタールの水田が復興を果たした。いずれも米どころ福島の安全な福島米として、厳重な品質管理下のもと、出荷されている。ただ震災前の農業構造と大きく変わった変化があった。

かつての浜通りの農業は半農半サラリーマン生活が一般化し、「ご先祖様から受け継いだ田んぼで、自分の家が口にするだけの米を作る」自給農家が、ＪＡそうま地区内の多くを占めた。その農業従事者の年齢は年々高齢化し、平均年齢は七〇代に達した。ＴＰＰで日本の農業が脅威に曝される時代に、自分の土地を守るために兼業農家で頑張っても、対応できないことに、誰もが気づいていた。とはいえ、そこからの離脱を多くの農家が決意できないできた。そこに大震災、福島原発事故が起きた。それは浜通りの農業の構造変化を促すきっかけとなった。もう個人で先祖の土地を守る時代は終わったのだ。高齢の農業従事者の離農が進んだ。

百町歩、二百町歩の広い大きな水田を、何人かのまとまったグループが私たちに任せて欲しいと名乗り出てきた。

離農した人々から土地を借り受け、ある程度まとまった大きさの水田を、大型機械を導入し、

ＡＩで品質管理し、グループで耕作していく。ＪＡはそんな農業地域法人組合の設立と運営に、奔走した。二〇一九年、ＪＡそうま地区本部内に幾つかの地域法人が設立された。災害の中から立ち上がった組織は、まさしく復興法人と呼ぶにふさわしかった。

新たな農業形態から生み出されたその収穫こそ、全国に胸をはって誇れる福島の復興米だった。次年度以降もこのような地域法人農園をさらにどれだけ多く作っていけるか。それが、智正たちＪＡに課せられた大きな課題だ。

「息子夫婦との初詣で感無量　　南相馬市　羽根田ヨシ　八九

今年も希望を持って突進しようと、近くにある神社へ息子夫婦と共に参拝。たくさんの石仏あり。こけむして、何か書いてあるかと、お参りするたびに思いつつ過ごしていた。今年も家族と共に歩いてお参りすることができ、感無量であった。

ところが、今までこけむして何が書いてあるのか分からない石が、見事にきれいに磨き上がっていた。誰がこんなにきれいに磨いてくれたのかなと思いつつ、立派な心掛けの人もいるもんだなと石の文字をさすった。ところが我が家の息子が『おれがやったのだ』。えらいな、今年はいい年になりそうだなと、ほのぼのと心温まる朝の元旦参り。帰りは石段を息子夫婦に手を携えてもらいながら一歩一歩下りてきた。卒寿を迎えてお参りできたことに心から感謝しつつ」（「福島民友新聞」二〇二〇年一月一八日「窓」欄）

〈二〇二〇年二月二七日

コロナウイルスという病気が国内外にはやりだした。恐ろしい菌なり。国内すべての学校が一カ月休みを取ることに決定とテレビにて報じられた。日本全国にて大変なことと思うがどうすることもできず。民ちゃん遅し。**ヨシさんコロナに気をつけてな**〉

〈二〇二〇年三月四日

朝からどんよりした天候なり。吟友志賀輝子さん（八八歳）の今日はお通夜なれど、コロナ発生の今のご時世、人の大勢集まるところに行くものではないと言われ欠席。輝子さんも淋しい旅立ちとなった。吟友また一人減り淋しくなる。**志賀輝子様長い間お世話になりました**〉

〈二〇二〇年三月一一日

起床六時半ゆっくり起きる。今日は晴れのおだやかなる一日であった。午前中は本読み。午後は外へ出てみる。見事に咲き終わった福寿草の株分けをやり、増えて嬉しい限り。ケアマネージャーの早川ますみさん来宅。三〇分ほどお話しして帰る。その後風呂焚きで、今日は終わりなり。震災九年目の追悼式もコロナで中止。詩吟教室もお休みになった。悲しい事だがしかたなし。若夫婦帰宅遅し。**コロナにかからずヨシさん頑張れよ**〉

〈二〇二〇年四月五日

起床六時。朝食後、新聞ゆっくりと読み、その後ハウスにてずいぶんと食べさせてもらったつぼみ菜の茎を全部抜きとり、夏野菜植えるための準備完了。智正に堆肥運んで戴く。コロナという病原菌のために、世界中、日本中、このニュースで明け暮れ、南相馬市にも患者出たという。**コワイコロナ。うつるなよ**〉

〈二〇二〇年四月一八日

朝から一日中雨降りなり。こたつに入って本読むだけが仕事となり。午後は自分の部屋に行き寝床に横になりテレビ見る。早くコロナの収束を心から願いつつ、日暮らしの毎日なり。困った時代になってしまった。何の楽しみもなく、毎日を過ごすことは淋しい限りなり。今後どうなるのか不安なり。**ヨシ、コロナなんかでへこたれるなぁ。原発にも負けなかったヨシだぞ**〉

テレビでは「国内感染者数が一万人を超えた」という朝のニュースが流れる中、前日の日記を書き終えたヨシは洗面所に立った。

「ヨシさん、おはようございます。しっかりしなさいよ！」

自ら大声で鏡の向こうの自分に語り掛ける。そして自ら答えた。

「はい、分かりました！」

ヨシは足を引きずりながらも、ハウスの野菜の草削りに向かった。まだ肌寒い馬場だが、春の兆しは少しずつそこまで忍び寄っている。

震災以来九年間のヨシのほめ日記を読ませてもらった私は、こんなシンプルで金儲けのしようがないほめ日記振興運動を熱心に推進する手塚千砂子の動機を知りたく、文京区にある手塚の事務所を訪ねた。

――自らを慰め、励ますほめ日記発想の原点とは何なのですか？

「長く続いた封建制の時代から日本人は忠臣蔵、滅私奉公、特攻隊と自己犠牲を美徳としてきました。個を尊重する民主主義の時代へと変わったはずなのに、私たちは自己表現や自己主張の仕方を教えてもらえず、下手でもあるし、嫌う傾向さえあります。日本人は自己尊重感が本当に低いのです。国連からも日本は人権後進国だと報告されていますが、人権意識とはまさに自己尊重意識です。ほめ日記を通して私は自己卑下、自己犠牲を善とする古い価値観から、もう抜け出そうよ、自己尊重感をもって、自分を生かす生き方を始めようよと呼び掛けたいのです」

——ヨシさんはほめ日記で、震災からの心の痛手を回復します。それは、読んでいても驚くくらいの早さです。ほめるという行為にはどんな効果効能があるのでしょうか？

「人間のすべての行動を司《つかさど》るのは脳です。グチや悪口を言っていると脳はストレスホルモンを出します。自己卑下、自己犠牲で自分を追い込んでしまうと人間はストレスで弱ってしまいます。それが自分をほめることで、脳が喜び、分泌ホルモンが変わるのです。自律神経のバランスが自然に良くなります。セロトニン、ベータエンドルフィンなどの分泌が旺盛になり、体や心を気持ち良くしてくれる。それが身体の活性化につながります。血流が良くなり、体が軽くなる。行動力が出て来る。そうなれば質のいい眠りができるようになります。朝の目覚めが良くなり一日が快適になる。食べすぎがなくなる。病気の人はベッドでほめれば回復が早くなります。内面的にも身体的にもプラスになって、いいことが起きないわけがありません。これは脳科学者からも報告されています」

——日記は誰も読まないから、ついグチを書く。日記をつけることが、マイナスに作用している人が多いかもしれません。それをプラスにする具体的なほめ言葉は？

「素晴らしいよ、かっこいい、えらいね、立派だよ、天才、勇気があるね、最高、いいぞいいぞ、頑張ったねと、なんでも構いません」

――手塚さんの言葉を聞いているとどれも明るく、前向きな気持ちが湧いてきます。

「でしょう? その気持ちの良さが前頭葉に働き、感情がよくなるのです。気持ちの切り替えが早くなる、自信がなかったのに自信がついてくる。勇気が湧いて、行動が変わってくる。心が解放されるので、いやだったこと、引きずってきたことを捨てられる。気持ちが解放されると自己表現が十分できるようになり、人間関係が楽になります」

――ヨシさんのほめ日記は結果をほめるだけでなく、自分の脳や、足、南瓜や土にまで呼び掛けています。本当に「ほめ回路」が太い方のような気がしますね。

「脳は主語を選びません。脳はほめ言葉に反応します。だから努力して結果が出なくてもいい。努力のプロセスをほめるのです。頑張ったことが中心だと疲れてくる。発想、体、内面といろいろ多面的に自分を見ることがとても重要です。『英会話うまくなったね』でなくていい。『英会話を毎日続けているね、素晴らしい』でいいのです。たくさん歩いた足をほめる。歩けなかったら、歩こうとした意欲をほめる。マイナス面ばかり見ているとプラスが見えなくなる。プラスだけを見ていると、自分がつけあがって前向きになってきます。ヨシさんのように素晴らしい命に悪口を言わないことが大事です。足、筋肉、血管すべてをほめる。私たちの体は、生命は、ほめられて日々強くなります。新しくなります」

――いじめや、虐待にも通じる世界ですね。

「自分は駄目な人間だと自覚した子どもほどいじめを受けてしまいます。自分は素晴らしいと自覚し『ほめ回路』が太くなれば、いじめや虐待をはねつける強い命ができます。私はほめ日記で自傷癖、うつ症状、虐待の被害者と加害者を改善に導いてきました。結局それは、お互いの命を尊重し合うということなのです。自分を尊重し、同時に相手も尊重するということ。自分をほめることから始めない限り、周りをほめることはできません。そうすればお互いの命を大切にし、人権を守る社会ができると思います」

——日記のつけ方を変えるだけで、世の中が変わるのですね。

「自己卑下や自己犠牲は国の繁栄につながりません。早く、そこから目覚め、新しい価値観を生きるべきだと思います。少子化でますます競争力は落ちます。ならば、自分の心の豊かさに目を向けるべきなのです。一人ひとりが幸せな国は、国の心も豊かなはずです。ほめ日記は一銭もからない社会改革だと私は思います」

——今回の新型コロナウイルスにも有効ですか？

「毎日ほめ言葉をじゃんじゃん使うことだけでいいのです。危機感を持ち、最悪の事態を予測して対策を考えることと、不安を膨らませることは別のことです。自分と家族を守ることを第一に考えたら、あとは別にほめ日記を書かなくても、嬉しい、楽しい、よかった、ラッキー、幸せなどというポジティブな言葉を意識的にじゃんじゃん使うだけでいいのです。脳は言葉通りに受け取って、幸せホルモンを出してくれます。そのことで気持ちは落ち着き、不安は小さくなるはずです。同時に免疫力が上がり、さらにプラスのエネルギーが外に放射されて、プラスの出来事を引き寄せる可能性が生まれます。この一〇年間でヨシさんが心に受けた被曝量は計り知れないものがあります。でもヨシさんがほめ日記でその痛手を乗り越えたように、人々の心に大きな影響を及ぼすコロナ禍の難局は、ほめ日記、ほめ言葉で乗り越えられると信じます」

ヨシは野菜作り、ほめ日記、新聞投稿、本作りと、次々と自ら生き延びる術を手にして、足を引きずり、膝をなでながらも、この一〇年を自分の頭と手で切り開いてきた。その横にはいつも一族三〇人の温かい支援があった。心の支えになるのは国でも地方行政でもなく、家族しかない。

〈二〇二〇年五月一二日

満九〇歳、卒寿となりぬ。デイサービスで楽しく過ごしてきた。カルタ取りも楽しかった。帰ると若夫婦より大きな籠の立派な花のプレゼント。また宮下の絵里ちゃんよりも花のプレゼント。ありがたい限りなり。**よっこら卒寿の道を歩きましょ、よっちゃん**〉

羽根田ヨシの卒寿の道は日記を読む限り、けっして平坦でもなだらかでもないようだ。智正、民子を初めとする家族みんなの後押し、ほめ日記と投稿の杖の他に、あと何本かの支えとなる杖も必要なのかもしれない。

私にできることはもう一冊ヨシに関する本を書くことで、その出版の日を楽しみに待つヨシの生きる杖となり、その歩みをささやかに支えるだけだ。

ヨシの新しい物語が語られる『内心被曝　福島・原町の一〇年』は、震災一〇周年を前にした二〇二一年初頭に上梓される。

「**コロナに負けず、一〇〇歳まで頑張れよ、ヨシさん**」

ヨシを中央に羽根田家一族集合写真（2019年1月2日撮影）

第四章　新築開店

左から鈴木恵二、優子、史帆、直樹（2019年2月1日撮影）

震災から七年を迎える直前の、二〇一八年一月二二日に、南相馬市長選が行われた。震災前から二期連続八年、市長の座にあった桜井勝延の、任期満了に伴うものである。

桜井は一九五六年一月生まれで、岩手大学農学部で稲作を学び、地元に帰って農業に従事した。二〇〇〇年に桜井が住む大甕《おおみか》地区に、産業廃棄物処理工場の建設が計画され、反対運動に立ち上がった。計画側が雇った暴力団と大立ち回りを演じ、反産廃派の住民に推され二〇〇三年に市議となった。震災一年前の市長選に立候補して、前市長を破り、市長に就いていた。

東京電力福島第一原子力発電所に隣接する南相馬市は、福島原発誘致前から事故当日まで、長きにわたり、国、東電から一切の恩恵を受けないままやってきた。にもかかわらず今回、甚大な被害を受けた。その市長として、桜井は事故後、「脱原発」の立場を鮮明にしてきた。「原発施設等周辺地域交付金」の受け取り辞退。「脱原発をめざす首長会議」の世話人就任。二〇一四年都知事選では、「即時原発ゼロ」を公約に立候補した細川護熙《ほそかわもりひろ》元首相の応援活動に回るなど、マスコミを賑わせた。

市政運営では、「独断と思いつきの執行を繰り返す一方、除染土の仮置き場確保に熱意が見られず復興対応が遅れ、市職員の大量退職を生み出した」と二度も問責決議が出され、いずれも可決されたように、歯に衣着せぬ物言いで、自著表題通り「闘う市長」の姿勢を貫いてきた。

桜井市政の底流には「平穏無事な日常を福島原発により突然奪われた理不尽さへの怒り」があった。同時にそれは、南相馬市市民の多くが共有する怒りでもあった。そのため、市民の間での桜井の人気はなかなかだった。震災四年を前にして三人が立候補した二〇一四年の市長選では、巻き返しを図る前市長に、六〇〇〇票以上の差をつけ、当選を果たした。

それから四年。福島原発事故で小高区に出されていた避難指示が解除（二〇一六年七月）されて初の市長選となった。事故で生まれた小高、原町、鹿島各区の地域分断意識を絶ち、南相馬市の一体感をどう醸成するのか？五万五〇〇〇人まで落ち込んだ人口の五五パーセントの労働人口税収で、三五パーセントにまで増加した老齢化社会（二〇一八年四月三〇日現在）をどう支えるのか？

いってみれば、これまでの復興行政と市の未来像の是非を問う市長選となった。対立候補として、門馬和夫《もんまかずお》が立候補した。

門馬は地元原町高校を卒業すると東北大学工学部に進学し、一九七八年、原町市役所に就職した。二〇〇六年の原町市、小高町、鹿島町の合併に伴い南相馬市財務課長となった。震災時は経済部長で、三年後に三六年勤めた市役所を定年退職した。二〇一四年に南相馬市議となって、四年目に市長選に打って出た。

歯に衣着せぬ物言いで、時には国との対峙も辞さず、市民の間にもなかなか人気の高い桜井に対して、長年市役所職員であった門馬は、はっきり言って無名に近い存在である。

二人の対決は、投票率六二パーセントとなった。二〇一七年に行われた第四八回衆議院国政選挙の南相馬市の投票率が五七パーセントであるから、長引く復興生活を左右する選挙は、大いに市民の関心を集めた。

結果、無名の門馬が、知名度の高い桜井を破って、市長に当選した。

当　一六四九四　門馬和夫　六三　無新
　一六二九三　桜井勝延　六二　無現

選挙結果を知らせる「福島民友新聞」によれば、その選挙分析は次の通りとなる。

『脱原発』を掲げてきた桜井氏は二期八年の実績と高い知名度を武器に、市政継続による復興の総仕上げを強調」「一方の門馬氏は国や県に対する現職の対立姿勢を引き合いに、対話の姿勢を打ち出し」「有権者は、市幹部と市議を歴任した行政経験を『即戦力』と見込み、門馬和夫氏(六三)を新たなリーダーに押し上げた」


選挙戦が記事にある通り、「脱原発」対「即戦力」の結果だとは、私にはあまり思えなかった。なぜならわずか二〇一票差での初当選である。批判票ならもっと圧倒的な票差が出ていただろう。震災以来の「闘う市長」としての桜井人気はなかなか高く、市民も門馬の「即戦力」を期待したわけではなさそうなのだ。


震災直後の何もかもが前例のない未曾有の混乱期にあっては、過誤はあったとしても、がむしゃらに物事を解決していく、強い個性のリーダーを必要とした。しかし、震災から七年の実質復興期に入り、バランスの良い能吏型市長を市民は求める結果になった。

門馬自身、桜井行政の復興の遅れを批判しての出馬ではない。選挙チラシはこう語る。

「『世界に誇れる南相馬市の復興』の掛け声にもかかわらず、実際のところ復旧など『目の前のこと』にばかり取り組む市の方針に問題があるのではないか、と考え始めました」

またその後に続く門馬の訴えは、多くの選挙チラシにありがちな勇ましさとは、いささか趣を異にする。

「人生にはいろいろなことが起こります。病気になったり、仕事がうまくいかなくなったり、子どもの育て方や進学で悩んだり。そのような時、そばに家族がいて、友人がいて。それでもどうにもならない時に、市役所も寄り添ってくれるような、市民が安心して暮らせる町を目指します」

新市長・門馬は、三月一日の市のホームページに、就任挨拶を寄せている。

「市民の皆さんこんにちは。このたび、第四代南相馬市長に就任しました門馬和夫です。間もなく、東日本大震災と東京電力福島第一原発事故から七年が経過します。（略）就任してひと月が経ちました。この間、一〇〇年のまちづくりを念頭に、公約の実現に向け精力的に関係者との議論をしています。自らを奮い立たせ、市民の皆さんの夢を叶えられるよう私も精一杯頑張ります」

復興七年にもかかわらず山積する困難を前に、選挙チラシといい就任の言葉といい、余りにも気負いのない門馬の柔らかさに興味を持った私は、新任市長に早くから取材を申し込んだ。

門馬和夫への取材が実現したのは、二〇一八年八月二九日だった。

その間、三度ほどスケジュールが組まれながら、直前に突発事故や、スケジュール変更で取材が流れた。今日なら三〇分だけ時間が空くとの連絡に、私は市長室へ急いだ。時間がないため質問は訊きたいことから端的に入った。

——それにしてもこの困難な時期に、自ら火中の栗を拾い、市長に就こうという動機、あるいは門馬さんを揺り動かすものは何なのですか？

「火中の栗を拾うなどという、大げさな気概も、男気もありません。公務員というか、市職員として三〇年以上勤め定年退職になって、最初はちょっとのんびりしたとして、いずれ地域のまとめ役とかで、頼られるんだろうなというイメージでいましたからね。それが震災があって、特定の地域じゃなく、市のために何ができるかになったんですね」

――前市長との政治姿勢の違いは？

「前市長のやり方が必要な時期もあったが、震災・福島原発事故から七年が過ぎたところで、そろそろ方法論は変えなければ駄目だろうと。市行政というのは、人ひとりじゃできないんですね。対話というか、上手く連携していく事なんだと思うんですね。それは市長と職員もそうだし、市と国との関係もそうです。そろそろ上手く対話をし、連携して行く仕組みを作る時期にあると。やっぱり公務員として行政の仕事を長くやってきていると、おこがましいかもしれないけど普通の人よりは、行政の仕組みとか、やるべき事が見えるので、それだったら自分がやった方が、早いというのかな、餅は餅屋だと思い、立ったわけです」

私が前夜泊まった宿の近所には真新しい復興団地があった。「警戒区域」に指定され、強制避難を余儀なくされた小高区の住民のための団地である。その住民の多くは当初は鹿島区に急遽造られた仮設住宅に避難し、復興団地の完成と共に、鹿島を出て、原町に移り住んでいる。

散歩時に私は団地の内を覗くのだが、朝の出勤時の慌ただしさもなく、ひっそりしている。前々から取材をさせてもらいたいと思っているが、団地内であいさつの機会もない。宿の女将に取材の困難さと近しい人がいれば誰か紹介してくれないか？と頼んでみるのだが、「復興団地の人と我われ原町の者とはなかなか知り合いになることもなくてねぇ」と、口を濁す。

「それにしても昼から若い人も多い感じなのだけれど」

団地内を歩いた私の感想を述べると、女将からは意外な言葉が返ってきた。

「そりゃ、みんな働かないんだから、団地内には若い人も多いでしょう」

「働かないって？」

「補償よ。震災以来七年、今でも一人に毎月一〇万円の補償が出れば、誰も働かないでしょう。寝たっきりの動けない年寄りに始まって、赤ん坊まで、一人につき一〇万円よ。一世帯に六人いたら毎月六〇万円が入ってくるんだから、誰も働かなくなるでしょう」

女将は不快そうな顔で言う。

「息子が高校出ても働かないから、親が言ったんだって。いい若いもんが遊んでばかりいないで、セブンイレブンでもどこでも行って、働けって。人手がなくて困ってるのがセブンだからね。そしたら『働いてもいない親が俺に説教してもあかんべぇ』と息子が言い返して、終わりだって。復興団地に入れて、毎月何もしなくても一〇万円入ってきたら、深夜にわざわざセブンイレブン行って誰も働かないものね。あの団地はそんな人でいっぱいで、我われは誰もおつき合いしないのよ」

「じゃ、女将さんたち原町の人の補償は？」

「うちらは三〇キロ圏内だから何もなし。高速道路料金が取られないくらい。だから仙台においしいランチレストランができたと聞いたら出かけて、磐梯山の紅葉がきれいとか、ひたちなか公園のお花が満開だと聞くと、近所のおばあちゃん誘って見に行くの。あとは医療費が無料だから、みんな一生懸命歯直しているくらいで、ほかには何もないわぁ」

女将はきれいにそろった歯で笑うだけである。会計が終わり、車を呼んでもらおうとすると女将が言う。

「駅までなら少しあるけれど歩いた方が早いかな。補償が出るようになってからタクシー会社はどこも運転手が辞めて、人がいなくて、車呼んでもなかなか来ないのよ」

私は、宿の女将とのやり取りを思い出しながら、門馬に訊いた。

――福島原発事故で「警戒区域」「緊急時避難準備区域」「非避難区域」と市内がみっつに分断され、七年過ぎても根強い地元意識の弊害があるようです。どう解決しますか？

「同じ市の中に三重構造ができた。他の地域にない問題で、目に見えない問題なんだけれども、一番問題が大きく、解決が困難なのは、そこだと思います」

深いため息をつくと、しばらく黙ったのちに、門馬は口を開いた。

「しかし、二〇〇六年に小高町、原町市、鹿島町の一市二町の合併があったから、南相馬市は東電事故でもばらばらにならなかった。外の市町村を見てもらえば分かりますが、福島原発の地元大熊町、浪江町だけでなく『計画的避難区域』となった飯舘村にしても、住民、行政庁舎を含めて全町、全村が他所に避難しなければならなかった。でも南相馬市の場合、鹿島が同じ市にあったんです。三〇キロ圏内の小学校、中学校は再開しては駄目って言われたんです。でも、三〇キロの外に鹿島があったので、鹿島に仮設校舎を造って、同じ市の中で授業ができました。仮設住宅も、三〇キロ圏内には建てられなかった。でも鹿島の中に造れて、その後復興住宅が原町に建てられた。悪い事ばっかでないって言うかね。同じ市の中で何とか踏みとどまれたと。これが全市他所避難だったらちょっと大変だったでしょうね。原町区は「緊急時避難準備区域」指定で一時は八〇〇〇人まで減ったのが、今五万五〇〇〇人まで戻っていると言うか、復興していますが、これ、市役所なり、あるいは住宅とか仮設住宅が市外だったならば、さあ、ここまで戻れたかって言うと疑問ですね。そんなふうに考えるしかないですね。必ずいい点もあるって言うと変ですけれどね」

——感情的な対立はいずれ解決するとお考えですか？

「できるはずです。この地は、長い間それぞれやり方も流儀も違うが、小高で、原町で、鹿島で同じ相馬野馬追をやってきた地なのです。共通する精神として、何て言うのかな『相馬地方』が根底にあるんです。決して全く水と油の状態ではないっていうか。商業施設だったり勤め先の関係で、市民や町民はそれぞれ行き来していましたからね。だから合併もしたわけで。同じ地域の中で、隣の人という事で、行政が違うとあまり分かんない面もあっけども、相反するような話ではないわけだし。共通するＤＮＡとして『相馬地方』があったのは強かった。三地区それぞれの良さがあるから、それぞれの特徴を生かしてやっていきましょうと。外の市町村に見られるような、無理矢理ひとつの基準で、砂をひとつに集めるような平成の大合併ではないわけで、それぞれの良さを生かしてやっていきましょうという合併でしたから、『南相馬』でまとめることができます。またまとめねばいけません」

――最後にお訊きします。労働人口が減少し、市財政も一番苦しい中で、すべての課題を解決しようというのは無理だと思います。優先順位は何ですか？

「本来の行政は、万遍なくやりたいし、やんなきゃなんないんですけどね。でも、まずはセーフティネットですから、苦しい時にはそんなことはできません。当然っていうか、一番弱いところからやっていきます。医療、教育、仕事、インフラ。当面はね、もうこの四つに絞りました。もちろん他の事も当然やるんだけれども、優先順位としては、この四つだなと割り切っています」

――ここ南相馬市は、二〇年後にはやってくると言われる超高齢社会日本の先行事例になります。

「ええ、それだけに、子ども達の孫とかね、五〇年、一〇〇年先の事を見据えて、ちょっと長期的な視点を持ってやりたいなぁと。というのは、二〇〇年前の天明・天保の飢饉の時に、人口約九万人の相馬中村藩が三万六〇〇〇人ぐらいにまで減ったんです。百姓がいなくなり、田んぼが荒れ放題になった時に、藩間移動御法度で藩から藩に人を移動させるのが難しい時代に、『相馬はいいところだ』と宗教と人のつながりをうまく使いながら、越中富山の方から移民を受け入れたんですね。そうやって、一〇〇年先を見据えて思い切った事業をやった地です。私の祖先も、北陸の方からその時流れてきて、この地に生きたんです。その末裔として再び同じ思いで当たりたいと思います」

選挙チラシや市広報の文章からも、終始穏やかに話す眼鏡をかけた丸っこい顔からも、門馬には終始柔らかな印象がつきまとう。その男がなぜ火中の栗を拾うような激しい挙に出たのか？その背景を知った時、約束した取材の時間の終わりが迫っていた。

「市の復興計画について詳しくは秘書課の方から説明させます。聞いていってください」

門馬は慌ただしく席を立ち、私は復興企画部が作った「南相馬市の現況と復興に向けた課題」のレジュメに沿って説明を受けた。

門馬が言った通り、「医療・健康」「教育・子育て」「産業」「インフラ」の四点に絞った復興計画で、中でも一番の問題として医療問題が最初に取り上げられている。しかし「病院　震災前と比較して、五四パーセント激減」「看護師三二パーセント減、医療スタッフ四一パーセント減」の文字が大きく踊るだけで、具体的な解決策はまだない。羽根田民子の連日の過酷な勤務体制はまだまだ続くようだ。詳細を聞き終わった私は、秘書課の係長に言った。

「限られた財源では優先順位をつけた、選択と集中による市政執行は致し方ありませんね。いずれ超高齢社会を迎える日本の具体的現実がこの町の今だと見ています。まず弱者に手を差し伸べるのが行政だと思います。実際、この町で取材を重ねていると、強く生き残ろうとしている人々は行政の力など借りようとしていませんからね」

「そうなんですね、駅前商店街でもようやく新築開店しようという店が出てきたでしょう。行政の手を借りず、自らが立ち上がる。そんな人々がたくさん出てきて初めて、この町の復興がなったと言えます」

「そうですね、昼の大通りはひっそりしているけれど、夜になると結構ネオンも見られるようになりましたからね。また新装開店ですか。やはり飲食は強いものがありますね」

「いや、新装開店ではなく、新築開店しようというのです。復興は本格化しました」

市庁舎を出てから駅まで続く道を、私は係長に教わった新築開店の建設現場を探して歩いた。古くからあった本屋はカーテンを閉めて店を閉じたままだ。地元中小スーパーの扉にはベニヤ板が打ち付けられている。「秋物ニューファッション入荷」ののぼりが上がる婦人服店に客影はない。飯舘牛と仕出し弁当が評判で繁盛していた肉店も再開の様子はない。開いているのは地元客相手のランチ営業店ばかりだった。市庁舎を出て一キロばかり歩いた頃に槌音《つちおと》が響いてきた。

私は「新築開店」のための槌音を嬉しく聞いた。閑古鳥が鳴くこの商店街で新築開店をしようとする経営者の心意気に打たれながら、南相馬市原町区旭町の建築現場にたたずんだ。

確か、前は間口三間ぐらいの小さな鮮魚店があったところだ。比較的客の入りもよく、なかなかの繁盛ぶりだったが、震災後七年頑張ってきて後継者もなく、とうとう廃業することになったのだろう。それにしてもその跡に建設中の店舗の構えは前の鮮魚店の倍以上もある。飲食店にしてもかなりの大きさだ。よほど味に自信がなければこの規模の店の経営は大変だろう。工事現場を覗くと建設許可書に完成二〇一九年一月末とあった。私はこの店の新築開店に合わせて、再び原町を訪れようと思った。


二〇一九年一月二六日、私は朝七時半の東京発新青森行はやぶさ五号の東北新幹線に乗った。車の免許を持たない私が、原町を取材する際の移動手段は鉄道しかない。しかし東京からＪＲ

常磐線で二九〇キロのこの町を訪れるのに、一度東京から三五〇キロの仙台駅に出て、再び東京方面に七五キロ、常磐線原ノ町駅へ下る徒労感は、何度体験してもなかなか受け入れ難いものがある。福島原発に近い富岡駅から浪江駅六駅間が、震災から八年近くたつにもかかわらず、未だ不通のためである。

震災前、常磐線に乗り原町に行く際には、決まって私は進行方向右側に座った。末続・広野間で、文部省唱歌「汽車」で歌われた「今は山中、今は浜」の海のきらめきを見るためである。そして決まって心の中でその唱歌を歌った。だが、その歌も歌えぬまま八年が過ぎた。

仙台から一時間半、いつもの徒労感を覚えながら、私は一〇時半過ぎに、原ノ町駅に着いた。最終駅に降り立つ客はまばらで、電車到着のざわめきも賑わいもない。学生、通勤客の利用時間帯を過ぎ、駅はひっそりとしている。浜通りにはめずらしく、昨夜一晩降り続いたという雪は意外と大雪で、駅ロータリーは一面真っ白なグラウンドに見える。私は駅前から真っ直ぐ伸びる人っ子一人いない、水墨画の世界に沈む商店街通りを見渡した。果たしてこんな日に客は押し掛けるのだろうか？

震災以来八年にしての、駅前商店街最初の新築開店にもかかわらず、今後の先行きを暗示するような光景だ。私は雪に足を取られながら歩きだした。

やがて左手に新築なった大きな店舗が見えてきた。店の前の駐車場は広く確保され、そこに屋根瓦付きの大きな看板が据えられていた。朝早くから雪かきをしたのだろう、駐車場の周りに雪が堆く積まれている。どうも和食系の店舗のようだ。白い雪の中にたくさんの花輪が派手やかに浮き上がる。これだけの寒さと雪道にもかかわらず、昼の食事時に合わせて大勢の人が押しかけている。「復興は飲食から」の歴史は戦後の闇市以来、何度も繰り返されてきた真理のようだ。最後尾につこうと、列に近づいた私は驚いた。

店舗前の駐車場の雪を乗せた屋根瓦の大きな看板には「マークの下に久の字があり、勘亭流で「てつ魚店」とあった。

このシャッター街の商店街で、震災以来初めての新築開店は、何とこの地で前から営む鮮魚店だった。

行列の末尾につき、店舗正面からその外観を眺めた。前の店舗の二倍以上の門構えだ。縦に焼き杉板を張り込んだ店舗外装はなかなか渋く、その中央にも「に久の文字が浮かぶ。店舗入り口中央には、墨痕《ぼっこん》鮮《あざ》やかに「てつ魚店」と記した大きな古木の一枚板の看板が掲げられる。そのどっしり落ちついた門構えはなかなかの風格で、失礼だがとても鮮魚店には見えない。それでも明らかに鮮魚店の開店と分かるのは、店頭左右にずらりと並んだ祝儀花台に掲げられた木札の、「祝開店　いわき中水」「祝開店　いわき魚類」の文字からだった。

一一時きっかりに坊主頭のちょっと小柄な男が店頭に現れた。店主だろうか？「慶応三年創業てつ魚店」と書かれた白地の暖簾《のれん》を掲げ、店舗を開け放った。

慶応三年は大政奉還のあった年だから一八六七年になる。翌年が明治元年。明治開国よりも古い鮮魚店の、今、再びの開店だった。

客は口々に「おめでとうございます」と言いながら嬉しそうに店内になだれ込んだ。

店内入って右から総菜コーナー、魚介類売り場、そして刺身売り場と買い物をしながら、左の会計に至る横動線の流れは整然として無駄がない。店の奥半分は、左右に大きなガラスで仕切られ、店内を明るくする。

右奥の総菜厨房では母、娘の親子なのだろうか、よく似た顔の女性が二人で揚げ物をテキパキと揚げている。前のカウンターには魚総菜が山積みされている。手作りフライセットは六〇〇円、小女子《こうなご》のかき揚げが一枚一〇〇円、赤魚の煮つけは一枚二〇〇円だ。

左奥の刺身厨房では、店主と思しき主人と青年の二人が、マグロやカツオに包丁を入れる。都会では料理人の手捌きを見せるオープンキッチンが大流行だが、なるほどこの新店のコンセプトは、オープンナイフキッチンだ。総菜や魚介類を求めた客は最後に刺身コーナーの列につき、二人の包丁捌きに見とれながら、自分の番を待つのだ。

店中央の黒板に刺身メニューが魚のイラストと共にチョークで書かれている。

「長崎産本マグロ中トロ一五〇〇円、長崎産本マグロ赤身一〇〇〇円、沖縄産メバチマグロ中トロ一二〇〇円、沖縄産メバチマグロ赤身八〇〇円、北海道産アワビ一〇〇〇円、北海道産ホタテ貝一個二〇〇円、小名浜《おなはま》産ホッキ貝一個三五〇円」

本日のおすすめは千葉産生カツオ八〇〇円と北海道産特大ボタンエビ一尾一二〇円だ。

地元浜通りの刺身を食べたいと思っていた。だが、福島産はホッキ貝だけで、あとはすべて他県のものである。てつ魚店の刺身メニューが、震災から八年近くになろうとするのに、汚染水問題で苦慮する福島漁業の実態を語っていた。

客の多くは自分の皿をわざわざ持参し、カツオを一匹捌いてもらっている。都会では目にすることのできない光景に、この町の魚人気が垣間見える。

「大将、カツオ一本下ろしてくんろ」

「若大将、中トロの旨いところ」

若大将と呼ばれるのは、店主の息子だろうか？あまり顔は似ていない。

客は各々の注文をし、楽しそうに待つ。二人の包丁捌きを眺めているとあっという間に私の番がきた。私もカツオ一本を下ろしてもらいたいところだが、とても取材旅行の途中とあっては、一人で食べきれない。刺身盛り合わせ八〇〇円を注文した。

開店の忙しさに備えて、朝早くから用意された何十本という切り身のサクが並ぶショーケースから、若大将がマグロ中トロ、赤身にカツオ、そしてホタテにホッキと切り出して行く。どれも分厚い切り身なのが嬉しい。

「すみません、ホッキを多目に」とつい私は声をかける。

会計をし、開店祝いの空くじなしのくじを引く。「慶応三年創業てつ魚店」と染め抜いた手拭いが当たった。店内の魚貝類をじっくり見て回りたかったが、詰めかけた開店客でごった返しだ。それよりも、このできあがったばかりの刺身盛り合わせを、早く食べたかった。

店の横に、和風構えの店とまるで一体となったような小さな東屋《あずまや》があった。市が開設した小避難公園の真ん中に建てられたものだ。これ幸いと温かいペットボトルを求め、買ったばかりの刺身盛り合わせを開いた。コートの襟を立て、ラップをはがす。さて、どれから食べようか？やはりカツオだろう。少し醬油をつけて、ツマに添えられたニンニク断片と共に口に放り込んだ。ねっとりと脂身が舌にまとわりついた。

「旨い！」

思わず叫んでしまった。こんな旨いカツオは東京でも食べたことがない。そうかカツオはこんなにも味わい深い魚だったか。

「まいったな」

うなりながら、思わずそんな言葉が、口をついて出た。

震災以来八年、さびれる一方の商店街にあって、新築開店第一号店になった理由はいたって簡単で、この旨さにあったのだろう。

それにしても大変な道のりだったはずだ。てつ魚店はどうやって、今日という日を迎えたのか？ぜひ知りたいと思った。夜を待った。

暖簾を下ろしに出てきた若大将に「取材をさせてもらえないですか？」と声をかけた。

「今からスタッフとみんなで開店お疲れさん会です。よかったら一緒にどうです」

赤の他人の突然の申し出にもかかわらず、この親切な対応が、今日の開店につながったのかもしれない。

大将夫婦・鈴木恵二《すずきけいじ》（六六歳）、優子《ゆうこ》（六一歳）と、若大将五人家族・鈴木直樹《なおき》（三六歳）、史帆《しほ》（三六歳）と綾乃《あやの》（一一歳）、健吾《けんご》（九歳）、わかな（七歳）とパート三人の総計一〇人が参加するお疲れさん会に、私は加わらせてもらうことにした。

「それにしても大盛況の開店でしたね。お店の品ほとんど売り切れじゃないですか？」

恵二は上機嫌に答えてくれた。

「こんなにたくさん仕入れて不安だったの。お客さんくるだべかぁと。でもね、この町少し景気つけるべって、大量に仕入れたのよ。だけんど全部売り切れで、はぁ、明日は三時起きで小名浜までまた仕入れだっぺ。まぁ、嬉しい悲鳴だけんども、震災の年には、こげんな日迎えられるとは、考えてもいなかったぁ」

やはりそこには、「旨さ」と「親切な対応」以上の秘密があった。


二〇一一年三月一一日午後、刺身の準備が一段落し、ちょうど休憩をしている時だった。直樹の携帯の緊急地震速報がビーッと鳴った。直樹が「地震が来るぞ」と叫ぶと同時に、大地が揺れた。恵二も未だかつて経験したことのないような激しい揺れだった。「刺身を切ってる時でなくよかった。手や指が危なかったぞ」と話していると、再び大きな揺れがきた。店中の皿が音を立てて落ち始めた。水桶の水がこぼれ、冷蔵庫が開き中のものが飛び出した。これは普通じゃないとみんな一斉に表通りに飛び出した。身重《みおも》の史帆も、抱っこ紐の中で眠る一歳の健吾を抱え、後に続いた。商店街の人たちもみんなわぁっと集まってきたが、ほとんど立っていられない状態だ。全員がその場に座り込んでしまった。ようやく揺れが収まり店の中に戻った。揺れのあまりの衝撃的な大きさに、いつまでたっても誰もが落ち着かなかった。史帆に抱えられた健吾だけが、何ごともなかったようにすやすや寝ていた。思わずみんなで顔を合わせて、苦笑した。

テレビをつけると「六メートル前後の津波が来る、警戒するように」とアナウンサーが呼び掛けていた。原ノ町駅前商店街は北泉の海岸から五キロは内陸にある。ここまでは津波は来ないだろう。安心して皿の片づけに入った。だがその津波が一八メートルもある、観測史上初めての規模のものだと知るのに、時間はかからなかった。

「もう、みんな持っていかれた。全部流された。服も何もない。お金もない」

隣町鹿島の海岸烏埼に住む仲買人が、店に逃げ込んできたのだ。慌ててタンスから自分の服を差し出す恵二に、仲買人は言った。

「六メートル前後の津波?とんでもない、それの倍以上はあっぺ。見たこともない大きな水の壁が襲ってきた」

そこに原町萱浜に住む親戚の叔母が、真っ青な顔をしてずぶ濡れの姿で逃げ込んできた。

「うちが津波の最終点で止まったけれど、何もかも持っていかれてしもうた」

叔母の家は浜から近いといっても三キロ以上は離れている。それが防風林も根こそぎやられているという。そこまで大きな津波なのかと驚いていると、新たな避難者が現れた。

「松川浦は何もなくなった。荷捌き場も海水浄化槽もみんなやられた」

以前恵二が長い間魚を仕入れてきた、相馬松川浦の魚市場の知り合いが助けを求めてきた。店はてんやわんやになった。

津波襲来の光景を繰り返し映し出すテレビを、ただ呆然としてみんなで見入っていると、直樹の携帯が鳴った。福島原発に勤める友だちからの電話だった。

「もうすぐ原発が爆発する。もう持たない。とんでもないことになるぞ。急いで逃げろ！」

テレビでは何も言っていない段階だった。いつも直樹が仕入れに向かう小名浜の途中にある福島原発だ。原発は絶対安全だと教えられてきたから、直樹は半信半疑だった。まさか福島原発が爆発するなんてことはありえないだろう。この店中が大混乱の時に、「逃げよう！」なんて言い出しても誰も本気にしないだろう。それよりも夕餉の刺身を求める客で店も混んできた。直樹は福島原発のことを妻にも恵二にも一言も告げることなく、忙しく立ち働いた。やがて忙しさに紛れて、福島原発に勤める友だちからの電話があったのさえ忘れた。

直樹の友だちの電話から遅れること五時間余りの二一時二三分、国は福島原発から半径三キロ圏内の住民に避難指示を、一〇キロ圏内の住民に屋内退避指示を出した。翌一二日一五時三六分、一号機は水素爆発に至った。

てつ魚店の家族にとって、福島原発事故が津波の被害以上に身近な問題となるのは、翌朝早く、避難指示区域に住む史帆の姉・理恵夫婦が子ども四人を連れて、実家に逃げ込んできた時からだった。そこへ福島原発から二〇キロ近くの磐城太田に住む優子の両親が、次いで原町に住む長男・秀一夫婦も逃げ込んできて、直樹の友だちの警告が現実のものになった。

史帆は当時三歳の長女・綾乃と一歳の長男・健吾を抱え、そしてお腹に妊娠四カ月のわかながいて、つわりの真っ最中だった。

「福島原発が爆発したと聞いて最初に思ったのは、子どもたちのこと。どんなことがあっても放射能から絶対にこの子たちを守らなければ。私の不注意でおなかの赤ちゃんが万が一にも放射物質を吸収したらと思うと、つわりはどこかに吹っ飛びました」

震災から四日目の朝早く、福島原発に勤める直樹の友だちから再び電話があった。

「まだ原町にいるのか？お前のところ妊娠中だろう。もう一個爆発すっぞ。逃げろ！」

恵二は必死の思いで、今は福島市に住む、昔親しくしていたなじみのお客さんに電話をかけた。

「こっちへきたらいい」との快諾を得て一家総勢二〇人で福島に逃げることにした。店にある悪くならないような品物を全部トラックに詰め込んだ。近所で一人残ると決めた人に、飼い犬ポンタの餌やりを頼み、鎖は放した。冷凍の品は、食料が絶えた時の町の人々のために開放し、提供することにした。

「店内のものご自由に食べてください」

店の窓ガラスに貼り紙をして、鍵をしめずに出た。その時はあくまでも一時避難だと信じて疑わなかった史帆が持ったのは、母子手帳と四日分の着替えだけだった。

しかし、その足はすぐに止まった。ガソリンがなかった。ガソリンスタンドはどこも長蛇の列だった。在庫が切れて閉店するスタンドが続出した。津波被害で店に逃げ込んできた知り合いを避難所に送り届けている間に、ガソリンはほぼ底をついていた。福島までたどり着けそうもない。困り果てているところに、直樹の携帯に、友だちから連絡があった。

「避難指示で立ち入り禁止の二〇キロ圏に唯一営業をしているガソリンスタンドがある」

逃げ延びる車の隊列とは逆に、二〇キロの規制線に向かった。すでに道路にはバリケードが張られ、警備員が防御服を着て立っていた。

「中に住んでいるものです。忘れ物でどうしても帰らなければならない」

必死の嘘に、警備員がバリケードを解いてくれた。おかげで、ガソリンスタンドに滑り込めた。再び警備員にていねいに礼を述べ、大渋滞の道を福島に向かった。いつもならば二時間で着く福島市への道が、避難民の車で身動きも取れない状態だ。途中のコンビニには食べるものも、飲むものもない。

一四日一一時一分、一号機に次いで三号機建屋、水素爆発のニュースは大渋滞の車のカーラジオで聞いた。

腹をすかし、のどをからし、疲れ切り、福島市内の昔なじみのお客さんの家に着いたのは、とっぷりと日が暮れてからだ。何はともあれ、みんな水を飲みたいと頼んだ。だが、その水がなかった。

逃げ出した原町は水もガスも出た。逃げ込んだ福島は水もガスも止まっていた。迎え入れてくれた家族は丸二日風呂にも入っていない。そこへ二〇人近くが押し掛けたのだ。

昔なじみのお客さんの好意に応えたいと、男性陣総出で谷に降り、水を汲んだ。沸いた風呂に、まず迎え入れてくれた主人に入ってもらい、逆に恐縮されてしまうことになった。

翌日からは男性たちが交互に谷に下りて水を汲んだ。断水が続くお客さんの家に、大勢でこれ以上の長居はできなかった。

三月一七日、てつ魚店一族はちりぢりになって分かれた。長女の理恵夫婦とその家族は浪江町が用意した群馬県片品村の避難住宅へ。長男・秀一家族は山形の知人宅に。そして優子の両親とてつ魚店の六人は、埼玉県狭山の優子の弟宅に厄介になることになった。

福島原発から逃げ延びた人が、近所にやってくるというニュースは、狭山の町に広まっていた。布団や着るものが周りの家から届けられ、その場をしのげることになった。

しかし五人家族の優子の弟宅に、いつまでも総勢八人の人間が住めるわけはない。長女・綾乃の幼稚園年少組入園式が、もう目の前に迫っていた。原町の幼稚園からは、こちらに戻り入園しますか？と問い合わせがあった。

直樹夫婦は、原発汚染に関して何の情報も判断材料も提示されないまま、決断を迫られ戸惑った。史帆は今も怯えたように言う。

「やはり恐ろしくて原町には帰れませんでした。あの状況で子どもを抱えて、原町に帰る妊婦はいなかったと思います」

狭山市内で物件を探すと、幸いショッピングモールの近くに、古いアパート二室が空いていた。南相馬市が借り上げてくれることになり、優子の両親とてつ魚店一家はそこへ移った。斡旋した不動産会社が、福島原発被害の避難家族がいると呼び掛けてくれ、多くの人から寝具や所帯道具の提供があった。どこへ行っても、人々の温かい気持ちがありがたかった。

四月一日、長女の綾乃は狭山市の幼稚園に入園した。入園式が終わると同時に、史帆は産婦人科巡りを始めた。医療事故を恐れて、妊娠中期からの妊婦受け入れを拒否する産婦人科は、意外と多い。

「福島原発避難で心も体も大変でしたでしょう。安心してうちで産んでください」

そう言ってくれる病院をようやく見つけ、史帆と母親の優子はやっと落ち着いた。落ち着きをなくしていったのは、恵二だった。毎日やることがない。

恵二の趣味は唯一渓流釣りだ。春も緩み、これからがその季節だ。避難した狭山市の近所には入間川があるが、釣りは忙しく働いた合間のひと時に糸を垂れて初めて楽しめるもの。毎日、何もすることなく、勝手知らぬ地で釣竿を垂れることなど、恵二は考えもつかなかった。

何よりも恵二の心配は、震災の津波被害と福島原発の放射能汚染水被害で壊滅した、浜通りの漁業の行く末にあった。

同じ太平洋岸に位置する漁港だが、岩手・宮城県の三陸と、福島・茨城県の浜通りでは、漁業形態が全く違い、それに伴い漁業量、漁業高も大きく異なる。

三陸では、波の穏やかなリアス式の湾内で、さまざまな養殖事業が営まれる。浜通りでは、養殖はほとんど行われず、沿岸・沖合漁業が主体となる。

二〇一〇年の漁獲量は三陸が四一四九トン八〇六億円に対して、浜通りは一四一トン三六七億円と漁獲量、漁獲高共に三陸が大きく上回る。

三陸に比べ規模は小さいものの、北上する黒潮と南下する親潮がぶつかる浜通りの天然ものは、養殖とは違う強みを持ち、「常磐もの」として珍重されてきた。

その浜通りでは、恵二が長い間仕入れをしてきた相馬市の松川浦漁港が、相馬港とあわせ死者四五八人、全壊六七〇戸、半壊三〇〇戸の被害で壊滅した。また直樹の代になり仕入れをしている小名浜漁港は、津波被害で半壊し、小名浜魚市場は営業停止に陥った。

津波被害に加えて太平洋岸の水産関係者の頭を悩ませ、その後漁師たちを長い間操業停止に追い込むことになるのが、福島原発事故と共に持ち上がった原発汚染水処理問題だった。

三月一五日、ＪＦ福島（福島県漁業協同組合連合会）は、ただちに各漁協組合長との電話会議で、浜通りの操業自粛を決定した。

三月末に放水口から規制限界濃度の一〇〇〇倍を超える放射能が検出された。東電は「低レベル汚染水の海洋放出」の結果だとした。たちまち翌日四月一日には、北茨城沖のイカナゴから、食品衛生法で定めた規制値よりも二倍の濃度の放射性ヨウ素が検出されて、福島の水産関係者の誰もが困惑した。ＪＦ福島は改めて安全が最終確認できるまでの一切の操業自粛の徹底を図るよう、所属する各漁業組合へ通達した。

だがその後も海洋の汚染数値は増え続けた。なかでも四月五日、いわき沖のイカナゴからは、従来の二五倍もの放射性セシウムが検出された。

詳細を調べた東電は、原子力施設の亀裂から汚染水が漏水し、海へ直接流出していたと発表した。

ところが三年後、増え続けた放射性セシウムの真の理由は、二号機から出た高レベル汚染水を、東電が極秘で放流した結果だったと知れることになった。

当時、福島原発事故「官邸助言チーム」事務局長だった空本《そらもと》誠喜《せいき》が『汚染水との闘い　福島第一原発・危機の深層』（ちくま新書）ですっぱ抜いたのだ。

空本によれば、六日間で放出された高レベル汚染水は、五二〇トン、四七〇〇兆ベクレルと推定される。ＪＦ福島の漁民たちの何よりの怒りは、モニタリングの数値が発表されるまでは、汚染水の放出情報を一切発表しようとしない東電の隠ぺい、無責任体質にあった。それは食の安全をもとになりわいを立てる漁民の存在を否定する、東電の限りない侮辱行為だった。

四月五日以降、ＪＦ福島だけでなく、全漁連が東電本社へ何度も抗議活動を繰り返した。

結果五月三一日に、漁業者一人当たり、過去五年間のそれぞれの水揚げ実績から最高、最低額を外した三カ年分の平均値の八割を補償する、賠償金仮払いが実現した。

濱田武士（共著）『福島に農林魚業をとり戻す』（みすず書房）によれば、その補償請求者数は約九〇〇人、補償額は年間七〇億から八〇億円と推定される。水産関係者への東電の補償額がこの程度で収まったのは、何よりも浜通りの「天然もの」沖合漁の小規模性にあった。

同時にこの賠償金が、その後の福島の漁業を、苦しめることになった。

流出した漁船、漁具を整え試験操業に加われば、売り上げが出て、補償はなくなる。船の修理代、燃料費を考えれば、時化《しけ》の中わざわざ沖に出なくても、何もせずに一人当たり年間約九〇〇万円近い収入を得た方がよいということになった。震災から九年の補償が、高齢化した多くの漁民を怠惰に追い込み、後継者を断ち、「常磐もの」への伝統と誇りを傷つけ苦しませた。

そしてまた、恵二も避難先、狭山での毎日をもて余し、苦しんでいた。

浜通りのすべての漁港が津波で流された上に、福島原発汚染水問題で操業が中止になり、どこの魚市場からも仕入れができなくなった今、原町に帰っても魚屋を復活できる見通しは全くない。やることのない日々になるだろう。だが、見知らぬ町で何もせず暇を持て余すより、放射線量が多少高くても勝手知った町で過ごす方がよくはないか？放射能が身体に影響するのは二〇年後、三〇年後であり、六〇歳に近い自分には影響は少ない。

それよりも原町に帰れば、津波で家を失い避難した人に代わって、行方不明者や遺品探しの手伝いもできるに違いない。原町から一歩も出ずに六〇年近くを過ごしてきた自分は、町のことは一番よく知っている。浪江や小高の家を追われ不案内な土地で、何の情報もなく暮らす避難者に、自分なら手を差し伸べることができると、恵二は信じた。

「ちょっと原町の様子を見て来っぺ」

四月一〇日過ぎ、恵二は一人原町へ帰った。

町に残る人たちのために、少しでも役に立てばと鍵を閉めておかなかった店内は、冷凍ものから常温の品まで、そのほとんどがなくなっていた。冷凍棚に小さく折り畳んだ紙切れがあった。

「マグロサク戴きます。助かりました。これで何日かしのげます」

店を出る前に、マグロ何本かを捌き、サクにして冷凍庫に入れて出たのだ。食料が底をついた町で、冷凍ものとはいえ、残った人々に魚を食べてもらえた。魚屋冥利につきた。それにしても、店内には自分が食べるものさえ何もないのには困った。恵二は食べ物を探しに通りへ出た。

恵二は商店街を駅に向かって歩いた。どの店も閉まっていて、今夜の食材さえ手に入らなかった。一〇分ほど歩いて駅前に着くと、セブンイレブンが開いていた。

「開いててよかった。いつから開けてんの？」

思わずもらした恵二の一言に、セブンイレブン原ノ町駅前店の今野店長が答えた。

「うちは震災二週間目になるかな。まあ四月の頭から」

「ここが最初？」

「ううん、最初は別の店のオーナーさんが市長と相談してきたんだ。で、そのオーナーが『俺は開けたいんだけども、まず商品が入ってこない。その中でたったひとつ解決方法はある。市長がセブンイレブンのトップに直談判して、何とか物流をここまで持ってきてもらえれば、俺はやりたいんだ』と言ったんだ。で市長が動いてね。セブンイレブンのトップは『加盟店のオーナーがそういう気持ちだったら、本部はバックアップするよ』と快く受け入れてくれて、何とか再開できたんだ。それ見てて、うちも開けないとなぁとオープンしたから、この町で二店目になる」

「原町でセブンは幾つあんの？みんな開いてるの？」

「全部で九店あるかな。でも人手もなく開けられない店がほとんどで、開けてんのは三店かな」

恵二は店の中を見渡す。駅前の大型店だけに空棚が嫌でも目につき、品数の少なさが際立つ。おにぎり、サンドイッチといった定番の他に、もやし、白菜、豆腐と、普段コンビニで見られない品がある。感心して言った。

「それにしてもよく品物入ってくるな。さすがセブンだ。うちなんか開けたくても、魚なくて開けられない」

「例の『緊急時避難準備区域』でこっちにトラックが入って来れないだろう。六号線も三〇キロのところで、バリケード張られて、相馬からのものも入らない。うちはいわきのデリバリー担当者が何とか品物を入れようと、郡山から東北道を使って、ぐるっと回ってきてくれるから、助かっているけれど、普通の店は無理だろうな。おかげで取り扱う品物も、冷凍肉や干物、野菜などコンビニらしくなくなったけんど、お客さんに喜んでもらって、つくづくセブンイレブンやっていてよかったよ」

魚肉ソーセージや缶詰を求めた恵二は、忙しく立ち働く今野に一言残して、セブンイレブンを出た。

「本当に、開いててよかった。セブンイレブン、いい気分だっぺ」

福島原発事故で自主避難を求められたにもかかわらず、原町に残って暮らす人々にとって、何よりの関心と心配は「食の安全」にあったと、今野は振り返る。

「その点、厳しい食品管理の下にあるセブンイレブンの食べ物なら安心だという、絶対的な信頼がありますし、お客さんには喜ばれ、本当に大勢の方に来て頂きました。食べ物だけでなく銀行、図書館が閉まる中でのATM、新聞・週刊誌コーナーが、生活のインフラとして『近くにあってよかった』というコンビニ本来の役割を果たせたのではないかと思います。本部が臨機応変にいろいろ柔軟に対応してくれて、町の人々が必要とする最低限のものを、何とか届けられたのではないかと思います」

夏休みに店の隣にある南相馬市立中央図書館が再開して、残った市民の心の潤いが戻ると同時に、今野の店の客足はさらに伸びた。そして、九月末の『緊急時避難準備区域』指定解除で品揃えも充実しだし、一二月の相馬・原ノ町間の常磐線復旧で、駅、図書館、コンビニという駅前機能を取り戻した。セブンイレブン原ノ町駅前店は、町の復興になくてはならない存在になった。

恵二は、自分の店から駅に向かって毎日一〇分ほどを歩き、セブンイレブンで買い求めたもやしや白菜で一人料理を作った。その後は津波ですべてがなくなり、広大な瓦礫の浜となった萱浜に出て、行方不明者探しのボランティアに明け暮れた。

直樹は見知らぬ地、狭山のアパートで悩んでいた。突然大地を揺るがした地震以上に、魚屋としての自分の足元は揺らいだ。降り注いだ汚染物質以上に、見えない将来への不安に、直樹は毎日さいなまれた。

近所のショッピングモールの鮮魚コーナーに行き、怪しまれながらも、魚を捌く従業員の仕事ぶりを見つめた。

「こりゃ、魚屋じゃない」

本部の仕入れで入荷した魚を小分けにし、パック売りにしているにすぎない。もし魚の捌きがすべて自動化できるロボットが開発されれば、なくなる職場だった。ため息をつきながら職安に行く。紹介されたスーパーの鮮魚部は、大小の違いはあれ、どれもショッピングモールの店と似たりよったりで、仕入れの醍醐味も、仲買人との人間関係の綾もいらないものだった。

狭山に住むことは、これまで積み重ねてきた、てつ魚店での七年の経験をすべて捨て、新しい仕事に就くことを意味した。

原町の三島町にある福島県立相馬農業高校を出た直樹が、農業ではなく、漁業の仕事に就いた理由は、高校に鈴木史帆という同級生がいたことに尽きる。

史帆はてつ魚店の三人兄弟の末っ子だった。姉の理恵は他家に嫁ぎ、魚は骨があり食べるのも見るのも嫌という兄・秀一は、銀行に就職していた。残された自分に跡継ぎを期待されるのは困るので、史帆は農業高校に進学した。同級生に伊藤直樹がいた。

高校三年間で二人の間に、「同級生」以上の変化があった。同時に史帆の思いの中に、中学時代には考えもしなかった、大きな変化が起きた。

「私が嫁に行くと言い出したら、おばあちゃんと一緒に四〇年近くこの店で働いてきたお父さんは、何も言わないけれど淋しいだろう。自分もこの店があっての自分なのだと気づきました。おばあちゃんが手に入れた土地で、両親のように二人で商売したいと考え始めたんです」

高校卒業を前にして、直樹と史帆は、恵二の前に膝をそろえると切り出した。

「二人で魚屋の修業に就きたい。修業明けには結婚させてください」

恵二は、その頑固な表情を一変させると、自分が若い時に修業した、いわき市四倉《よつくら》漁港の鮮魚店の社長のもとを訪ねた。

「えっ、二人とも預かるの？驚いたな。今どき二人そろって魚屋になりたいカップルが現れるなんて。でも、大丈夫か？うちは厳しいぞ」

恵二の狙いもそこにあった。自分が魚屋の基礎からすべてを学んだ店だ。そこで厳しい修業に耐えられれば、二人は立派な魚屋になれるはずだ。

四倉での三年の月日が流れ、修業が明けた。二人は結婚し、てつ魚店の店頭に立った。

恵二と妻・優子の二人で細々とやってきた鮮魚店は、手作りの総菜やオリジナルの加工品など若い感覚を取り入れ、新しい客も増えていった。何といっても恵二と直樹の二人競っての包丁捌きの鮮やかさが人気となった。忙しくなるとそこへ史帆が加わった。

結婚三年目には二人の間に長女・綾乃が生まれ、恵二の表情からは頑固さが消え、柔らかくなった。二人が結婚して五年目、長男・健吾が生まれると、嫡孫《ちゃくそん》を我が手に抱いた恵二は、ぽつりと言った。

「明日から直樹に仕入れを全部任せるから、よろしくな」

それは直樹の技量を十分に認め、恵二自らは経営から身を引き、てつ魚店の代表の座を、直樹に譲ることを意味した。

二〇〇九年六月、仕入れを任された四代目鈴木直樹がまず最初にやったことは、それまでの恵二の仕入れ先、相馬市松川浦漁港魚市場との取引をばさりと切ることだった。そしていわき市小名浜漁港魚市場からの仕入れに変えたのだ。

「常磐もの」を扱う松川浦は地産地消の漁港だった。小名浜は太平洋岸で築地に次ぐ規模の中央市場だけに、全国からさまざまな魚種が入ってきていた。小名浜の人々は、地元の魚だけでなく、昔からマンボウやイルカを食べるなど浜の文化を存分に味わっていた。修業時代からその様子を見てきた直樹には、カツオとカレイにこだわる原町の人にも、もっといろいろな魚を食べて欲しいという思いがあった。

仕入れ先を小名浜に変えることは、地元の生きのいい魚にこだわる鮮魚店から、全国の魚種を扱う大型店への脱皮を意味した。

ただ直樹の思いや経営戦略は別にして、それを実行に移すことは、最初はなかなか大変なことだった。店から三〇分で着く相馬の市場から魚を仕入れて来るのとは違うのだ。常磐自動車道はまだ福島原発がある富岡までしか伸びていなかった。小名浜へ直接仕入れに出向くには、国道六号線を一時間強かけ富岡まで走り、さらに高速道路で小名浜まで三〇分走らねばならなかった。朝一番のセリに間に合わせるためには、毎朝三時には店を出なければならない。仕入れて帰れば往復五時間かかった。直樹は、その手間暇を厭わず小名浜の仕入れ先を確保した。

直樹にとって小名浜市場の魅力は、何よりも仲買人と仕入人との駆け引きの妙にあった。市場に並ぶ魚には値段がついている。しかし「なら、まとめ買いするから幾ら?」「この前買ってくれたからおまけ」と、何とも人間臭いやり取りが可能だった。人間力が試される場であり、発揮できる場でもあった。それが直樹の感性には楽しく気持ちよかった。そうやってみかん鯛、かぼすブリと原町の人が知らない魚を仕入れた。

「みかんを餌にして育った宇和島の鯛だよ。醤油をあまりかけずに食べてみて。みかんの香りがぷーんと香り立つから」

直樹には新しい魚と新しい食べ方を、魚好きの原町のみんなに広める楽しみがあった。

仕入れを任されてから二年近く。仕入れ先との人間関係を少しずつ広げ、六社の仕入れ先を確保した。国道六号線沿いに並ぶ一〇軒あまりの鮮魚店の、最北端店として配送ルートに入れてもらえるようになり、注文もファックスのやり取りですませるところまでようやくきた。四代目としての経営が順調に回り出したところでの東日本大震災であり、福島原発事故の放射能汚染騒ぎだった。

四月に入ってから、直樹の携帯には常連さんからの電話が多く入るようになった。

「旨い魚食べたい」

「いつ開けんだ？」

「こっちには、何も食べるもんないんだ。みんなてつの魚待っている」

直樹は再びショッピングモールの鮮魚コーナーに行き、従業員の仕事ぶりを見た。やはりここでは働けない。直樹は、借り上げたアパートに帰ると、史帆に言った。

「ちょっと様子見に帰ってくるわ」

福島原発騒ぎで多くの市民が避難し、ひっそりした市内は四月も半ばになろうというのに、寒々としたものだった。車の往来さえない。市役所から駅前へ向かう旭公園に差し掛かって、直樹は驚く光景を目にすることになった。

満開の桜の中、牛がその桜を楽しむようにゆったりと道を歩いていた。そのあとをダックスフントやチワワが群れをなして続いた。桜が咲く旭公園は、避難した人々が鎖を外し置いていった犬でいっぱいになり、何とも不気味だった。

自分の車の後を追いかけてくる犬がいた。バックミラーを見て驚いた。まさかと思いながら車を止めた。ずっと飼っていたポンタだった。車のエンジン音を覚えていたのだろうか。追いかけてきたのだ。涙がぼうぼうと流れた。

他家に婿に入り、最初は何かと気まずいこともあった。遠慮のいらないのはポンタだけだった。こいつと一緒に七年間過ごしてきたという思いが、直樹の中にはあった。助手席にポンタを乗せると店に帰った。ポンタを見るなり恵二は言った。

「どうなっか分からんけど、はぁ二人と一匹、男だけの合宿生活で店開けべぇか」

再開にあたって二人で決めたことがひとつあった。震災需要では儲けないことだ。採算を度外視しても、原町に残った人々に魚を届けるのだ。

「慶応三年からここで商売やってきたてつ魚店だ。まぁ、ちょっと大変だども、みんなに旨い刺身食べてもらおうや」

恵二が言った通り、震災一カ月あまりでの再開は実際大変だった。まず仕入れルートがなかった。浜通りの漁港はすべて津波で壊滅した。小名浜は福島原発の汚染騒ぎで閉じたままだ。仕入れ先は福島県の中央に位置する海のない郡山になった。そこには新潟の魚が入っていた。

原町から八木沢峠を越えて、飯舘村を通り二本松に出て、高速で郡山に行くルートになるが、普段でも二時間半はかかる。しかも前後を走るのは震災復旧に当たる自衛隊の車ばかりだ。彼らはどんな時でも法定速度を順守する。瓦礫を満載した自衛隊車に挟まれての夜明け前の山道はどこまでも暗い。海のものを仕入れるのに、山に向かう理不尽さに、何度も直樹はいらついた。それ以上に直樹を苦しめたのは、海を持たない魚市場の人々の感性だった。

同じ福島弁なのに、話しかけてくる口調に、浜の人間とは違う感覚があった。イカにも、マグロにもそれぞれ明確な値段がついている。値引きをするわけでも、大量買いに応じるわけでもない。仲買人の誰もがサラリーマンだった。自分までもが、なんだか卸しのスーパーで魚を仕入れて運んでいる、運送人の感覚に陥った。

それでも仕入れてくれれば、鮮魚に飢えた町に残った人々が列を作って並んでくれた。

「やっと旨い刺身を食べられた」

魚好きの町民のその笑顔だけが、仕事を続ける原動力となった。二人は山間部を自衛隊車に挟まれながら、交互に郡山の仕入れに向かった。

いわき中央卸売市場の誰をも悩ませた、四月初頭の高濃度セシウム汚染水問題も、四月一三日の四倉沖で一キロ当たり一万二〇〇〇ベクレル、四月一九日久之浜沖で一キロ当たり三九〇〇ベクレルを検出してからは、その後のモニタリング調査で落ち着きを取り戻し、五月以降は検出されなくなった。魚市場施設だけでなく、漁船の損傷が浜通りのどの漁港に比べても少なかった小名浜港は、六月一六日に再開されることになった。

これで郡山の市場に出かけて新潟の魚を仕入れなくてもすむ。直樹は、いわき中央卸売市場再開のニュースに、嬉しさを隠しきれなかった。

「だども、きつい仕入れになるだっぺ。郡山の倍の時間かかるだろうが、大丈夫か?」

恵二の心配も最もだった。震災前に作り上げた配送ルートは、福島原発周辺の魚店すべての廃業で断たれた。こちらから出向くしかなかった。

しかし国道六号線も、周辺の旧道も完全閉鎖で立ち入り禁止の今は、原町から八木沢峠を三春まで行き、磐越自動車道に乗って常磐道に回り込み、小名浜に行くしかない。朝一番のセリに間に合わせるためには夜中の一時、二時に車を出すことになり、帰りは昼になるのだ。

六月一六日、直樹がそんな苦労をしてたどり着いたいわき中央卸売市場は、地元スーパーが仕入れを拒否するという事態から、この日に予定していた施網船団の水揚げを断念せざるをえなかった。地元が風評被害のお先棒を担いでどうする。ならばてつ魚店は意地でもこの市場からの仕入れにこだわろうと、直樹は心に強く誓った。そして何より直樹にはホームグラウンドに帰った喜びがあった。地元福島の魚を食べられなくなった魚好きの人々に、全国の生きのいい魚を食べさせてあげよう。その思いだけで往復七時間近い行程を直樹は耐えることができた。

原町の人たちはやはり魚のことをよく知る人々だった。郡山から小名浜に仕入れを変えたとたんに、店頭に並ぶ客が増えた。二人の包丁捌きの競演にも力が入った。

八月二九日、小名浜港は震災以来初めてとなる大型船でのカツオ水揚げで本格復興を果たした。だが、築地のセリに回されたその「福島産」はなかなか買い手がつかず、半値でようやくセリ落とされた。以来小名浜港の漁業関係者は「風評被害」に悩まされることになった。この年以降の小名浜港の大型漁船の水揚げは、二五六八トン、四四六八トン、三三六七トンと毎年伸び悩んだ。

ようやく目立ってきたお腹を抱えて、夏を迎える史帆は気が気ではなかった。初めて経験する関東地方の暑さがこんなに過酷だとは考えもしなかった。原町では日中は暑いといっても、朝夕はまさに浜通り。海風が吹き、暑さは気にならなかった。それが無風の町、狭山は夕刻になるとさらに暑さを増した。史帆に、この酷暑の中で子どもを産む自信は、体力的にも、精神的にもなかった。

原発騒ぎの時には、史帆は一刻でも早く、そして少しでも遠く、福島原発から離れたかった。追われるように原町を出て、この狭山のアパートに落ち着いた時には、どんなにほっとしたことだろう。しかし、日を追うに従って、史帆はやはり勝手知った安全な場所で子どもを産み、育てたいという思いが強まった。

知らない土地での出産に不安がつのった。そこへ酷暑がにじり寄ってきた。史帆の神経はすり減った。

朗報があった。原町にいた兄の秀一が仙台へ避難し、借り上げマンションに住んでいた。その同じマンションで、部屋が空いて借りられるというのだ。

相馬、亘理、黒岩とどこの港も津波で壊滅し、駅が被災した常磐線は止まったままだが、車なら原町、仙台間は三時間で行き来できる。それに同じ太平洋岸でも、福島原発から一一五キロの仙台は、放射能汚染の不安が少なかった。どうしても原町に近いところで子どもを産みたいと、史帆の思いはさらに強まった。

幸い出産を受け入れてくれる産婦人科医が仙台市内で見つかった。四月に狭山の幼稚園の年少組に入園したばかりの綾乃は、九月の頭から仙台の光塩幼稚園に通うことになった。地元に近いというだけで、人の心はこんなにも落ち着き、安らぐものなのか。史帆は心底安心して出産の日を待った。

九月一八日、史帆は次女・わかなを無事出産した。

九月三〇日、国は福島原発より二〇キロから三〇キロ圏内にある原町区に発令していた「緊急時避難準備区域」を解除した。原町区外への自主避難を促し、それでも残るものには実質的な外出禁止令を課すことで、より放射能汚染の恐怖を一人ひとりの心に植えつけ、うすら寒い思いをはびこらせていた規制がようやく解けた。さまざまな伝手を頼り、全国に避難していた人々も、日を追って戻ってきた。

とはいえ、大気中の放射能値が急激に消滅したわけではない。阿武隈山地の麓の集落では、風の強い日には高い放射能値が計測された。除染作業の進まぬ庭先にガイガーカウンターを差し出せば高い音が鳴りやまなかった。外出時には誰もがマスクを外さない毎日だった。バスによる子どもたちの集団登校、外の公園や校庭での運動禁止令はいつまでも続いたが、ひっそりと眠りについていた町は、少しずつ目覚めつつあった。

「よかった。帰ってきたらてつが開いていた。これで旨い魚が食べられる」

恵二、直樹にとって七時間かかる仕入れは体力的に大変だったが、この町に戻ってきた常連さんのそんな声が、二人には励みになった。

一〇月以降は、小名浜港でのサンマ棒受網漁船が本格的に稼働し、サンマの水揚げが伸びた。それに加えて全国から入ってくる魚種も増えた。地元の魚は試験操業で品数も少なかったが、震災前より小名浜から仕入れをしてきた、てつ魚店の利点は大いに活かされた。

だが真夜中の二時過ぎに八木沢峠の暗闇を走る直樹の心の中には、さまざまな葛藤があった。ボランティア意識で開けた店だが、果たしてこのまま店をやっていけるのか？仕入れルートは無事確保したものの、毎日七時間近くをかけての仕入れは、採算的にも、肉体的にも厳しすぎる。男二人で合宿生活をしながら、この先何年も細々と鮮魚店を続けるのか？それとも家族四人で、震災前以上の繁盛店を目指すのか、全く読めなかった。

それは、福島原発事故の影響が生活にどう及ぶのか、国も、県も、まして東電も答えてくれないがゆえの、将来の見通しのなさだった。

激務に疲れた直樹の楽しみは、金曜夜に店を閉めてからの仙台通いになった。ところが、子どもたちにやっと会えると勇んで行った仙台でがっかりした。生後半年のわかなは一週間のうちにすっかり父親の顔を忘れていた。人見知りの激しい子だった。直樹の顔を見るなり、わぁわぁと泣き出した。週末の滞在中、抱っこをしようとしても泣き続けた。思わず直樹の口から愚痴がついてでた。

「どうして自分の子にこんなに泣かれるんだ。みんな東電のせいだ」

愚痴りながらも男二人犬一匹の男の合宿生活は本格化した。特に恵二には「初めて体験する独身生活だっぺ。はぁ、楽しい毎日だったなぁ」となった。

てつ魚店は慶応三年に初代・鈴木鉄太郎が原町に料理茶屋の旅籠《はたご》を開業した時から始まる。小名浜から仙台に抜ける通称「海道」と呼ばれる宿場町で栄える原町にあって、旨い魚を食べさせる宿として繁盛した。戦前、恵二の母・八重子は「大旅籠のお嬢さん」として育てられた。その繁栄も第二次世界大戦により、潰えてしまった。戦後の大混乱の中、生きて行くために鉄太郎・八重子親子は行商の魚売りから始め、魚を捌いた。恵二の父親は包丁を持つことはなく、注文を取って歩き、配達した。旨い魚を配達してくれる店として評判になり、八重子の商覚も冴え、駅前通りの旭町に土地を求め、てつ魚店開業となった。

一九七〇年、高校を卒業すると同時に、恵二はいわき四倉の鮮魚店に修業に出た。そこで三年間魚のすべてを一から学び尽くした。原町に帰って以来、四〇年弱、店舗兼自宅暮しをしてきた。優子との結婚後も、母とその妹との同居で、加えてお客さんの多くは主婦だったから、ほぼ四六時中周りに女性ばかりがいる生活を送ってきた。

それが六〇歳近くなって、初めての独身生活だ。しかも妻だけでなく、何かと口うるさい娘の監視もない。毎晩大好きな酒をどれだけ飲み歩いても、止める人はいない。楽しくないはずがなかった。調理場をきれいに洗い流し、店の明かりを消すと、夜な夜な居酒屋へ足を運んだ。興が乗ればもう一軒となった。

それでいて、炊事も洗濯も恵二が全部した。恵二の料理は、一時は店でも本格的な握りずしを売り、煮つけも評判になるほど、なかなかの腕前だった。恵二がなんやかんや作るのを待って、膳を並べるだけが直樹の役目になった。腹いっぱい食べて寝そべっていると、「おい、その薄汚いの脱げ」となって、洗濯も全部恵二がした。

娘夫婦の結婚から七年。仕入れと経営は四代目の直樹に任せたが、意識の底には舅《しゅうと》、婿の壁がいつまでもどこかに立ちはだかっていた。補償も何もつかない「緊急時避難準備区域」原町のでつ魚店にとって、福島原発事故に唯一恩恵があったとすれば、遠慮のない男二人の合宿生活が、舅と婿の壁を打ち破ってくれたことかもしれない。

しかし、店の経営は苦しかった。扱う魚種が少なくなった上に、何より仕入れコストがかかりすぎた。それでも震災前のやり方で店頭に出した。わずかな儲けは仙台、原町の二重生活ですべて消えた。

「本当、金はなかったけんど、あの合宿生活は楽しかったな」

楽しそうな恵二を見るにつけ、気が気でないのは妻の優子だ。孫・わかなの誕生以来、ようやく落ち着いた優子は、暇を見つけては原町に帰り店を手伝った。そのたびに、荒れ放題に散らかった部屋を見て、顔を曇らせた。こんな生活は長く続かない。家族一緒の生活を娘に切り出さなければと思いながら、仙台に戻った。いざ仙台にたどり着き、「ばぁばあ」と駆け寄る三歳、一歳児と、生まれたばかりの孫の寝顔を見ると、今はとてもこの子たちを放射能汚染下に置くわけにはいかないと、帰還のことは口に出すことができなかった。

優子以上に悩んだのは史帆だった。優子の口からぽつりぽつりと漏れる男二人の不自由な毎日を聞くにつけ、「悪いなあ、帰らなくては」と思ったが、その思いをいつも「怖さ」が打ち消した。

ではいつまでこの「別居生活」を続けるのか。子どもたちが成人するまで?子どもたちが小学校を終えるまで?子どもたちが幼稚園を終えるまで?答えは見つからなかった。

優子には母親として、妻として、苦しむ娘の気持ちが手に取るように分かった。せめて自分だけでも足繁く仙台、原町を往復するしか解決策はなかった。

母子手帳と四日分の着替えだけを持って福島に逃げて以来、史帆が初めて原町に戻ることになったのは、震災翌年のお盆を迎え、店が忙しくなる時だった。

家には、子どもたちが使っていた布団もシーツも子ども服も、すべてそのまま残っていた。史帆は、あの日以来家の中に流れ込んだ汚染物質は、消えずに、押し入れや、ソファーの陰、タンスの中に忍び込み、そのまま残っているのではという恐怖にかられた。部屋にあるものすべてを、とにかく掃除した。子ども達にはマスクをさせて、一歩も外に出歩かないようにと言い聞かせた。といっても、小さな子どもたちはすぐにむずかり、マスクを外したがる。思わず声高にしかりつける「怖いお母さん」になってしまう自分が情けなかった。ハイハイをし始めたわかなが這いずり回ると、両手に汚染物質が張りつくようで恐怖に身が震えた。史帆は自分の感情をコントロールできないままいらつき、タンスにしまってあった子どもたちの衣類をすべて破棄した。一年ちょっとの間に子どもたちが成長し、ほとんどが着られなくなっていたのが、せめてもの救いだった。

長女・綾乃誕生の際のお祝いの品は捨てられず、洗濯機を何度も回した。

盆が明け、里帰りしていた人々が、再び避難先や転居先に戻り、町が静かになると、史帆は逃げるように仙台に帰った。ほっとした。ハイハイをするわかなに、「ここまでおいで」と、やっと心から手を叩いて両手を差し伸べられた。原町に滞在中はすべてのことに神経質になり、子どもたちをのべつ叱り続けていた自分が情けなかった。神経も体もへとへとになっていた。やはりあの町では暮らせないと思いながら、残りの夏を過ごした。

そしてポンタはフィラリアに罹《かか》り死んだ。震災以来の忙しさに追われて、毎年してきたフィラリアの予防薬の投薬をすっかり失念しての死だった。

車のエンジン音を頼りに後をついてきたポンタを、不注意で死なせてしまった自分を、直樹はいつまでも責めた。

同じくポンタの死を聞いた史帆は、やはり男二人の合宿生活は長く続かないと思った。毎日の小さなことにきめ細かく対応するためにも、子どもたちが幼稚園を終えるよりも早く、原町に帰らなければならないと、覚悟を決めた。

避難の時には「原発が爆発するぞ！」「開いているガソリンスタンドがある」と友だちのネットワークに助けられた直樹だった。しかし、狭山の避難先から戻ると、そのネットワークがなくなっていた。高校時代からの親しい友だちはすべて散り散りになった。子どもを抱えた友人七、八人はみんな原町を去った。中には建てたばかりの家を捨て、東京に出て再び家を建てた者、転居先で仕事を替えた者とさまざまだ。誰もが、子どもが幼稚園や小学校に上がると、その場所で新たな生活を根づかせていった。仕事の内容にかかわらず、サラリーマンで原町に戻る人間は一人もいなかった。この町に残って、この町の明日の姿を語り合い、相談できる同世代の仲間がほとんどいないのが辛かった。

幸い、直樹には相談相手の同級生が一人だけいた。そう、史帆だった。

直樹が仙台に行くたびに、市内の放射線量や福島産食品のセシウム残量など、お互いが調べた数値を示し合わせた。外部被曝、内部被曝の安全値、限界値も学者により諸説入り乱れ、一人が安全と言えば、一人は危険と分かれた。ひとつだけ言えることは、絶対安全という保証は、どこにもないという事実だけだった。

だが、このままでは持たない、続かないという思いだけは一致した。

子どもたちの将来を考えれば、賭けは賭けなのだが、「まあ、どうなるかは分かんないけど、とりあえず南相馬に帰るか」となった。「まずは地元に帰りたい」「やっぱり家族一緒に住みたい」という思いが、お互い強まった頃、暮れの忙しさを迎えた。

史帆も店を手伝いに、子どもたちを連れて帰った。原町帰りも二回目ともなると、マスクの着用を嫌がる子どもたちを前に、史帆も神経質に叱りつけることも少なくなる。慣れが一番怖い。自分の不注意で万が一にも子どもたちの将来を台無しにしてはいけないと思うのだが、震災から半年後に出された避難準備解除以降、市から行動基準や汚染に関する情報は何もない。ようやく市内の公共施設から除染作業に入りだしたところだが、果たして我が家の除染がいつになるのかも分からない。すべては自分たちの判断で、物事の是非を決めなければならない。史帆は、「福島産は食べない。水はミネラルウォーター。子どもは外に出さない」と決め、暮れの原町生活を送った。

大量に受けたお正月用の刺身の注文をすべて捌き終わり、今年も無事終わったことに感謝しながら、二人で調理場をきれいに洗い流している時だった。

史帆は暮れに帰って以来、忙しく立ち働きながら考えてきたことを初めて口にした。

「来年の四月から、綾乃を原町の幼稚園の年長組に通わせようか？」

「そうだな」

短く答える直樹に再び史帆は言った。

「親の都合で子どもたちはこの町に帰るのだから、子どもたちのためにふたつだけ約束して欲しいの」

ひとつは、畳からカーテン、ソファーまですべての家具調度品を新しくすること。

もうひとつは、本格的に店を再開する以上、いつかこの店も新しくしようというものだった。

史帆の最初の願いはすぐに果たされた。

二〇一三年四月、すべてが真新しい家具調度品に囲まれて、綾乃は青葉幼稚園の年長組に、健吾は年少組に入ることになった。綾乃にとっては入園以来みっつ目の幼稚園である。

「子どもの声が聞こえるのはやっぱりいいな」

魚を買いにきたお客さんには、幼い三人が店の奥で騒ぎまわる声さえ喜ばれた。

しかし、親の都合だけで決めてしまった帰還だけに、史帆は子どもたちには悪いことをしてしまったと、何年たっても思い続けるだろう。幼稚園も、小学校も除染作業でグラウンドの土を完全に入れ替え、車通学しか許さず、屋内教育のみを進めてきた。だが、すべてが安全基準値とされた暮らしにもかかわらず、成人年齢に達して何が起こるかは、誰にも分からない。その回答のない不気味な恐ろしさを抱えて、この町の子どもたちは生きていかざるを得ない。

「なぜあの時、原町に帰ったの？」と、いつか責められる日が来るかもしれない。

「だから東電から出た子どもたちへの補償金は、怖くて手を付けられないのです」と史帆は言う。

東電からは、震災以来二年にわたって、毎月子ども一人当たり一〇万円の一時金が払われてきた。史帆には、それは「将来何が起きても、これで知らないよ」という、東電からの手切れ金に思えてならなかった。だから、その一〇万円は万一将来健康被害が出た時のために、子ども名義の預金通帳に積み立ててきた。何事もなければ成人の時に、「親の勝手な判断で原町に住んでしまったけれど、ごめん」と言って渡す心づもりだ。

この町の子どもたちは「福島県南相馬市原町区生まれ・育ち」として一生を過ごすしかないのだ。特に二人の女の子には「福島原発被災地出身」の経歴が付きまとうことだろう。綾乃、わかなの二人が、二〇代から三〇代の結婚適齢期となる二〇三〇年から四〇年には、必ず自らの出自《しゅつじ》と向かい合うことになる。その事実を知って、伴侶とする人から、あるいはその親戚縁者から結婚への躊躇や反対の声があがらないとは限らない。

生まれながらにその苦しみを、何の罪もない子どもたちに背負わせてしまった。史帆は今日もそのことに心を悩ませている。

店を本格的に再開するにあたって、直樹は食の安全を前面に打ち出した。

地場物を食べたいというお客さんの声は分かっていたが、セシウムの数値に脅えながらの商売は、いつか禍根を残すと判断した。幸い小名浜は築地同様全国の魚を扱う中央市場だ。その利点を生かして、新鮮で旨い多様な魚を、魚好きの町民に紹介する店として、原町での特徴ある店を目指し、直樹は店内に大きな手描きポスターを貼りだした。

「福島産は扱いません。全国の旨い魚を安心して食卓に」

二〇一三年六月、本格的に再開したてつ魚店に吉報があった。

福島原発事故で、立ち入り禁止が続いていた国道六号線の広野・小高間が、通行許可書さえあれば通行できるようになったのだ。直樹は、小名浜に魚を仕入れに行くのに八木沢峠に向かう理不尽さを、もう嘆かなくてよくなった。

国道六号線、通称「ロッコク」を、直樹は明けきらぬ闇の中で許可書を指し示し、小高から富岡に向けて走った。目の前に黒く大きな塊が出現し、慌ててブレーキを踏むと、太ったイノシシが悠然とロッコクを横切って行った。「注意　この先帰還困難区域　通行できません」「自動二輪車　原動機付き自転車　歩行者は通行できません」の看板がヘッドライトに浮かぶ。道路に面した家々に通じる脇道や各家の門はバリケードで塞がれ、ただ四輪車だけがロッコクの通り抜けを許されているに過ぎない。やがて双葉町を抜け大熊町に入り夫沢《おっとざわ》の交差点に差し掛かると、左の道がより強固なバリケードで何重にも塞がれている。その道を入っていけば福島原発の入り口になるのだが、もちろん左折はできない。夜明けのまだ上がりきらぬ太陽を背に受けて、福島原発のプラントの大きな塊が浮かび上がる。そこに今も高レベルの放射能を排出する一号機、三号機建屋があるのだと思うと、直樹は思わずアクセルペタルを強く踏まざるを得なかった。やがて大熊町を抜け富岡町に差し掛かる。右手にある自動車販売店のタイル張りの円柱と、円柱の間に張られた店頭のガラスは地震で粉々に崩れ落ち、事務所の机が横倒しになり、ショールームの薄汚く汚れ果てている様に、あれから二年以上の月日が経ったのだという思いを強くする。荒れ果てたロッコク沿いの家々は高いバリケードの壁に守られているが、野犬、イノシシが自由に往来するのだろう、開け放たれた縁側に上り始めた太陽が差し込み、その朽ち行く姿が手に取るように見える。庭先に干した洗濯物が風に飛ばされ、ちぎれ、薄汚く洗濯竿に巻き付いている。洗濯物を取り込む時間もなく、急き立てられるようにしてこの町を去った住民たちの悔しさが胸に迫る中、直樹は小名浜へ向かうロッコクを、エンジンを加速させて走った。

二〇一五年三月一日、震災から四年目が過ぎて常磐富岡インターチェンジと浪江インターチェンジが開通し、ついに常磐自動車道が全線開通した。これで南相馬インターチェンジから小名浜まで一時間半で行けることになった。四時に出かけてセリで魚を仕入れても、九時には帰ってこられるのだ。加えて被災地補償としての高速道路の無料化がありがたい。仕入れに要する経費も体力も一気に軽減された。

二〇一七年二月二五日、てつ魚店は震災六周年を前に、創業一五〇周年を迎えた。

小名浜の水産会社の仲間が何よりも喜んでくれた。さまざまな祝いの差し入れがあった。すべて空くじなしのお楽しみくじ引きの景品にした。果たして何人のお客さんが来てくれるか分からなかったが、「創業一五〇年祭」のビラを作り、店頭に貼り出す他、買い上げてもらった魚の袋には毎日ビラを差し込んだ。創業祭四日前には地元の新聞も取り上げてくれた。

「震災乗り越え一五〇周年　原町の『てつ魚店』二五日創業祭

南相馬市原町区旭町の鮮魚店『てつ魚店』は今年、創業一五〇年を迎えた。婿入りして幕末から続く店を継いだ四代目の鈴木直樹さん（三三）は東日本大震災と東京電力福島第一原発事故後、一時は廃業を考えた。『長年続く家業を絶えさせてはいけない』と奮起、店を立て直した。二五日に創業祭を催し、新鮮な刺身を特価で振る舞う。『感謝の気持ちを伝えたい』と意気込む。

慶応三（一八六七）年に創業したてつ魚店は、直樹さんの妻史帆さん（三三）の実家だ。直樹さんが三代目の恵二さん（六四）から新鮮な魚を食べさせてもらい、『スーパーの刺身と全然違う』と感動。店で働きたいという気持ちが高まった。

高校時代から交際していた二人は卒業後、いわき市で三年間修業。平成一六年に結婚し、店を継いだ。（略）

平成二三年は売り上げが震災前の半分まで落ち込んだ。それでも伝統ある店の四代目という誇りが直樹さんを支えた。『質を落とさず、いい物を売る』。代々続けてきたことを守り、新鮮な魚介類や自家製の漬物、手作りの総菜を並べた。業績は上向き、売り上げは震災前の一・五倍となった。（略）

直樹さんは『地域に支えられて店がある。地元の盛り上げに貢献できる、温かい店にしていきたい』とほほ笑んだ」（「福島民報」二〇一七年二月二一日）

目玉として三〇〇〇円相当の本マグロの刺身一皿一五〇〇円を二〇〇皿用意することにした。その他すべての価格を、一五〇〇円、一五〇円に。前日の夜から恵二、直樹、史帆の三人でひたすら魚を捌き続けた。果たしてこんなに刺身を作って客は来てくれるだろうか？恵二は心配でならなかった。明け方にようやく二〇〇皿の刺身を作り上げ、やっと一息ついて朝飯を急いで食べた。九時半になったので、「直樹、ちょっと前を見てきてくれや」と思わず言った。様子を見に行った直樹の「五〇人ばかりもう並んでいますよ」との返事に一安心した。いよいよ開店の一〇時が近づいた。再び店の様子を見に行った直樹が興奮した声で言った。

「二〇〇人近い人が並んでいますよ」

「俺さ、お客さん、来るんだべかな、来るんだべかなって、ずっと言い続けてきたの。それが開けた途端に、ブワァっと来て、夕方五時までやるはずが、はぁ、一時半頃には何もなくなっちゃって終わっちゃった。嬉しかったな。地道にやってきてよかったとつくづく思ったね」

　恵二が言う通り、一五〇年祭が契機となった。震災から二年目、本格的な再開にあたって直樹と史帆が取り交わした「再開する以上、いつかこの店も新しくしよう」との約束も、現実的なものとして見えてきた。同時にそれは、今までの親子四人で奮闘する家族経営の鮮魚店からの脱皮を意味した。震災前に四〇軒はあった鮮魚店の多くが閉鎖し、旨い魚を食べられなくなった原町周辺の人々にとっての鮮魚店でなくてはならない。閑古鳥が鳴く商店街にあって、地元の雇用を生み出す存在でなければならない。震災以降コンビニだけが増え続ける原町にあって、コンビニが決して提供できない生鮮食品と総菜にこだわることで、この町の食卓の充実を目指した。店舗面積も駐車場も今までの倍を必要とした。だがそんな事業拡大をしたとして、子どもたちがその事業を受け継いでくれる保証はどこにもない。住宅と店舗が一体となっていては、将来跡継ぎがいなくなった時、一番困る。住宅と店舗を分離する必要があった。あれやこれや考えると、今の土地の二倍の用地確保が必要だった。

　史帆が奔走した。駅前商店街の広い土地は、一人の地主のものになっている。過去一〇年で一〇〇坪以上の売買が一度も行われたことがないという事実が、原ノ町商店街再興を難しいものにしている。史帆は地主のもとに通い詰めた。どうしてそんな大きな土地が震災後のこの町で必要なのかといぶかる地主に、この町の復興の先駆けにしたいとの思いを、史帆は話し続けた。

　史帆の復興への思いが地主にも伝わり、土地を分けてもらうと、創業祭が終わるとすぐに、店舗裏での住宅建設に取り掛かった。

二〇一七年九月からは子どもたちの集団登校が再開された。震災後六年間史帆が日課としてきた幼稚園、小学校への車での送り迎えが終わった。どこに行くにもずっとマスク姿だった子どもたちも、ようやくマスクを外し、大手を振って町を歩き、グラウンドを走り回れるようになった。

住まいができると、店舗建築が始まった。私が市長への取材後、新築店舗現場を覗くと、大型飲食店ができるのだろうと勘違いしたほどだった。その間、セブンイレブン原ノ町駅前店の駐車場の一部を今野店長の好意で借り、そこに仮店舗を建設して営業を続けた。思わぬ相乗効果があった。セブンイレブンに最寄品や弁当を買いにきた客が、隣に生きのいいカツオやマグロの刺身のパックがあることを喜んでくれた。自分の皿持参でカツオを捌いてもらった客が、帰りに隣のセブンイレブンでおにぎりを買って帰った。なかなか豪華で旨い食事が手近で入手できるようになった。歩いて一〇分と離れていないにもかかわらず、これまでコンビニ利用客には、てつ魚店の存在が意外と知られていなかった。新築開店後のてつ魚店にとって、この仮店舗営業は商圏拡大に大いに役立った。

売り場面積を広げての新築開店にあたり、一番の問題は従業員の確保だった。避難先から戻る人の多くが高齢者のため、コンビニを開きたくても、人手不足であきらめるオーナーも多いと聞く。果たして働き手が見つかるかどうか、頭の痛い問題だった。パート希望者を知っていたら紹介して欲しいと、お客さんに頼んで回った。レジ籠にもパート募集のチラシを入れた。

「この店なら、私が働きたい」

「私も働いてみたい。いつも笑い声が絶えず、楽しそうと思っていたの」

お客さん三人から手が上がり、パートがすぐに決まったことが、史帆には何よりも嬉しかった。

そして、二〇一九年一月二六日、前夜の雪も上がり、慶応三年創業てつ魚店は無事新築開店を迎えた。

ほとんど徹夜の開店準備と、押しかけた大勢の客でてんやわんやの一日に、そろそろ恵二、直樹の口も重くなってきた。わかなもこっくりを始めている。

私は鈴木家の玄関を辞すると、表通りに出て改めて灯を落としたてつ魚店の門構えを見た。それにしても大きな店である。今も震災の打撃を被り続ける駅前商店街にあって、なぜてつ魚店が新築一号店になれたのか？直樹というよき後継者に恵まれた結果だけではないはずだ。秘密はカツオのあの突出した旨さにあるはずだ。なぜあそこまで旨いのか？

分からなかった。

「福島第一原発の処理水タンク二二年夏に満杯　東電試算

東京電力ホールディングスは福島第一原子力発電所で汚染した水を浄化した後の処理水を貯めるタンクが二〇二二年夏頃に満杯になるとする初めての試算をまとめた。処理水は薄めて海に流しても安全上問題ないとされるが、風評被害を懸念する地元が反対しており、政府は結論を出せないでいる。（略）東電は放射性物質を取り除く専用装置で汚染水を浄化した処理水をタンクに貯めてきた。福島原発敷地内のタンク九六〇基に約一一五万トンを保管している。計画では二〇年末までに一三七万トン分のタンクを確保する見通しだ。汚染水は一八年度には一日平均一七〇トン発生した。東電は二〇年中に同一五〇トンまで減らす目標だ。仮にこれを達成できても、二二年夏から秋にはタンクが満杯となると試算した。処理水には放射性物質のトリチウムが残る。だが、国内外で運転中の原発でもトリチウムを含む水は発生しており、放射線の影響が小さいとして海に放出している。原子力規制委員会の更田豊志委員長も『薄めて海洋への放出が最も合理的だ』とする。ただ、地元では漁業などへの風評被害を懸念する声が根強い」（「日本経済新聞」二〇一九年八月八日）

福島原発では事故以来、トリチウム含有処理水を海洋に放出することは不適切として、貯蔵タンクに処理水を貯め続けてきた。最初は事故前から設置されていたガソリンスタンドで見られるような横長の貯水タンクに貯めた。しかし、毎日排出する処理水に追いつかず、福島原発敷地内の丘陵地を削り、そこに高さ、直径共に一二メートルの寸胴巨大タンクをほとんど間隔を置かず次々に現場で鉄板を溶接してタンクを建設し、処理水を貯蔵し続けてきた。

処理水タンクが一〇〇〇基に近づくにつれ、経済産業省内の小委員会で最終処理方法が検討された。加熱水蒸気処理、電気分解処理、凍化地下埋蔵、地層注入そして海洋放出の五案だった。コスト的にも実現可能性からも、実行案は加熱水蒸気処理か海洋放出の二案に絞られた。どちらも安全性基準からいえば問題がないのだが、風評被害は免れない。蒸気処理の方が拡散範囲は広く、風評被害はより広範囲に及ぶ。それが八月八日の日経記事となっていた。それとなく海洋放水案へ世論の誘引を図るに十分な文面だった。

これでは震災一〇年を過ぎてまた、浜通りの漁師たちは風評被害に苦しむなと思いながら、新聞記事を読む私に、直樹から電話があった。

「福島原発の見学ツアーがあんだけれど、よかったら行きませんか?」

震災以降長く閉館していた富岡駅近くの「東京電力原子力資料館」が、展示内容を福島原発事故の詳細と廃炉までの工程に変えて、「東京電力廃炉資料館」として再オープンしたのは、二〇一八年一一月のことだった。無料入館見学の他に、バスで福島原発敷地内を見学できるツアーがあり、毎日一組五〇人、四回のツアーを行っていた。一般公開はなく、地元関係者か報道機関、大学関係者しか参加できないため、私のようなフリーの人間には、何度見学申請をしても、許可が下りずにいた。

地元関係者として二名の枠があり、恵二の分を譲るから、一緒に行かないかという、願ってもない誘いだった。福島原発敷地内バス見学ツアーは、大変な人気らしく、八月に申し込んだにもかかわらず、見学日は四カ月後の、一二月一一日となった。

九月一一日の第四次安倍内閣の内閣改造発表の前日、退任が予測される環境大臣の原田義昭が「福島原発の処理水は思い切って、海洋放出する。それしか方法がないというのが私の印象だ」と発言し注目を浴びた。長く結論が出なかった処理水問題について、退任前日とはいえ、現職閣僚初の踏み込んだ発言に、波紋が広がった。

全漁連は「絶対に我われが容認できるものではない。個人的な考えだとしても決して許されるものではない。発言の撤回を強く求める」と即刻反応した。風評被害を恐れる全国の漁業関係者の間に緊張が走った。

九月一二日、改造内閣人事で、小泉進次郎が環境大臣として初入閣し、注目を浴びた。

さっそく福島県庁を訪ねた小泉は「原田前大臣の海洋放出発言によって傷ついた県民の方々には私としても大変申し訳なく思う。『所轄外』と断ったうえでの発言とはいえ、しっかり向き合うことをやらなければならないと思った。福島の皆さんの気持ちをこれ以上傷つけるようなことがないような、議論の進め方をしなければならない」と述べた。また増え続ける除染土処理に関しては、次のように語った。

「三〇年後には県外へ移動する。これは福島県民の皆さんとの約束だと思っています。その約束は守るためにあるものです。全力を尽くします」

一二月一一日、私は久しぶりに常磐線に乗って、終点富岡駅に向かった。途中末続・広野間で、車窓から海のきらめきを見ながら、〽今は山中、今は浜と心の中で歌った。

一〇時、富岡駅に降り立った私を、鈴木直樹が迎えてくれた。直樹の車で「東京電力廃炉資料館」に向かった。

東京電力の広報担当者三人が迎えてくれた。人員がそろうまで館内の展示物を見ていると、会議室に招き入れられた。入室は厳重で、本人を証明できるもの二点を持ってくるようにとのあらかじめの案内だった。運転免許を持たない私は、住民基本台帳カードとパスポートを見せないと入室できない。持参した証明書類二点はコピーをとって退出時に返却すると告げられ、一時預かりされる厳しさだ。

一人ひとり指定された席に座る。ツアー中の撮影、録音は一切禁止である。最近は撮影可能な腕時計、筆記用具があるからと、携帯電話はもちろん一切の個人携帯物はビニール袋に入れ、回収・保管された。なぜここまでの厳重警備か分からぬが、万が一のテロ対策なのだろうと従った。「これからご案内する福島原発のコース内の放射能は、今はすべて平服で大丈夫な低レベルの管理下にありますので、安心して参加してください」と最初に案内があり、その後ツアーの概要が、福島第一廃炉推進カンパニーの広報リーダーより説明があった。

まずバスで福島原発の入退域管理棟に移動する。そこでいったん下りて、除染ゲートをくぐったあと、万が一の場合に備えて放射線検出器ガイガーカウンターを装着し、バスにて約三〇分をかけて福島原発敷地内を車窓より見学。再び入退域管理棟で除染後、大型休憩室で職員と一緒に昼食をとり、廃炉資料館に戻って質疑応答に応じるとのことだ。

いよいよバスに乗り込み、福島原発に向かい出発となった。きれいに整備、新築された富岡駅や廃炉資料館周辺と違い、国道六号線に入るとすぐに様相は変わってきた。沿道のガードレールとガードレールの間には、すべて二メートル近い白いフェンスが張られ「町内一円　防犯カメラ作動中」の黄色い横断幕がかかる。しかし、そのカメラも恐れずの犯罪なのだろう。シャッターを下ろしたタバコ屋の店頭窓口が蹴破られ、部屋の中は荒れ果てている。窓口横に置かれた清涼飲料水、たばこの自販機はショーケース部分が割られ中身が抜かれたまま、雨に曝されている。アルミサッシの窓枠が外され、倒壊したままの家具が乱雑に積み重なる民家の沿道が続く。地震で倒壊したまま九年の月日が経ったのではなく、明らかに不審者による家探し、物盗りの後の荒れ様に心が痛んだ。

国道から横道にそれる交差点はバリケードフェンスで覆われ、「通行制御中　この先帰還困難区域につき通行止め」の看板の横に監視係員が立っている。事故発生以来、九年近くの間、交差点ごとに何人の係員が雇われてきたのだろう。ガイガーカウンターを身に着け、積算線量が規制値を超えれば、仕事から外される。孤独で不気味な仕事に、見ているだけでこちらの気持ちが萎える。

やがて夫沢の交差点に達したバスは右折すると、大勢の監視員が立つ頑丈なバリケードの前でいったん止まった。ここからがいよいよ福島原発へ続く道となる。意外と緑の多い丘陵地の中をバスは抜け、入退域管理棟で止まった。

廃炉資料館で事前に説明のあった除染作業の工程を経ると、ガイガーカウンターを装着したメッシュのチョッキを着こみ、私は再びバスに乗り込んだ。

構内をゆっくりとバスは進む。カメラ、録音機を取り上げられた身として、端的に印象を記す。

東京電力福島第一原子力発電所の私の印象は「壁」だった。それもふたつの「壁」があった。

ひとつ目の「壁」は、処理水を貯めたタンクの壁だ。

高さ一二メートル、直径同じく一二メートルあるという巨大な貯水タンクの壁が左右にびっしりと続く中をバスは走る。毎日、排出する処理水を海に放出することもできず、大型タンクを現場で次々と溶接工事で建設して、処理水を九年貯め続けてきた。それにしてもこれだけ巨大なタンクの水圧は相当なものだろう。今にもそのタンクが破裂し、大量の処理水がバスを押し潰すのではとの妄想にかられる中、バスはタンク群を抜けて四号機建屋の前で止まった。そこから左に

三、二、一号機の建屋が続く。
核燃料がすべて取り出された四号機は建屋も新しくなり、事故当時の印象はない。水素爆発で激しく損壊した三号機は瓦礫を取り払い、粉塵が飛び散らないように半円状のアルミシェルターカバーをかけられ、外観も全く違う印象の新築建屋に見える。最初に水素爆発を起こした一号機は瓦礫の撤去工事の作業中で、まだ建屋崩壊当時の面影をかろうじて残していた。瓦礫を処理し終えたら、三号機同様半円状のシェルターカバーをかけるというから、工事完成後の福島原発の風景は、全く別物になる。

放射線拡散防止のために、各号機の建屋に新たなカバーをかけるのは致し方ない。

しかしその結果、事故当時テレビで何度も目にした水素爆発後の一号機、三号機の惨状の姿が、全く痕跡を失くしている現実に、私は激しい危機感を覚えた。

これでは、福島原発事故そのものが、人々の記憶からすぐに「削除」される。

広島爆心地に残された原爆ドームは、広島平和記念公園建設時に、原爆投下後の惨状を知る多くの広島市民から撤去を迫られたが、公園設計者の丹下健三は「残酷でもその惨状を視覚化できる状態で残すことに意味がある」と譲らなかった。原爆投下から七五年が経ち、その公園に立つ時、当時の惨状を知る縁《よすが》となるのは原爆ドームだけである。

広島平和記念資料館と平和公園には、年間一〇〇万人の観光客が訪れる。そのうち外国人は、トリップアドバイザーの二〇一九年度の調査によると二〇万人で、日本の観光地ベスト一〇の二位に入る。ちなみに一位は京都伏見稲荷大社である。

国内外の観光客が資料館だけでなく、当時の様相を一目で可視化できることは、丹下が読んだ通り、大きい。

二〇一九年四月、ポーランドのアウシュビッツ・ビルケナウ強制収容所を訪れた私は、ふたつの衝撃を受けた。

ひとつは、その見せ方である。ヨーロッパ各地から送られてきたユダヤ人の終着駅であるビルケナウ収容所の引き込み線終点には、当時の貨車が一台そのまま停められていた。そしてそれを囲むように、広大な敷地内に当時の収容所が手つかずで、何の説明もなく連なり残されていた。過剰な演出も、資料館もない。ただ当時の風景が可視化できるだけである。アウシュビッツ収容所もまた、当時のまま残され、部屋の中には、集められたユダヤ人の毛髪や、靴、眼鏡がただ堆く積まれているだけだ。なんの飾りも演出もなく、事実を事実として、ありのまま残す見せ方に、衝撃を覚えた。

そしてもうひとつの衝撃は、ポーランド第二の都市、クラフクから路線バスで一時間半近くと決して便利ではない地に、年間一一〇万人の観光客が押しかける事実だ。私が訪れた日も、大変多くの観光客がその現場にたたずみ、大型バス駐車場は満車状態だった。

またウクライナ、チェルノブイリの立ち入り禁止地区への二〇一九年の観光客は一〇万人といわれ、前年度の三割増しである。

一九九六年、グラスゴーカレドニアン大学の教授、ジョン・レノンとマルコム・フォーリーによって提唱された、戦争跡地、災害被災跡地などを巡る、人類の死や悲しみを対象とした観光事業、ダークツーリズムは、今や広く世界に定着した。人類の愚行をありのままに残すことで、観光ビジネスとして成功を収めると同時に、人類の愚かさに警鐘を鳴らし続けることを可能にした。

福島原発と周辺の立ち入り禁止「警戒区域」を国有化し、「マイナス世界遺産」事業を立ち上げ、原子力エネルギーが一旦破綻した場合の結果を世界に見せる責務が、我われ日本人にはあったはずだ。

福島原発事故現場の一号機、三号機建屋の惨状を残す方法はなかったのだろうか？

シェルターのように真新しいアルミカバーで囲われた、全く新しい印象の建屋を見ながら、私はその方法を考え続けた。

放出される放射能を覆うカバーは、確かに必要だったのだろう。ならば透明の強化ガラスで覆い、二〇一一年三月一二日、一三日の惨状をそのまま残す方法があったはずだ。超高層ガラスタワーが数多く建設される今日、それは可能だったと思うのは私だけだろうか？

しかし経産省資源エネルギー庁と東京電力はダークツーリズムの基本を忘れ、放射能汚染という名のもとに、いち早く瓦礫を撤去し、現場を真新しいシェルター状のアルミでカバーした。

一方、廃炉資料館では、東日本大震災発生日時を告げる、大きすぎる「時計のオブジェ」と、床から天井までの大型パノラマ画面で、爆発映像を見せる。あたかもそれは、万博パビリオン館の展示と見間違うかのような、過剰な演出で、起こった事故の本質から目をそむかせようとする。

その「隠ぺい体質」が、私には気になってならなかった。

私は車窓から、太陽の光を受けてきらきらと輝く、新しいアルミ状のカバーに覆われた三号機建屋を見続けた。

バスは建屋を抜けると海岸べりに出て停まった。バスの窓から下を覗き込んだ。

そこにふたつ目の「壁」があった。太平洋に落ちる絶壁の「壁」だ。

福島原発がここまで海のぎりぎりのところに建つ原発だったことに驚く。

理由は、原子炉冷却水を効率的に海から汲み上げるためだ。ツアーの後の配布資料を見ても、福島原発敷地内がすべて想定外の一六メートルの津波に侵されたわけではない。免震重要棟は津波の被害にあっていない。冷却水用の海水パイプラインをより内側に延長していれば、浸水被害は免れたのだ。おそらく海水汲み上げコスト軽減のために、福島原発は海壁ぎりぎりに建てられたのだろう。

川水を冷却水とする、海外の多くの原発との違いがここにある。日本の原発で、河川の水を冷却水にする原発は、ひとつとしてない。すべてが海岸に建てられている。ということは、すべての日本の原発が、この「壁」の上に建てられているのだと、停まったバスの中で知る。

想定外の津波襲来で、日本の原発はみんな福島原発と同じ命運をたどる。にもかかわらずこの日、日本では大飯発電所（福井県）、高浜発電所（福井県）、玄海原子力発電所（佐賀県）、川内原子力発電所（鹿児島県）の四原発が、稼働していた。

バスは海べりの敷地内の通路を走り、廃棄物焼却炉を見て、再び入退域管理棟へ戻った。

除染ゲートをくぐり、バスツアー中の積算被曝量が安全基準内であったことを知らされた。その後、大型休憩室で敷地内に働く一〇〇〇人と一緒の昼食となった。昼時でずいぶんと混んでいる。廃炉という生産性ゼロの仕事に、いかに多くの人がかかわるかを示す光景だ。

食事の安全管理のため、休憩室内の厨房では調理は行われない。一〇キロ以上離れた近隣の楢葉町のナショナルサッカートレーニングセンター、通称Jヴィレッジの厨房で作った料理を運び込み、温めるだけになっている。東京電力の広報リーダーが「福島原発内は今やほぼどこも平服で安全です。今日のツアー中の被曝量は安全基準値内でした」とくどいほど説明するが、この食堂施設内で料理が作られない事実にこそ、「不都合な真実」はひそんでいないだろうか。

自由に選べるみっつのメニューから、私は中華丼定食を頼んだ。だが、日本の原発のすべてが、先ほど停まったバスと同じ海べりに建ち、今も四カ所で稼働していると思うと、なかなか食は進まなかった。

バスで廃炉資料館に戻ると、会議室で質疑応答があった。この日のバスツアー参加者は大学のゼミなどの一環なのだろうか、若者が多かった。経産省の管理下に置かれる東京電力として、立場上明確な見解を述べられぬこともあるのだろう。参加者の質問に東電広報リーダーが黙ることが何度かあった。するとツアー参加者の中の若い男性が、「それはですね」と、幾つかの解説をし、質問をした当事者も「どうもありがとうございました」と礼を言うなど、不思議な雰囲気の中で、質疑応答は進行した。直樹が手を上げ質問した。

「二年先には貯水タンクがいっぱいになるということで、処理水をどうするか結論が迫られていると聞きますが、見通しはどうなんですか？」

風評被害が心配される浜通りの四代目の魚屋として、ぜひとも訊いておきたい質問だった。回答は正確を期して本来は録音データのままに記したいのだが、カメラだけでなく録音機も一時預かりで取り上げられていたので、手元のメモだけで要約を書く。

東電広報リーダーが「最終処理法に関して今経産省の小委員会の方で検討をいただいており、そこで決定した処理法に従い東電は適切に処理して行く」と答えた。

「貯水タンクがいっぱいになると言いますが、なぜ限界なのですか？」

「この福島原発は事故当時、緑豊かな丘陵の中にある美しい原発でした。処理水を貯めるために、その山を削り平坦にしてそこにタンクを建設して来ました。これ以上タンクを建設する敷地がないため、満杯になります」

「ならタンク横の山を削ってタンクを建設すればいいじゃないですか？」

直樹の質問に口をつぐんだ広報リーダーに代わって、先ほどからいろいろと解説する若い男が口を挟んだ。

「あそこは東電の敷地外でタンクは建設できません。今タンクが建っているところまでが東電敷地内です。処理水の結論はもう出さなければならないところにきてます」

処理水の最終処理法は五案しかないと報じられ続けてきたが、六案目があったのだ。福島原発敷地外にタンクを建設し、そこに処理水を貯め置くという方法が。

その用地確保費とタンク建設費、長期にわたる貯水管理費コストは膨大な数字に上がる。だが、日本の漁業問題を考えれば、やれないことではない。前環境大臣が辞任前日に言及したように、国としてはここらで満杯を理由に、処理水の海洋放出に打って出たいのだろう。結果、福島原発事故で疲弊した福島漁業はさらに風評被害で衰退に追い込まれる。

福島原発を中心とする、今も「警戒区域」の周辺は国有化し、すべてを「二〇一一年三月一一日のまま」に、「マイナス世界遺産」として残すべきだったのだ。そうすれば、処理水貯蔵タンク建設の余地も残り、福島の漁業が風評被害で苦しむこともなかったはずだ。

あきれ果てた表情で黙る直樹に代わって、私が質問した。

「ここに来る間にも沿道に野積みになった黒いフレコンバッグをたくさん見ました。三〇年後に県外に持ち出す約束は、私が必ず守ると、先日も小泉環境大臣が就任時に再確認しています。震災以来もうすぐ一〇年が経ちます。あと二〇年先にどこの県外に持ち出そうとしているのでしょうか？処理水同様、問題を先送りしている間に月日だけが経つと思いますが？」

「私は廃炉資料館の人間で除染土の処理に関しては……」

「そもそも三〇年後っていつから数えて三〇年後なのですか？事故から？除染土をフレコンバッグに入れた日から？」

先ほどから何かと広報リーダーの代わりに答える若い男が、再び口を切った。

「中間貯蔵施設で最終処理してから三〇年です。施設が稼働しだしたのは二〇一五年になりますから、最初の処理土が福島県外に持ち出されるのは二〇四五年以降となります」

「えっ？そんな先なんですか？」

「焼却炉の本格稼働が実際は遅れている状況で、各地のフレコンバッグが完全になくなるまでには、まだまだ時間を要するので、除染土を県外に持ち出すのはさらに遅れますね」

「で、本当にその最終処理から三〇年後には福島県外に？」

「ええ、それは環境省が確約しているわけですから……」

持ち出し先は決まっていないのだろう。処理水、除染土と解決し得ない問題を、事故により国は背負い込み、問題を先送りしているだけなのだ。沖縄の基地を引き継ぐ自治体がどこにもないように、三〇年後、除染土を引き受ける自治体はどこにもないだろう。ババヌキのババを引き当てたまま、フクシマは漂流し続けることになる。その事実を先ほどから極めて事務的に教えてくれる若い男が、果たして何者なのか分からず、私は訊いた。

「福島原発事故問題では、それぞれ立場によって考え方も、解決方法も違うと思います。先ほどから東電の答えられない質問に、立場を明確にすることなくあなたがお答えになっている。とても不自然です」

「失礼しました。私は経産省の者です」

私は唖然としながら会場で手渡された「廃炉の大切な話２０１９　福島第一原子力発電所の今とこれから」というパンフレットに目をやった。てっきり東電が発行した小冊子だと思っていたから、裏表紙に経産省資源エネルギー庁の小さいロゴがあった。

以後、参加者の質問に広報リーダーが答えに窮しても、若い男が答えることはなかった。

質問も途切れ、身分証明書二点と時計や携帯電話などの私物が返され、散会となった。

私は直樹の車に乗り込むと、彼の案内で復興の進む浜通りを北上した。

「ここの近くだから、最初にさっき経産省の若い役人が言っていた除染土の中間貯蔵施設に行きましょうか」

富岡から国道六号線を北上すると、すぐに夜《よ》ノ森《もり》駅と書かれた交差点に出くわした。

「来年の三月の常磐線の全線開通のダイヤ改正に合わせて、駅周辺の最終除染工事が急ピッチで行われています。この駅前通りの二キロ近い桜並木は夜の森桜と言って、それは見事なものです」

「じゃ、来年の桜が満開の頃に、常磐線の全線開通祝いも兼ねて、また来ようかな」

「ぜひ来てください。もう一度案内しますよ」

白いフェンスに阻まれたその先にある、常磐線全線開通工事に追われる夜ノ森駅を左に見ながら、私は桜の頃に再びこの地を訪れるのを楽しみにした。

そのまま国道六号線を上がって行くとすぐに三角屋交差点があり、一六キロ平米の広さを持つという中間貯蔵施設に行き着いた。「環境省　除去土壌等運搬車」と前面にゼッケンをつけた、緑色の土壌運搬車が二台連なり、次々に構内に入って行く。

先の経産省の若い役人の説明によれば、浜通り各地の除染土仮置き場に積まれた黒いフレコンバッグは、いったんここ、中間貯蔵施設に集められ、可燃物と土壌に分離されたあと、三〇年留め置かれたのち県外に搬出される。この中間貯蔵施設で処理された最初の処理土壌が県外のどこかへ運び出されるのは、少なくとも震災から三五年後の二〇四五年となる。最終処理土をどうするのか？という、解決できぬ問題を先送りしているに過ぎないのんびり至極の施策に、私は思わずため息をついた。その間、浜通りの人々は、北洋舎の高橋美加子が「粛々と除染は続く二十キロ圏フレコンバッグの山を連ねて」と詠んだ、野ざらしの黒い異様な塊を見続けなければならない。直樹がぽつりと言う。

「うちの子どもたちはこれを故郷の風景として育つんでしょうね」

「みんなの心の中に、福島原発の負の遺産を長く記憶にとどめるにはいい政策だと、皮肉のひとつも言いたくなる長さだよ」

「それにしてもさっきの経産省の若い役人は、毎回あんなふうに見学ツアーに紛れ込んで氏素《うじす》性《じょう》を隠して、東電の担当者がしゃべれない、まだ未決の方針を、こうした方がいい、ああすべきだとしゃべっているんですかね?」

仮置き場から集められ、再び積み置かれる黒いフレコンバッグを見つめながら問う直樹に、私は言う。

「今日偶然に我われの見学グループに経産省関係者が入っていたと善意に信じたいのだけど。もし毎回あんな風に入っているとしたら、とても稚拙な広報活動だよね」

再び私たちは国道六号線を北上した。

「請戸《うけど》漁港が近づきましたよ。福島原発から一番近い漁港で、津波で相当の被害が出たのに、放射能の影響で長く復興工事に入れなかったんです。工事も終わり、来春には再開といいます。でもそこで処理水の海洋放出が決まれば、この請戸は完成と同時に、またまたアウトですよ」

請戸漁港は再開に向けて最後の工事の追い込みに入っていた。新しく港の先に建てられた魚市場の建屋を見ながら、私は福島原発の貯水タンク群の横にある丘陵地の緑を思った。あそこを削りとれば、この請戸の新しい建屋は廃れることなく、しばらく生かされる。黒いフレコンバッグによる除染土の先送り策よりも、風評被害に苦しんできた福島漁民の止《とど》めを刺す処理水放出案を、少しでも結論を先送りすることで福島漁民を救えないのだろうか？

「ここからロッコクに戻らず、浜沿いに新しくできた道を通っていきましょう。すっかりこの辺も変わりました」

直樹が言った通り、小高に入り景色が一変した。車道の左右の地べたを這うように、太陽光パネルが一面に広がる中を、車は北に走り続けた。

「この辺から北泉の海岸まではずっと防風林でした。津波で根こそぎみんな持っていかれて何もなくなった時には、いったいどうなるものだろうと思いましたが、景色が一変しました」

曇っていた空が割れ、太陽が差し込み、左右の太陽光パネルがきらきらと光る中を車は走った。失ったものは大きすぎたが、震災九年を前にして、ようやくそこから新しい光が差し込んでいた。

二〇二〇年には南相馬市の電力供給量の三〇パーセント、二〇三〇年には一〇〇パーセントが再生可能エネルギーで賄われる予定だという。

「この先がうちの叔母の家が流された萱浜です。津波で何にもなくなったところが、福島ロボットテストフィールドっていう、ロボットの開発実験施設に生まれ変わったんです」

直樹は五〇ヘクタールあるという、だだっ広い施設の外周道路をぐるりと回ってくれた。

「面白いのは水没市街地ってのがあって、二軒の家が水の中に建ってるんです。で、二階に逃げた人を無人ヘリコプターで救出する訓練ができたり、実際の市街地やトンネルなんかもあって、道の真ん中やトンネルに障害物を置いて、ロボットの消火訓練までできるようになっているんです。うちの健吾と見学してきましたが、子どもにとってはロボット天国です」

施設内には、実験用の長さ五〇メートル、桁下五メートル高の橋梁、全長二〇メートルの瓦礫帯、高さ七メートル傾斜三〇度の土砂傾斜帯、化学プラントなどが建てられているのだという。全長五〇〇メートルのドローン滑走路では、大きな荷物を積んだ巨大なドローンが、何度も離着陸を繰り返している。テストフィールドの横には、復興工業団地の敷地が広がる。ここで実験を繰り返し、工業化が可能となった暁には、そのまま生産ライン工場を作れるようになっている。

直樹がその先を指さしながら言った。

「工業団地の奥に、ほら、家が建っているでしょう。あれ、新築した叔母の家です。あそこまで津波は押し寄せて止まりました」

今自分が走っているこの辺すべてが波にのまれ、何もかもを失ったのだ。私の目の前を巨大なドローンが飛び立って行く。それは失われた大地から、未来という確かな大鳥が羽ばたく雄姿に見えた。

浜通りの、これぞ「新・浜通り」を見終わり、てつ魚店に戻ると、店を終えた恵二に「うちのカツオの刺身食べていけ」と誘われた。鈴木家の夜の団らんに、ずうずうしくも私は再び参加した。

「開店以来どうです、ご商売の方は？」

「ありがたいことに、大勢のお客さんで、忙しく、刺身を捌く毎日だぁ。まあ、食べてくんろ。

うちの刺身」

恵二が捌いたばかりのカツオの大皿を差し出した。私は遠慮なく刺身に手を伸ばした。旨かった。この旨さがあって、直樹というよき後継者にも恵まれての、原ノ町駅前商店街新築一号店の開店であり、その後の商売繁盛なのだろう。

遠慮なく二切れ目のカツオに手を伸ばしながら、なぜてつ魚店だけが、震災後、住宅に次いで店舗を新築できたのか、その秘訣はどこにあったのかを訊いた。

「秘訣ねえ？そんなものはないっぺ。うちは先代からこのやり方で商売をやってきただけだからね。直樹に仕入れを任せ、店譲った時にも言ったの。どんな風に仕入れ先を変えて、魚種や扱い商品を増やし、新しくしてもいい。だけども刺身だけは客の目の前で捌いてくれっと。それだけをお願いしたの。それがてつ魚店のやり方なんだからね。こいつだけは守ってけれと」

恵二の言葉を引き継いで直樹は言う。

「一言に魚好きというけれど、その好きにもいろいろあるんです。肉より魚が好きな人の多い町とかね。徹底して鮮度にこだわる魚好きの町とかね。僕が知る限り、小名浜の人々がそうです。だから彼らは魚を選んで家に帰って自分で捌いて楽しむ。原町の人たちは、まあ、そこまでいかないけれど、昔から行列に並んででも目の前で魚を捌いてもらって、それを持ち帰って食べるくらいの魚好きです。どんなに漁港が近くても隣町の鹿島などにはない、これはなかなかのこだわりです」

その町でてつ魚店は先代の時代から、客の目の前で捌いてきたのだと恵二は言う。

「よく魚は目を見ろとかいうでしょう。でもね、目を見ても実はよく分からないの。これだけは包丁を入れないと分からない。特にカツオはね。で、駄目だったら。捨てる」

「捨てる？」

私は思わず訊いた。今まで鮮度維持のために客の目の前で捌くのだと理解していた。それが捨てるというのだ。客の目の前で。

「そう、捨てるの。カツオは難しくてね。鮮度、身のねっとりした質感、匂いと三拍子そろわないと旨くない。同じ日に仕入れたものでも、食べてきた餌ひとつで本当に全部違う。包丁を入れて、駄目だったらみんなボンボンボンボンやっちゃう。捨てる。うちはこれに限るんだぁ」

恵二の言葉を直樹が引き取る。

「まあ、言ってみれば、客の目の前で品質保証をやるわけです。大将が言う通りカツオは本当に難しい魚で、例えば一〇本仕入れても、開くとみんな駄目ということがある。でも、それを一回でも売ってしまえば、お客さんは二度と来ないと思っています」

「捨てた魚はうちの損。お客さんの値段には乗せないの。そのやり方を二代目からずっとやってきた。だから四代目に店任せる時に言ったの。例えば一〇万円分買って半分捨てるみたいな日がある。でもそれを価格に乗せるなと。帳尻合せで高く売れば、そりゃお客さん離れるでしょう。長くこの町で商売するということは、そういうことでなかっぺ」

「震災以来長く店を閉めていたスーパーが今度開くという噂だけど、怖くないですね。こっちは鮮度が勝負の目利き商売だから。食べ比べてもらえればお客は分かる。避難先の狭山のスーパーの魚屋見て、ここでは働けないと思ったのもそこなんです」

直樹の言葉に、慶応三年から受け継がれてきたてつ魚店四代目の、こだわりと心意気があった。そうだったか、この刺身の旨さの理由は「捨てる」にあったのかと思いながら、刺身に箸を伸ばすと、綾乃、わかなの箸とぶつかった。子どもたちも刺身が大好きなようだ。三人の中から五代目は生まれるのだろうか？

「将来なんになりたい？」という私の問いに、すかさず、綾乃とわかなから「魚屋さん！」「魚屋さん！」との声があがった。「健吾君は？」と問うと「僕、魚は骨があって嫌いだもん」との返事が返ってきた。その答えを聞いて恵二が嬉しそうに言う。

「うちはお袋の代から代々女が強いんだ。うちの息子も魚は嫌いだと継がなかったべぇ」

自分たちの代で万が一てつ魚店が終わっても将来困らないようにと、店と家屋を分離した直樹夫婦の心配は杞憂に終わるのかもしれない。

「いいお婿さんをもらいましたね」と言う私に、恵二は目を細めて笑った。

「うん。でも私がもらったんではなく、史帆だけんどもね」

私は大笑いして再びカツオに手を伸ばした。そして心から叫んでいた。

「旨い！」


二〇二〇年一月三一日、増大を続ける福島原発の処理水問題に関して、経産省の小委員会は海洋放出と大気放出の二案を現実的な選択肢とし、「海洋放出の方が確実に実施できる」との報告書に大筋で合意した。

二月二七日、安倍首相は首相官邸で開かれた新型コロナウイルス感染症対策本部で、全国すべての小中学校、高校で三月二日から春休みに入るまで臨時休校にするよう呼び掛けた。

三月一一日、震災九周年の各地の追悼行事は、新型コロナウイルスの全国的な蔓延により中止された。

三月一四日、最後の不通区間となっていた福島県の富岡駅から浪江駅の間で運転が再開。これにより、常磐線は全線で運転を再開した。

三月一七日、福島原発処理水問題に関して、梶山経産相は今後複数回にわたって福島県内外で意見聴取会を開催すると語り、新型コロナウイルスの感染拡大を防ぐため、一般の人がインターネットでも傍聴し、意見を寄せられる対応も検討中とした。

三月一八日、請戸魚市場がある浪江町議会は、全会一致で福島原発の処理水の海洋放出に反対する決議を採択した。福島県内の議会で反対決議が採択されたのは初めてとなった。

四月五日、朝日新聞デジタルに「『桜がかわいそう』見頃迎えても…福島・夜の森」という見出しと共に満開の桜並木の写真記事が載った。

「東北の桜の名所、福島県富岡町の夜の森地区でソメイヨシノが見頃を迎えている。二・二キロの桜並木のうち、三月には東京電力福島第一原発事故による避難指示が約五〇〇メートルにわたって新たに解除された。約三年前に解除された部分と合わせて、八六〇メートルが自由に通れるようになった。

新型コロナウイルスの感染拡大の影響で恒例の桜まつりとライトアップが中止になったが、散歩しながら桜が咲き誇る様子を撮影する人たちの姿も見られた」

私は前年一二月に直樹と交わした約束を思い出していた。新型コロナウイルスが蔓延し、全線開通した常磐線の乗車も、夜の森桜の花見も果たせなくなるとは、まさか二人とも考えてもいなかった。

四月六日、梶山経産相の発言を受けて、国は福島市内で地元首長ら一〇人からの意見を聴く会を初めて開催した。参加者の風評被害への懸念は強く、放出に反対する声や、補償を求める意見が多勢を占めた。

四月七日、安倍首相は新型コロナウイルスの感染拡大に伴い、埼玉県、千葉県、東京都、神奈川県、大阪府、兵庫県、および福岡県の七都府県に対して、日本初の緊急事態宣言を発出し、不要不急の外出を五月の連休明けまで控えるよう呼び掛けた。同時に春休み明けまでとされた全国での小中学校、高校の休校も連休明けまで延長された。

四月八日、福島原発から北に約七キロの地にある請戸魚市場が再開され、水揚げされたヒラメなど「常磐もの」がセリにかけられた。

四月一六日、安倍首相は七都府県の緊急事態宣言を全国に拡大し、この緊急事態を五月六日までの残りの期間で終えるために、極力八割の接触削減を図るよう呼び掛けた。

震災以来幼稚園を三度転園した長女の綾乃はこの春、原町第一中学校の一年生に、大地震の中でもすやすや眠り続けていた健吾は、原町第一小学校の五年生に、そして震災が起きた日にはまだ史帆のお腹の中で四カ月目だったわかなも、もう小学三年生になった。

しかし、新型コロナウイルスの影響で、三月二日以来全国で続く学校の休校は、春休みが終わっても継続したままだ。綾乃は四月六日に式次第が短縮された中学校の入学式に出たものの、その後三人は一度も学校へ行けなかった。

震災以来、恵二・優子夫婦と直樹・史帆夫婦の四人に見守られ育てられた三人は、九年後再び、てつ魚店裏の自宅で、外出もままならない自粛生活を、家族に見守られ送った。

二〇一八年の市長選の選挙チラシに、門馬和夫市長が書いた言葉が思い出される。

「人生にはいろいろなことが起こります。病気になったり、仕事がうまくいかなくなったり、子どもの育て方や進学で悩んだり。そのような時、そばに家族がいて、友人がいて。それでもどうにもならない時に、市役所も寄り添ってくれるような、市民が安心して暮らせる町を目指します」

五月一四日、安倍首相は新型コロナウイルスによる緊急事態宣言を、東京・大阪など八都道府県を除き、全国三九県で解除すると表明した。緊急事態宣言の解除を受け、南相馬市では五月一六日、各家庭に次の知らせを配布した。

「市内小・中学校の学校再開について
南相馬市教育委員会委員長
政府の緊急事態宣言の解除を受け、福島県では学校の一斉休校の解除を決定しました。

そこで、市内各小・中学校については令和二年五月二五日（月）から、学校を再開します。ご理解のほどよろしくお願いします。

主な留意点。
・児童生徒の毎朝の検温、健康チェック、こまめな手洗い、消毒を徹底します。
・教室内での授業等においては児童生徒と教職員はマスク着用とします。
・換気を徹底すると共に、座席の間隔をできるだけ取るようにします。
・給食時には机を向かい合わせにしないようにします」

二〇一七年九月、集団登校が解除され、福島原発事故以来長く続いたマスク生活に別れを告げた鈴木綾乃、健吾、わかなの三人は、わずか三年弱後、再びマスクをつけてではあるが、元気に学校へ通いだした。

「福島第一原発の処理水処分法　決定時期、秋以降にずれ込みへ
東京電力福島第一原発の放射性物質トリチウムを含む処理水を巡り、処分方法の決定時期が今秋以降にずれ込む可能性が高いことが二四日、複数の関係者への取材で分かった。当初は早ければ今夏にも決まる見込みだったが、新型コロナウイルス感染拡大で意見集約が難航した。（略）国は海洋か大気への放出を現実的な選択肢とする小委員会の報告を受け、四月から自治体や業界団体の意見聴取を重ねている。新型コロナの影響で調整が難航し、五月一一日の第三回を最後に開催されていない」（「河北新報」二〇二〇年六月二五日）

福島原発敷地内の処理水タンクが満杯になる二〇二二年秋に備えて、処理水処分法は二年前の二〇二〇年一〇月末までに結論を出さなければならないと、その後報道各紙は盛んに報じ続けた

が、八月二八日、安倍首相が病気を理由に辞任。九月一六日に発足した菅義偉《すがよしひで》政権は、震災一〇年を前に福島漁業の命運を左右する最終処分法の結論を、一一月三〇日の時点では未だ出していない。

二〇一三年三月一一日、相馬市でスーパーを経営する中島孝を原告団長として、「生業《なりわい》を返せ、地域を返せ！」福島原発訴訟（通称生業訴訟）が提訴された。

その内容は「安全神話を掲げて原発を推進してきた国と東京電力の事故により、県境を越えて多くの人々が健康に不安を抱く避難生活を余儀なくされた。地域を汚染した放射能物質を事故前の状態に戻すと同時に、戻るまでの間の精神的な苦痛に対して慰謝料を求める」ものだった。

中島の呼び掛けに対して、当初三八六四人が原告となって集団訴訟に応じた。

二〇一七年一〇月の福島地方裁判所の一審判決では、国と東電は大津波を想定できたとして、双方に事故の責任はあるが、国の責任は東電の半分として、総額約五億円の賠償を命じた。これに対し原告、被告の両者が不服として控訴した。

二〇二〇年九月三〇日、第二審の仙台高裁は一審を支持するだけでなく、国の責任は東電と同等に及ぶとして、原告三五五〇人に対し、一審判決から賠償総額を約二倍に上積みした総額一〇億一〇〇〇万円を支払うよう命じた。

一〇月一三日、国、東電は「津波の規模は大きく事故は防げなかった」と、判決を不服として上告した。その最終判断は東京電力福島第一原子力発電所事故から一〇年先の最高裁に委ねられた。

参考文献

【参考図書等】

石神三校PTA連絡協議会「石神地区各校の現状について」二〇一一年
石田正昭『なぜJAは将来的な脱原発をめざすのか　地域から広げる食の安全、再生可能エネルギーと循環型社会』家の光協会、二〇一三年
石神中学校生徒会たより　生徒会誌「smile」二〇一一年
NPO法人はらまちクラブ「しんさいふっこうニュースめぐりあい　こどもニュース」二〇一一年
恩田勝亘『原発に子孫の命は売れない』七つ森書館、二〇一一年
開沼博『はじめての福島学』イースト・プレス、二〇一五年
加藤哲夫『市民のネットワーキング　市民の仕事術I』メディアデザイン、二〇一一年
鎌田實『チェルノブイリ・フクシマ　なさけないけどあきらめない』朝日新聞出版、二〇一一年
鎌田實『「がんばらない」を生きる』中央公論新社、二〇一一年
河合雅司『未来の年表　人口減少日本でこれから起きること』講談社、二〇一七年
河合雅司『河合雅司の未来の透視図』ビジネス社、二〇一九年
環境省「放射線による健康影響等に関する統一的な基礎資料（平成二九年度版）」二〇一八年
菅野典雄『美しい村に放射能が降った　飯舘村長・決断と覚悟の120日』ワニブックス、二〇一一年
清丸惠三郎『小さな会社の「最強経営」』プレジデント社、二〇一九年
工藤悟志「東日本大震災による原町火力発電所の被害と復旧」（『火力原子力発電大会論文集』第一〇巻）火力原子力発電技術協会、二〇一四年
小松理虔『新復興論』ゲンロン、二〇一八年
桜井勝延・開沼博『闘う市長　被災地から見えたこの国の真実』徳間書店、二〇一二年

桜井勝延他編『原子力村の大罪』KKベストセラーズ、二〇一一年
桜井勝延他編『脱原発で住みたいまちをつくる宣言 首長篇』影書房、二〇一三年
JA福島厚生連編「双葉・鹿島そして未来へ　JA福島厚生連東日本大震災・原発事故記録集」福島県厚生農業協同組合連合会、二〇一二年
JAふくしま未来「咲かそう、そうま　早期の復興・再生をめざして」二〇一八年
資源エネルギー庁「廃炉の大切な話2019　福島第一原子力発電所の今とこれから」二〇一九年
大白蓮華編集部『大白蓮華』二〇一一年四月号、聖教新聞社、二〇一一年
丹下健三『建築と都市　デザインおぼえがき』彰国社、一九七〇年
手塚千砂子『ほめ日記自分新発見　自分で自分を大切に』三五館、二〇一一年
手塚千砂子『自分で自分をほめるだけ「ほめ日記」をつけると幸せになる!』メディアファクトリー、二〇一一年
手塚千砂子監修「幸せ発見『ほめ日記』」（『家の光』二〇一三年一月号）家の光協会、二〇一三年
東京農業大学・相馬市編『東日本大震災からの真の農業復興への挑戦　東京農業大学と相馬市の連携』ぎょうせい、二〇一四年
としょかんのTOMOみなみそうま「会報」第五五号、二〇一一年
トリップアドバイザー「インバウンドレポート」二〇一九年
中野民夫他『ファシリテーション　実践から学ぶスキルとこころ』岩波書店、二〇〇九年
日経コンストラクション編『すごい廃炉　福島第1原発・工事秘録〈2011~17年〉』日経BP社、二〇一八年
日本ファシリテーション協会災害復興支援室「ファシリテーション　わたしたちにできること」二〇一六年
日本ファシリテーション協会災害復興支援室「二〇一五―二〇一六　活動報告書」二〇一七年
日本ファシリテーション協会災害復興支援室「二〇一七　活動報告書」二〇一八年
日本ファシリテーション協会災害復興支援室「二〇一八　活動報告書」二〇一九年
根本圭介『原発事故と福島の農業』東京大学出版会、二〇一七年
馬場マコト『羽根田ヨシさんの震災・原発・ほめ日記』潮出版社、二〇一九年
濱田武士他『福島に農林漁業をとり戻す』みすず書房、二〇一五年

早野龍五・糸井重里『知ろうとすること。』新潮社、二〇一四年
早野龍五他編『福島はあなた自身　災害と復興を見つめて』福島民報社、二〇一八年
原町市史編纂委員会『原町市史』原町市、一九六八年
平川直人「福島県における水産業の被害」(『日本水産学会誌』七七巻六号) 日本水産学会、二〇一一年
風来堂編『ダークツーリズム入門 日本と世界の「負の遺産」を巡礼する旅』イースト・プレス、二〇一七年
深谷智亜稀・川崎興太「福島県の原子力被災12市町村における医療の現状と課題」(『都市計画論文集』五三巻三号)
日本都市計画学会、二〇一八年
福島イノベーション・コースト構想推進機構編「福島ロボットテストフィールド」二〇二〇年
福島県「浜通り地方医療復興計画」二〇一五年
福島県教育委員会「県立高等学校各種通達書」二〇一一年
福島県中小企業家同友会「中小企業家しんぶん」二〇一一年
福島県中小企業家同友会相双地区編「逆境に立ち向かう企業家たち」二〇一三年
福島県中小企業家同友会編「逆境を乗り越える福島の中小企業家たちの軌跡」二〇一七年
三浦展『データでわかる2030年の日本』洋泉社、二〇一三年
南相馬市教育委員会「市立小中学校各種通達書」二〇一一年
南相馬市立中央図書館「平成30年度　図書館要覧」二〇一八年
南相馬市立中央図書館編「南相馬市立中央図書館　開館10周年記念誌」二〇二〇年
南相馬市復興企画部「東日本大震災とその後　南相馬市の現状と復興に向けた課題」二〇一八年
南相馬市立石神第二小学校「石二小便り」二〇一一年
南相馬市立石神中学校「石神中学校だより」二〇一一年
南相馬短歌会　歌集「あんだんて」創刊号―第一〇集、南相馬短歌会

※新聞記事の引用は本文に出典・並びに掲載日を記しました。
※本文記事の引用の他、朝日新聞、河北新報、日本経済新聞、福島民報、福島民友新聞各紙の東日本大震災、東京電力福島第一原子力発電所事故関連の新聞記事を参考にしました。

【参考ウェブサイト】

アースガーデン　http://www.earth-garden.jp/
朝日新聞デジタル　https://www.asahi.com/
医療維新　m3.com
NHK「新型コロナウイルス」　https://www3.nhk.or.jp/news/special/coronavirus/
鹿島厚生病院　http://www.ja-fkosei.or.jp/kashima/
加藤哲夫「蝸牛亭日乗」　https://blog.canpan.info/katatsumuri/
河北新報オンラインニュース　https://www.kahoku.co.jp/
ジャパン・インデプス「南相馬の医療崩壊　求められる改革」　https://japan-indepth.jp/?p=38324
ジョンズ・ホプキンス大学　COVID-19 Dashboard　https://gisanddata.maps.arcgis.com/apps/opsdashboard/index.html#/bda7594740fd40299423467b48e9ecf6
首相官邸「復興の今、そしてこれから　福島の再生」　http://www.kantei.go.jp/jp/headline/311fukkou/saisei.html
園田淳「原発ってどこにある?-今、動いてる?-再稼働はいつ?-」　https://blog.goo.ne.jp/tanutanu9887/
中小企業家しんぶん　https://www.doyu.jp/shinbun/
中小企業家同友会　https://www.doyu.jp/
つながろう南相馬　http://minamisoma311.web.fc2.com/
東京電力「福島への責任」　https://www.tepco.co.jp/fukushima/
東京電力「東京電力廃炉資料館」　https://www.tepco.co.jp/fukushima_hq/decommissioning_ac/

東北電力　https://www.tohoku-epco.co.jp/
トリップアドバイザー「インバウドレポート」https://tg.tripadvisor.jp/news/wp-content/uploads/2019/07/InboudReport2019.pdf
日刊ベリタ「核を詠う」http://www.nikkanberita.com
日本経済新聞　https://www.nikkei.com/
ニッポンドットコム　https://www.nippon.com/ja/news/
日本チェルノブイリ連帯基金　https://jcf.ne.jp/
日本ファシリテーション協会　https://www.faj.or.jp
福島県「ふくしま復興ステーション」http://www.pref.fukushima.lg.jp/site/portal/
福島県高等学校野球連盟　http://fks-kouyaren.com
福島民報　https://www.minpo.jp/
福島民友新聞　みんゆうnet　https://www.minyu-net.com/news/
北洋舎クリーニング　https://www.hokuyosha.com/
南相馬市　https://www.city.minamisoma.lg.jp/
南相馬市「原子力災害区域」https://www.city.minamisoma.lg.jp/portal/safety/genshiryokusaigaikuiki/
南相馬市「市長の部屋」https://www.city.minamisoma.lg.jp/portal/admin/mayor/index.html
南相馬市「震災関連情報」https://www.city.minamisoma.lg.jp/portal/shi_joho/shinsaikanrenjouhou/index.html
南相馬市「福島ロボットテストフィールド」https://www.city.minamisoma.lg.jp/portal/admin/machidukuri_sengen/2/7748.html

本書を著すに当たり次の方々の取材協力を賜わりました。改めて厚く御礼申し上げると共に、原町在住の皆さんの東日本大震災以来一〇年の労苦の日々に敬意を表します。(五十音順・敬称略)

石川仁、今野晋一、齋藤亜記子、志賀稔宗、鈴木恵二、鈴木幸一、鈴木史帆、鈴木直樹、鈴木まり子、鈴木優子、須藤栄治、高橋厚人、高橋将人、高橋美加子、土屋洋、手塚千砂子、羽根田民子、羽根田智正、羽根田実保、羽根田ヨシ、松本真紀、松本優子、宮崎真理、宮森佑治、門馬和夫、門馬緑、義母・渡部しげ子、渡辺隆雄

※本文の敬称は省略しました。
※引用文の一部の漢字使用は、本書の漢字使用基準に統一しました。
※本文中の市町村・組織・会社・役職の名称並びに肩書は記載年月当時のもので、すべての名称で（当時）を省きました。
※掲載写真の一部で個人情報部分を加工処理しました。
※第三章ほめ日記の一部は、構成は変えているものの、拙著『羽根田ヨシさんの震災・原発・ほめ日記』（二〇一九年潮出版社刊）と内容の重複部分があります。
※羽根田ヨシ氏の日記引用にあたっては、他者が読んで意味不明なものは一部理解しやすいように、また意味の通りにくい文章、文節は前後を整理し文章を整えています。個人情報にかかわる原本部分の一部を省略あるいは改訂しております。日記全文のうち一部を省略記号なしに省略しています。漢字表記の不統一は統一し、誤字、誤記は注釈なしに訂正し、アラビア数字は漢数字に統一しました。
※「ほめ日記」は登録商標です。

馬場マコト　ばば・まこと

ノンフィクション作家・クリエイティブディレクター。一九四七年石川県金沢市生まれ。早稲田大学教育学部卒業後、日本リクルートセンター、マッキャンエリクソン博報堂、東急エージェンシー制作局長を経て、現在広告企画会社を主宰。

ＪＡＡＡ第四回クリエイター・オブ・ザ・イヤー特別賞の他、日本新聞協会賞、ＡＣＣ話題賞、ロンドン国際広告賞他、国内外広告賞を多数受賞。

第六回潮ノンフィクション賞優秀作、第五〇回小説現代新人賞、受賞。

著書に『花森安治の青春』（潮文庫）、『戦争と広告』（潮文庫）、『朱の記憶　亀倉雄策伝』（日経ＢＰ社）、『江副浩正』（共著・日経ＢＰ社）他多数。

内心被曝　福島・原町の一〇年

2021年1月5日　第1刷発行

著　者　馬場マコト
発行者　南　晋三
発行所　株式会社 潮出版社
〒102-8110　東京都千代田区一番町6 一番町SQUARE
電話　03-3230-0781（編集）　03-3230-0741（営業）
振替口座　00150-5-61090

印刷・製本　株式会社暁印刷

ISBN978-4-267-02269-2 C0095

潮出版社の好評既刊

さち子のお助けごはん　山口恵以子

ひょんなきっかけから出張料理人となった飯山さち子は、波瀾万丈の運命を背負いながらも、依頼者を料理で幸せにしていく。笑いあり涙ありの連作短編小説。

大阪のお母さん　浪花千栄子の生涯　葉山由季

NHK連続テレビ小説「おちょやん」のヒロイン・浪花千栄子を描く、書き下ろし長編小説。貧しい幼少時代を乗り越えて、大正・昭和を駆け抜けた大女優の一代記。

漱石センセと私　出久根達郎

〝センセ〟はどんな人なのか。鏡子夫人は本当に〝悪妻〟だったのか。――漱石夫婦らとの交流を通して成長する少女より江の物語を、情緒豊かに描いた長編小説。

天涯の海　酢屋三代の物語　車浮代

世界に誇る「江戸前寿司」はなぜ誕生したのか。江戸の鮨文化を一変させた「粕酢」に挑んだ三人の又左衛門と、彼らを支えた女たちを描く長編歴史小説。

私が愛したトマト　髙樹のぶ子

現実と空想、人とモノ、過去と未来、他者と自分といった日常の境界線が次第に曖昧になっていく不思議な世界。美しい日本語で綴る十一作品を収録した短編小説集。